W0258686

Verbundträger

Berechnungsverfahren für die Brückenbaupraxis

Von

Dr.-Ing. Bernhard Fritz
o. Professor an der Technischen Hochschule
Karlsruhe

Mit 82 Abbildungen

Springer-Verlag

Berlin-Göttingen-Heidelberg

1961

ISBN-13: 978-3-642-92810-9   e-ISBN-13: 978-3-642-92809-3
DOI: 10.1007/978-3-642-92809-3

Vorwort

Die Veröffentlichungen über Berechnungsverfahren und Konstruktionsvor-
schläge für Verbund-Brückenbauten sind in den letzten 10 Jahren so zahlreich
geworden, daß es dem Ingenieurnachwuchs kaum mehr möglich ist, alle darin
gegebenen Teileinblicke und Anregungen zusammenfassend zu verarbeiten. Auch
ist es so, daß viele dieser theoretischen Untersuchungen und Erkenntnisse nur
für vereinfachte Aufgabenstellungen und Sonderfälle Gültigkeit haben und somit
bei schwierigeren Fragenstellungen — wie sie beispielsweise bei der Berechnung
von Verbund-Durchlaufträgern mit veränderlichen Querschnittsgrößen und ab-
gestufter örtlicher Spannstahl-Vorspannung auftreten — weder verwendbar noch
erweiterungsfähig sind.

In dem Bestreben für Verbund-Durchlaufträger ein allgemeingültiges ein-
faches und insbesondere auch bei beliebig veränderlich angeordneten Querschnittsgrößen und Spanngliedgruppen anwendbares Berechnungsverfahren zu entwickeln, habe ich schon vor etwa 10 Jahren den Vorschlag gemacht, die Auswirkung des Beton-Kriechens einer als Verbundträger-Obergurt wirksamen
Stahlbeton-Fahrbahnplatte durch die Einführung eines *fiktiven Formänderungsmoduls* zu berücksichtigen. Ein derartiger, von Querschnitt zu Querschnitt ver-
änderlicher Beton-Formänderungsmodul geht dann in gleicher Weise in die
statischen Untersuchungen ein, wie beispielsweise die von Trägerstelle zu Trägerstelle verschiedenen Verbundträger-Querschnittsflächen und Trägheitsmomente.
In der Zwischenzeit habe ich feststellen können, daß dieser in meinen früheren
Veröffentlichungen nur angedeutete und noch nicht in allen Konsequenzen ver-
folgte Weg sehr ausbaufähig ist und tatsächlich zu einer allgemeinen, lückenlosen
und äußerst übersichtlichen Berechnungsmethode führt, die, was Genauigkeit
anbelangt, hinter keiner der heute bekannten Berechnungsarten zurückzustehen
braucht. Dadurch, daß man bei der Untersuchung der Kriecheinflüsse nach dem
vorgeschlagenen Berechnungsverfahren den Umweg über die Bestimmung der
kriechbedingten Umlagerungskräfte gar nicht erst zu machen hat und sich einfache Berechnungsformeln für die endgültig maßgebenden Einzel-Schnittgrößen
aufstellen lassen, wird allen Bezeichnungs-, Vorzeichen- und Darstellungsschwie-
rigkeiten aus dem Weg gegangen. Es ist auch gelungen nachzuweisen, daß sich
zur Ermittlung der durch das Beton-Kriechen geweckten — von Null bis auf

FRITZ, B.: Vereinfachtes Berechnungsverfahren für Stahlträger mit einer Beton-Druck-
platte bei Berücksichtigung des Kriechens und Schwindens, Bautechnik 27 (1950) S. 37;
Vorschläge für die Berechnung durchlaufender Träger in Verbund-Bauweise, Bauingenieur
25 (1950) S. 271.

ihren Endwert (im Zeitpunkt $t = \infty$) ansteigenden — zusätzlichen Stützenmomente X_Φ von Verbund-Durchlaufträgern, Formänderungsgleichungen aufstellen lassen, die zu einer dreigliedrigen Matrix führen. Ihre besondere Eigenart
besteht darin, daß Belastungsglieder 2. Art auftreten und in den durch geeignete
Zerlegung gewonnenen Teil-Belastungsplänen ein grundsätzlich verschieden auf-
gebauter fiktiver Formänderungsmodul einzuführen ist.

Als Ganzes genommen entspricht der in sich geschlossene und lückenlos be-
handelte Stoff nach Inhalt und Aufbau etwa meinen an der Technischen Hochschule in Karlsruhe gehaltenen Vorlesungen über die Theorie und praktische
Berechnung von Verbund-Vollwandträgern. Da auch ein Selbststudium ermöglicht werden soll, hat es sich nicht vermeiden lassen, sowohl in den Abbildungen
als auch im beschreibenden Text einiger Abschnitte sinngemäß ähnliche Überlegungen noch einmal ausführlicher darzustellen und zu erläutern.

Um ein ablenkendes, zusätzliches Literaturstudium zu vermeiden, ist grundsätzlich nur auf solche Veröffentlichungen verwiesen worden, die als allgemeine
Grundlagen anzusehen sind, oder für einfache Sonderfälle zur Überprüfung der
Genauigkeit des vorgeschlagenen Berechnungsverfahrens herangezogen werden
können. In der Absicht, die im theoretischen Teil entwickelten Überlegungen
nicht unnötig durch eingeschobene Sonderbetrachtungen zu unterbrechen, sind
die zunächst allgemein gehaltenen Vorschläge für Berechnung von Durchlaufträgern mit beliebig veränderlichen Querschnittsgrößen im Anhang untergebracht
worden. Es werden darin auch geschlossene Formeln für die Ermittlung von
Einflußlinienordinaten angegeben, so daß zeitraubende rechnerische oder gra-
phische Biegelinienermittlungen nicht mehr erforderlich werden. Überdies kann
man sich erfahrungsgemäß stets mit der Bestimmung einiger maßgebender Ein-
zelordinaten der Einflußlinien begnügen.

Die Anwendungsbeispiele zeigen zunächst die Handhabung der Berechnungsformeln für den Nachweis der Einzel-Schnittgrößen und Randspannungen bei
freiaufliegenden Verbundträgern, wobei die Ergebnisse den sich nach den Ansätzen von SONTAG[1] ergebenden Zahlenwerten gegenübergestellt werden. Als
Übergang zu den Zahlenbeispielen für durchlaufende Verbundträger wird ein
Verbund-Durchlaufträger auf 3 Stützen behandelt. Die vereinfachende Annahme
gleichbleibender Querschnittsgrößen wurde bei diesem Zahlenbeispiel nur deshalb
gemacht, weil für einen derartigen Sonderfall auch die von SONTAG abgeleiteten
Berechnungsansätze noch verwendbar sind und ebenfalls wieder eine Gegenüberstellung der Zahlenergebnisse aus beiden Berechnungsmethoden beabsichtigt
war. Die statische Untersuchung eines Verbund-Durchlaufträgers auf 4 Stützen
mit stark veränderlichen Querschnittsgrößen wird besonders ausführlich behandelt. Im Bereich der negativen Stützenmomente wurde dabei eine gestuft angeordnete Spannstahl-Vorspannung berücksichtigt. Um die Vorteile und Auswir-
kungen eines Stahlträger-Anhebens und Verbundträger-Absenkens zu zeigen,
sind diese Lastfälle ebenfalls zahlenmäßig verfolgt worden. Ebenso wurden die

---

[1] SONTAG, H.: Beitrag zur Ermittlung der zeitabhängigen Eigenspannungen in Verbundträgern. Diss. TH Karlsruhe (1951).

Einflüsse des Beton-Schwindens und der Temperaturunterschiede zwischen Betonplatten-Oberkante und Stahlträger-Unterkante untersucht. Anschließend erfolgte für die wichtigsten Verbund-Querschnitte eine tabellarische Zusammenstellung der ungünstigsten Randspannungen infolge der verschiedenen Belastungs- und Vorspannungsarten. Sehr ausführlich wurde abschließend der Nachweis einer Sicherheit gegen kritische Verformungen und die Ermittlung der Verdübelungskräfte behandelt.

Die finanzielle Unterstützung des Landesgewerbeamtes Baden-Württemberg, welche den beschleunigten Abschluß der umfangreichen Nebenuntersuchungen und Zahlenbeispiele ermöglicht hat, möchte ich dankbar hervorheben. Dem Springer-Verlag danke ich für die gute und zweckmäßige Herstellung des Buches.

Karlsruhe, im März 1961
B. Fritz

Inhaltsverzeichnis

Seite

Seite

A. Bezeichnungen und Annahmen

I. Bezeichnungen

F_b	Querschnittsfläche der im Verbund mitwirkenden Betonplatte
J_b	Trägheitsmoment des mitwirkenden Betonquerschnittes, auf seine Schwerachse bezogen
F_{st}	Querschnittsfläche des Verbund-Stahlträgers
J_{st}	Trägheitsmoment des Stahlträgerquerschnittes, auf seine Schwerachse bezogen
$F_e = \Sigma\, f_e$	Querschnittsfläche des in der Betonplatte angeordneten Bewehrungsstahles
J_e	Trägheitsmoment des Bewehrungsstahles, auf die Schwerachse der schlaffen Bewehrung bezogen (in der Regel vernachlässigbar)
$F_{sp} = \Sigma\, f_{sp}$	Querschnittsfläche des in der Betonplatte angeordneten Spannstahles
J_{sp}	Trägheitsmoment der Spannstahlbewehrung, auf ihre Schwerachse bezogen (in der Regel vernachlässigbar)
b_m	mitwirkende Breite der Betonplatte
d	Dicke der Betonplatte
h_{st}	Stahlträgerhöhe
r_{st}^{o}	Abstand der Stahlträgeroberkante von der Stahlträgerschwerachse
r_{st}^{u}	Abstand der Stahlträgerunterkante von der Stahlträgerschwerachse
H_v	Verbundträgerhöhe
η	Abstände der Einzelteilschwerachsen von der Verbundträgerunterkante
η_v	Höhenlage der Verbundquerschnitt-Schwerachse über der Verbundträgerunterkante
a	Abstand der Betonflächen-Schwerachse von der Schwerachse aller in Rechnung gestellten Stahlteile
a_{st}	Abstand der gemeinsamen Schwerachse aller Stahlquerschnitte von der Verbundquerschnitt-Schwerachse
a_b	Abstand der Betonflächen-Schwerachse von der Verbundquerschnitt-Schwerachse
a_{st}	Abstand der Stahlträgerschwerachse von der Verbundquerschnitt-Schwerachse
a_e	Abstand der Schwerachse des schlaffen Bewehrungsstahles von der Verbundquerschnitt-Schwerachse
a_{sp}	Abstand der Spannstahlschwerachse von der Verbundquerschnitt-Schwerachse
e_{st}	Abstand der Stahlträgerschwerachse von der Schwerachse aller Verbund-Stahlteile
e_e	Abstand der Bewehrungsschwerachse von der Schwerachse aller Verbund-Stahlteile

e_{sp} Abstand der Spannstahlschwerachse von der Schwerachse aller Verbund-Stahlteile

E_{st}, E_e Elastizitätsmodul des Trägerstahles und des Bewehrungsstahles

E_{sp} Elastizitätsmodul des Spannstahles

E_{b0} Beton-Elastizitätsmodul nach DIN 4227 *ohne* oder *vor* einer Auswirkung des Beton-Kriechens

$E_{b\Phi}$ Allgemeine Bezeichnung für den fiktiven Formänderungsmodul des Betons bei Berücksichtigung des Beton-Kriechens

$$E_{b\Phi} := \frac{E_{b0}}{1 + \psi_\Phi \cdot \varphi}$$

φ End-Kriechzahl $= \dfrac{\text{Gesamtkriechdehnung}}{\text{elastische Dehnung}}$

ψ_Φ Allgemeine Bezeichnung für den Kriecheinfluß-Kennwert

α_0 Steifigkeitskennwert des Verbundquerschnittes

ε_s End-Schwindmaß bei unbehindertem Schwinden des Betons

α_T Temperaturausdehnungskoeffizient

Δt° Temperaturunterschied innerhalb des Verbundquerschnittes

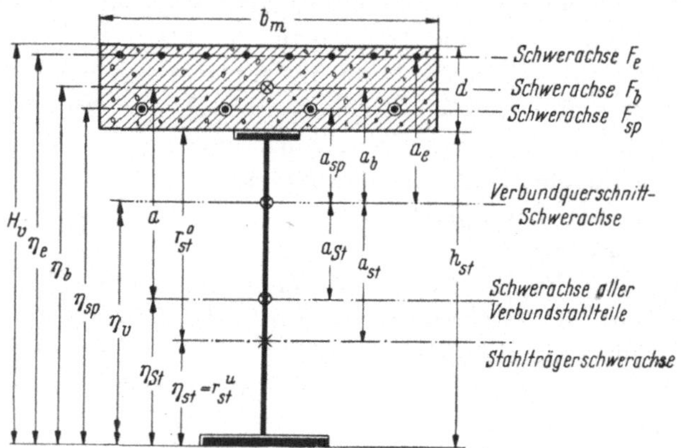

Abb. 1. Allgemeiner Verbundquerschnitt

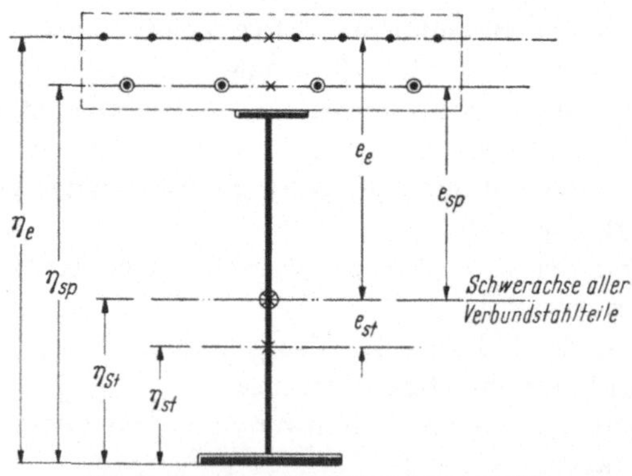

Abb. 2. Stahlteile des Verbundquerschnittes

Um übersichtliche Berechnungsformeln zu erhalten, werden folgende Bezeichnungen und Grundbeziehungen vereinbart und vorausgeschickt:

1. Dehnsteifigkeiten der Einzelteile eines Verbundquerschnittes

$$E_{st}\,F_{st} = K_{st}, \qquad (A.1) \qquad\qquad E_e\,F_e = K_e, \qquad (A.2)$$

$$E_{sp}\,F_{sp} = K_{sp}, \qquad (A.3)$$

$$E_{b0}\,F_b = K_{b0} \qquad (A.4) \qquad \textit{ohne}\ \text{Beton-Kriechen,}$$

$$E_{b\Phi}\,F_b = K_{b\Phi} \qquad (A.5) \qquad \text{nach abgeschlossenem Beton-Kriechen.}$$

2. Dehnsteifigkeit aller zusammenwirkenden Stahlteile

$$K_{St} = K_{st} + K_e + K_{sp}. \qquad (A.6)$$

3. Dehnsteifigkeit des Verbund-Gesamtquerschnittes

$$K_{v0} = K_{b0} + K_{st} + K_e + K_{sp} \qquad (A.7) \qquad \textit{ohne}\ \text{Beton-Kriechen,}$$

$$K_{v\Phi} = K_{b\Phi} + K_{st} + K_e + K_{sp} \qquad (A.8) \qquad \text{nach abgeschlossenem Beton-Kriechen.}$$

4. Biegesteifigkeiten der Einzelteile

$$E_{st}\,J_{st} = S_{st}, \qquad (A.9) \qquad\qquad E_e\,J_e = S_e, \qquad (A.10)$$

$$E_{sp}\,J_{sp} = S_{sp} \qquad (A.11)$$

$$E_{b0}\,J_b = S_{b0} \qquad (A.12) \qquad \textit{ohne}\ \text{Beton-Kriechen,}$$

$$E_{b\Phi}\,J_b = S_{b\Phi} \qquad (A.13) \qquad \text{nach abgeschlossenem Beton-Kriechen.}$$

5. Schwerachsen-Höhenlagen

$$\eta_{v0} = \frac{\eta_b\,K_{b0} + \eta_{st}\,K_{st} + \eta_e\,K_e + \eta_{sp}\,K_{sp}}{K_{v0}}, \qquad (A.14)$$

$$\eta_{v\Phi} = \frac{\eta_b\,K_{b\Phi} + \eta_{st}\,K_{st} + \eta_e\,K_e + \eta_{sp}\,K_{sp}}{K_{v\Phi}}, \qquad (A.15)$$

$$\eta_{St} = \frac{\eta_{st}\,K_{st} + \eta_e\,K_e + \eta_{sp}\,K_{sp}}{K_{St}}. \qquad (A.16)$$

6. Abstände der Einzelteile von der Verbund-Schwerachse

$$a_{b0} = \eta_b - \eta_{v0} \qquad (A.17) \qquad\qquad a_{st0} = \eta_{st} - \eta_{v0}, \qquad (A.18)$$

$$a_{e0} = \eta_e - \eta_{v0} \qquad (A.19) \qquad\qquad a_{sp0} = \eta_{sp} - \eta_{v0}, \qquad (A.20)$$

$$a_{St0} = \eta_{St} - \eta_{v0} \qquad (A.21) \qquad\qquad a = |a_{b0}| + |a_{St0}|, \qquad (A.22)$$

$$a_{b\Phi} = \eta_b - \eta_{v\Phi} \qquad (A.23) \qquad\qquad a_{st\Phi} = \eta_{st} - \eta_{v\Phi}, \qquad (A.24)$$

$$a_{e\Phi} = \eta_e - \eta_{v\Phi} \qquad (A.25) \qquad\qquad a_{sp\Phi} = \eta_{sp} - \eta_{v\Phi}, \qquad (A.26)$$

$$a_{St\Phi} = \eta_{St} - \eta_{v\Phi} \qquad (A.27) \qquad\qquad a = |a_{b\Phi}| + |a_{St\Phi}|. \qquad (A.28)$$

7. Abstände der Stahleinzelteile von der Schwerachse aller Stahlteile

$$e_{st} = \eta_{st} - \eta_{St} \qquad (A.29) \qquad\qquad e_e = \eta_e - \eta_{St}, \qquad (A.30)$$

$$e_{sp} = \eta_{sp} - \eta_{St}. \qquad (A.31)$$

8. „Biegesteifigkeit" aller im Verbundquerschnitt wirksamen Stahlteile

$$S_{\mathrm{St}} = S_{\mathrm{st}} + S_e + S_{\mathrm{sp}} + K_{\mathrm{st}}\, e_{\mathrm{st}}^2 + K_e\, e_e^2 + K_{\mathrm{sp}}\, e_{\mathrm{sp}}^2. \tag{A.32}$$

9. „Biegesteifigkeit" des Verbund-Gesamtquerschnittes

a) *ohne* Beton-Kriechen

$$\begin{aligned}
S_{v0} &= S_{b0} + S_{\mathrm{st}} + S_e + S_{\mathrm{sp}} + K_{b0}\, a_{b0}^2 + K_{\mathrm{st}}\, a_{\mathrm{st}0}^2 + K_e\, a_{e0}^2 + K_{\mathrm{sp}}\, a_{\mathrm{sp}0}^2 \\
&= S_{b0} + S_{\mathrm{St}} + K_{b0}\, a_{b0}^2 + K_{\mathrm{St}}\, a_{\mathrm{St}0}^2 \\
&= S_{b0} + S_{\mathrm{St}} + \frac{K_{b0}\, K_{\mathrm{St}}}{K_{v0}}\, a^2.
\end{aligned} \tag{A.33}$$

b) nach abgeschlossenem Beton-Kriechen

$$\begin{aligned}
S_{v\varPhi} &= S_{b\varPhi} + S_{\mathrm{st}} + S_e + S_{\mathrm{sp}} + K_{b\varPhi}\, a_{b\varPhi}^2 + K_{\mathrm{st}}\, a_{\mathrm{st}\varPhi}^2 + K_e\, a_{e\varPhi}^2 + K_{\mathrm{sp}}\, a_{\mathrm{sp}\varPhi}^2 \\
&= S_{b\varPhi} + S_{\mathrm{St}} + K_{b\varPhi}\, a_{b\varPhi}^2 + K_{\mathrm{St}}\, a_{\mathrm{St}\varPhi}^2 \\
&= S_{b\varPhi} + S_{\mathrm{St}} + \frac{K_{b\varPhi}\, K_{\mathrm{St}}}{K_{v\varPhi}}\, a^2.
\end{aligned} \tag{A.34}$$

II. Beton-Elastizitätsmodul E_{b0}

Da der Beton-Elastizitätsmodul E_b nicht nur von der Herstellungsgüte des Betons abhängt, sondern auch mit den im Laufe der Zeit größer werdenden Betonfestigkeiten noch etwas zunimmt, wäre beim Einsetzen eines Beton-Elastizitätsmoduls strenggenommen sowohl die jeweilige Betongüte als auch der den Elastizitätsmodul vergrößernde Zeiteinfluß zu berücksichtigen. Nachdem aber durch zahlreiche Versuche festgestellt worden ist, daß der Elastizitätsmodul E_b schon nach 28 Tagen meist nur noch etwa 25% unter dem etwa nach fünf Jahren vorhandenen Endwert liegt, kann der Einfluß der Zeitveränderlichkeit in der Regel vernachlässigt und mit einem Beton-Elastizitätsmodul

$$E_b = E_{b0} = \text{konstant}$$

gerechnet werden, der dann nur noch auf die Betongüte abgestimmt zu sein braucht.

Für Beton-Druckspannungen σ_b, die im Bereich der zulässigen Beanspruchungen liegen, sind nach DIN 4227 (Fassung vom Oktober 1953) für den Beton-Elastizitätsmodul E_{b0} nebenstehende Werte einzusetzen.

Tabelle 1

Betongüte	Elastizitätsmodul F_{b0} in kg/cm²
B 300	300 000
B 450	350 000
B 600	400 000

III. Kriech- und Schwindverformungen des Betons

Setzt man ein Betonprisma von der Länge 1 unter eine Druckspannung σ_b, so ergibt sich zunächst eine rein elastische Verkürzung

$$\varepsilon_{\mathrm{elast.}} = \frac{\sigma_b}{E_{b0}}. \tag{A.35}$$

Wirkt sich diese Druckspannung σ_b längere Zeit aus, so stellen sich zusätzlich noch plastische Verkürzungen ein, die anfangs relativ rasch, später aber sehr viel langsamer zunehmen und nach einigen Jahren einen Größtwert erreichen, der dann praktisch als Endwert angesehen werden kann. Das Auftreten solcher plastischer Formänderungen wird als *Beton-Kriechen* bezeichnet.

Durch zahlreiche Versuchsreihen wurde nun nachgewiesen, daß diese plastischen Verformungen, die sich sowohl unter Druck- als auch unter Zugbeanspruchungen einstellen, praktisch genau der jeweiligen Betonspannung σ_b proportional sind, d. h. das HOOKEsche Gesetz auch für sie volle Gültigkeit besitzt.

Definiert man nun das in einem beliebigen Zeitpunkt t erreichte Verhältnis der plastischen Verkürzungen zu den rein elastischen Verkürzungen als Kriechzahl φ_t, so ergeben sich die Beziehungen

$$\frac{\varepsilon_{\text{plastisch}}}{\varepsilon_{\text{elastisch}}} = \varphi_t, \tag{A.36}$$

$$\varepsilon_{\text{plastisch}} = \varepsilon_{\text{elastisch}} \cdot \varphi_t = \frac{\sigma_b}{E_{bo}} \cdot \varphi_t \tag{A.37}$$

und damit für die gesamte Verkürzung $\varepsilon_{b\,t}$ des Betonprismas im Zeitpunkt t nach Abb. 3.

$$\varepsilon_{b\,t} = \varepsilon_{\text{gesamt}} = \varepsilon_{\text{elast.}} + \varepsilon_{\text{plast.}} = \frac{\sigma_b}{E_{bo}} + \frac{\sigma_b}{E_{bo}} \cdot \varphi_t$$

$$= \frac{\sigma_b}{E_{bo}} (1 + \varphi_t). \tag{A.38}$$

Zu diesen durch Belastungen ausgelösten Formänderungen treten nun noch die durch das Betonschwinden verursachten Verkürzungen $\varepsilon_{S,t}$, die ebenfalls im Anfang relativ rasch zunehmen und später langsamer größer werden, wobei sie einem Grenzwert zustreben, der als Endschwindmaß ε_S bezeichnet wird.

Da Versuchsreihen ergeben haben, daß die Schwindmaßkurve und die Kriechzahlkurve in ihrem zeitlichen Verlauf einander sehr ähnlich sind und sich durch Funktionen der Art

$$\varepsilon_{S,t} = \varepsilon_S (1 - e^{-\lambda t}), \tag{A.39}$$

$$\varphi_t = \varphi (1 - e^{-\lambda t}) \tag{A.40}$$

darstellen lassen, erhält man

$$\varepsilon_{S,t} = \frac{\varepsilon_S}{\varphi} \cdot \varphi_t. \tag{A.41}$$

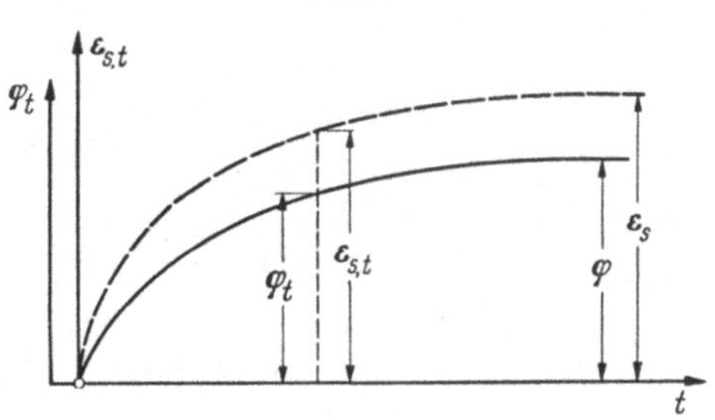

Damit erhält man nun als allgemeine Differentialgleichung der zeitabhängigen Betonverkürzungen

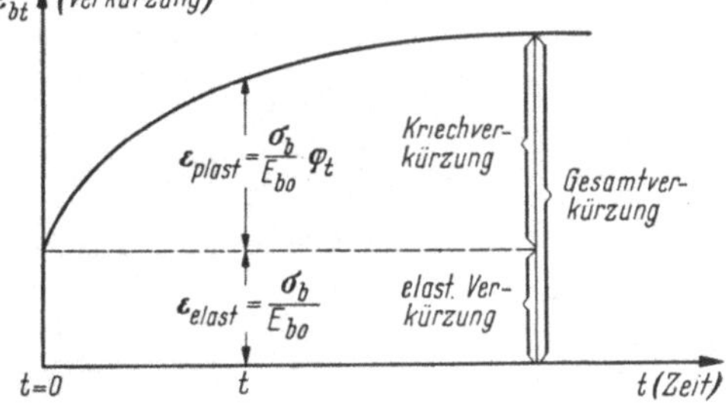

Abb. 3

Abb. 4

$$\boxed{\frac{d\varepsilon_{b\,t}}{dt} = \frac{1}{E_{bo}} \cdot \frac{d\sigma_b}{dt} + \frac{\sigma_b}{E_{bo}} \cdot \frac{d\varphi_t}{dt} + \frac{\varepsilon_S}{\varphi} \cdot \frac{d\varphi_t}{dt}.} \tag{A.42}$$

Es ist selbstverständlich, daß bei im Freien stehenden Stahlbeton-Bauwerken, die unvorhergesehenen Temperaturänderungen und sonstigen Witterungseinflüssen ausgesetzt sind, die Kurven der tatsächlichen Schwind- und Kriechverkürzungen nicht so regelmäßig verlaufen, wie bei Sonderuntersuchungen in einem klimatisierten Versuchsraum. Dies ist aber, wie DISCHINGER[1] nachgewiesen hat, ohne jeden Einfluß auf die nach abgeschlossenem Kriechen und Schwinden erreichten Schnittkräfte, da für die Beurteilung des Endzustandes stets nur die Endkriechzahl φ und das Endschwindmaß ε_S ausschlaggebend sind.

B. Allgemeine theoretische Betrachtungen

I. Differentialgleichung der Betonspannung σ_b in einem beliebigen Abstand ζ_b von der Schwerachse des Betonquerschnittes

1. Verträglichkeitsbedingungen

Über die Ansätze

$$\varepsilon_{st} = \frac{\sigma_{st}}{E_{st}}, \quad \text{(B.1)} \qquad d\varepsilon_{st} = \frac{d\sigma_{st}}{E_{st}}, \quad \text{(B.2)} \qquad \frac{d\varepsilon_{st}}{dt} = \frac{1}{E_{st}} \cdot \frac{d\sigma_{st}}{dt} \qquad \text{(B.3)}$$

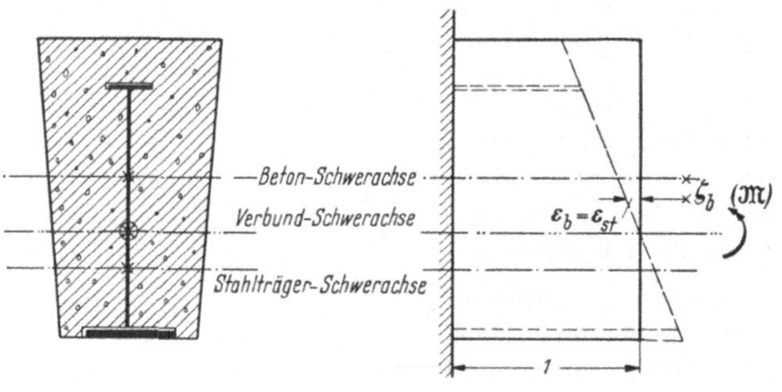

Abb. 5

und die Beziehung (A.42) erhält man aus der Verträglichkeitsbedingung

$$d\varepsilon_b = d\varepsilon_{st} \tag{B.4}$$

zunächst

$$\frac{d\sigma_b}{E_{b0}} + \frac{\sigma_b}{E_{b0}} d\varphi_t + \frac{\varepsilon_s}{\varphi} d\varphi_t = \frac{d\sigma_{st}}{E_{st}} . \tag{B.5}$$

Durch Aufstellen einer allgemeinen Gleichgewichtsbedingung läßt sich jetzt noch σ_{st} durch σ_b ausdrücken.

2. Gleichgewichtsbedingungen

Denkt man sich für die Gleichgewichtsbetrachtung den Schubverbund zwischen Stahlträger und Betonbalken vollkommen gelöst, so ist das statische Zusammenwirken der beiden Tragteile nur noch dadurch gekennzeichnet, daß sich unter der Einwirkung eines Biegemomentes $(\mathfrak{M})$ beide Tragelemente gemeinsam verbiegen

---

[1] DISCHINGER, F.: Bauingenieur 18 (1937) S. 487; Bauingenieur 20 (1939) S. 53.

müssen und dabei stets die gleichen Krümmungen und Ausbiegungen aufweisen. Das in diesem Sonderfall wirksame *Konstruktions-Trägheitsmoment* J_K erhält man dann bekanntlich als Summe der beiden Einzelträgheitsmomente.

Auf E_{st} bezogen erhält man

$$J_{K,\,\mathrm{st}} = J_{\mathrm{st}} + \frac{E_{b0}}{E_{\mathrm{st}}}\, J_b \tag{B.6}$$

und auf E_{b0} bezogen

$$J_{K,\,b} = J_b + \frac{E_{\mathrm{st}}}{E_{b0}}\, J_{\mathrm{st}}. \tag{B.7}$$

Es werden nun in einem beliebigen Abstand ζ_b von der Schwerachse des Betonquerschnittes bzw. ζ_{st} von der Schwerachse des Stahlquerschnittes zwei sich im Gleichgewicht befindliche Kräfte 1 angesetzt, von denen die eine Kraft 1 am Betonquerschnitt und die andere Kraft 1 am Stahlquerschnitt angreifen soll.

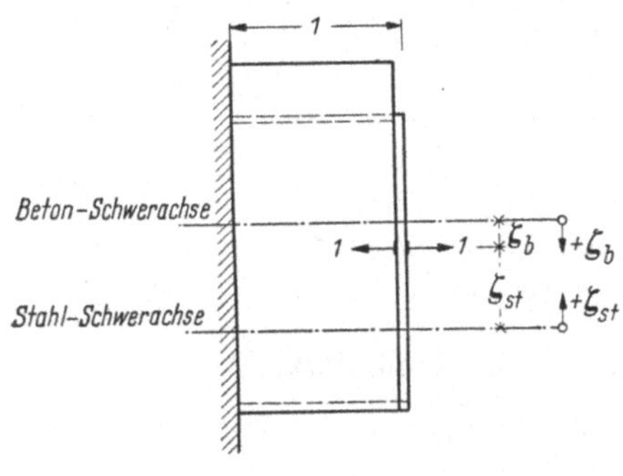

Abb. 6

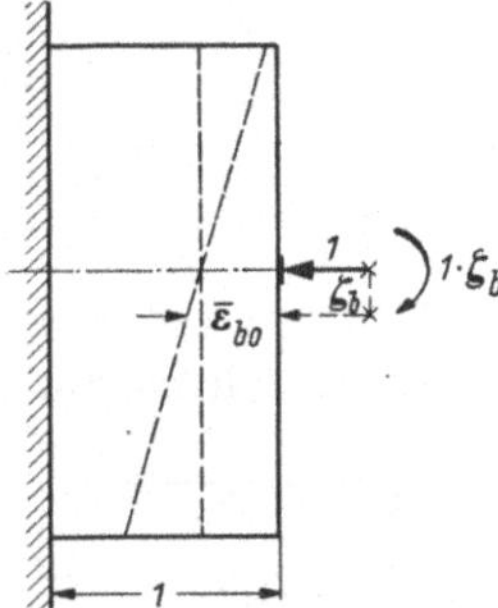

Abb. 7. Auf den Betonquerschnitt einwirkend

Die im Abstand ζ_b von der Beton-Schwerachse bzw. ζ_{st} von der Stahl-Schwerachse auftretenden Längenänderungen $\bar{\varepsilon}_{b0}$ und $\bar{\varepsilon}_{\mathrm{st}\,0}$ ergeben sich nun mit

$$\bar{\varepsilon}_{b0} = \frac{1 \cdot 1}{E_{b0}\, F_b} + \frac{(1 \cdot \zeta_b)\,\zeta_b}{E_{b0}\left(J_b + \dfrac{E_{\mathrm{st}}}{E_{b0}}\, J_{\mathrm{st}}\right)} = \frac{1}{K_{b0}} + \frac{\zeta_b^2}{S_{b0} + S_{\mathrm{st}}} \tag{B.8}$$

und

$$\bar{\varepsilon}_{\mathrm{st}\,0} = \frac{1 \cdot 1}{E_{\mathrm{st}}\, F_{\mathrm{st}}} + \frac{(1 \cdot \zeta_{\mathrm{st}})\,\zeta_{\mathrm{st}}}{E_{\mathrm{st}}\left(J_{\mathrm{st}} + \dfrac{E_{b0}}{E_{\mathrm{st}}}\, J_b\right)} = \frac{1}{K_{\mathrm{st}}} + \frac{\zeta_{\mathrm{st}}^2}{S_{b0} + S_{\mathrm{st}}}. \tag{B.9}$$

Die an der betrachteten Querschnittsstelle vorhandenen Spannungen $\bar{\sigma}_b$ und $\bar{\sigma}_{\mathrm{st}}$ erhält man dann aus

$$\bar{\sigma}_b = \bar{\varepsilon}_{b\,0}\, E_{b\,0}, \tag{B.10}$$

$$\bar{\sigma}_{\mathrm{ts}} = -\,\bar{\varepsilon}_{\mathrm{st}\,0}\, E_{\mathrm{st}}. \tag{B.11}$$

Treten nun im *verdübelten* Verbundquerschnitt an der durch ζ_b und ζ_{st} gekennzeichneten Stelle infolge von Kriech- und Schwindeinflüssen zeitabhängige Spannungsänderungen $d\sigma_b$ und $d\sigma_{\mathrm{st}}$ auf, so muß aus Gleichgewichtsgründen

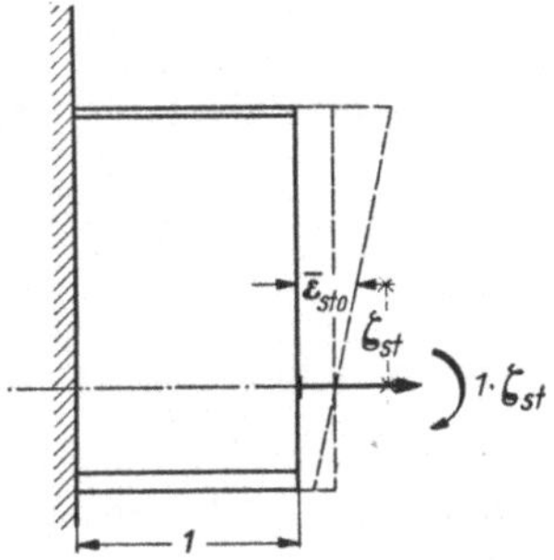

Abb. 8. Auf den Stahlquerschnitt einwirkend

$$\frac{d\sigma_{\mathrm{st}}}{d\sigma_b} = \frac{\bar{\sigma}_{\mathrm{st}}}{\bar{\sigma}_b} = -\,\frac{\bar{\varepsilon}_{\mathrm{st}\,0}}{\bar{\varepsilon}_{b0}} \cdot \frac{E_{\mathrm{st}}}{E_{b0}} \tag{B.12}$$

sein. Damit kann nun σ_{st} durch σ_b ausgedrückt werden. Es ergibt sich

$$\frac{d\sigma_{st}}{E_{st}} = -\frac{\bar\varepsilon_{st0}}{\bar\varepsilon_{b0}\,E_{b0}} \cdot d\sigma_b. \tag{B.13}$$

Setzt man diese Beziehung in die Gl. (B.5) ein, so erhält man

$$\frac{d\sigma_b}{E_{b0}} + \frac{\sigma_b}{E_{b0}}\,d\varphi_t + \frac{\varepsilon_s}{\varphi}\,d\varphi_t = -\frac{\bar\varepsilon_{st0}}{\bar\varepsilon_{b0}\,E_{b0}}\,d\sigma_b,$$

$$\frac{d\sigma_b}{d\varphi_t} + \frac{\bar\varepsilon_{b0}}{\bar\varepsilon_{b0}+\bar\varepsilon_{st0}} \cdot \sigma_b + \frac{\bar\varepsilon_{b0}}{\bar\varepsilon_{b0}+\bar\varepsilon_{st0}} \cdot \frac{E_{b0}\,\varepsilon_s}{\varphi} = 0. \tag{B.14}$$

3. Lösung der Differentialgleichung

Führt man

$$\frac{\bar\varepsilon_{b0}}{\bar\varepsilon_{b0}+\bar\varepsilon_{st0}} = \alpha_0 \tag{B.15}$$

ein, so erhält die Differentialgleichung die Form

$$\frac{d\sigma_b}{d\varphi_t} + \alpha_0 \cdot \sigma_b + \alpha_0\,\frac{\varepsilon_s}{\varphi}\,E_{b0} = 0 \tag{B.16}$$

für die sich die Lösung

$$\sigma_b = \sigma_{b0} - (1 - e^{-\alpha_0\varphi})\left(\sigma_{b0} + \frac{\varepsilon_s}{\varphi}\,E_{b0}\right) \tag{B.17}$$

ergibt. Darin ist unter σ_{b0} die Betonspannung im Zeitpunkt $t = 0$ (d. h. *vor* Beginn des Kriechens und Schwindens) zu verstehen.

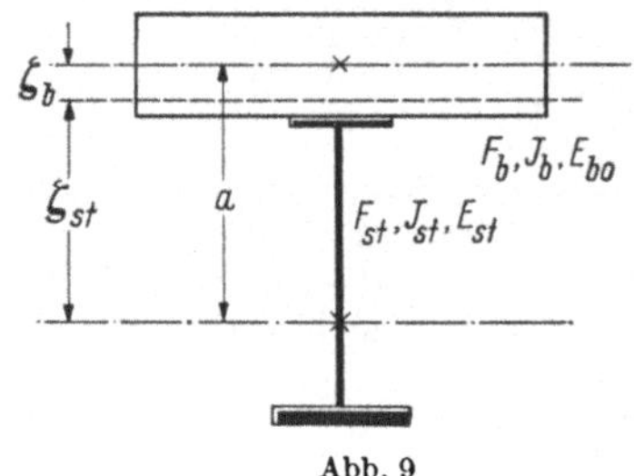

Abb. 9

4. Sonderfälle

a) Ständige Belastung *mit* Kriechauswirkung

$$\sigma_b = \sigma_{b0} \cdot e^{-\alpha_0\varphi}. \tag{B.18}$$

Spannungsverminderung durch das Kriechen

$$\Delta\sigma_{b0} = \sigma_{b0} - \sigma_b = \sigma_{b0}(1 - e^{-\alpha_0\varphi}). \tag{B.19}$$

b) Schwinden *mit* Kriecheinfluß

$$\sigma_b = -(1 - e^{-\alpha_0\varphi})\frac{\varepsilon_s}{\varphi}\,E_{b0}. \tag{B.20}$$

c) Schwinden *ohne* Kriecheinfluß

Über die Gl. (B.20) erhält man für $\varphi \to 0$ den Grenzwert

$$\sigma_b = -\varepsilon_S\,E_{b0} \cdot \alpha_0. \tag{B.21}$$

II. Steifigkeitskennwert α_0

1. Allgemeine Definition für einen zweiteiligen Verbundquerschnitt

Aus der Beziehung Gl. (B.15) erhält man über die Ansätze Gln. (B.8) und (B.9) zunächst den Ausdruck

$$\alpha_0 = \frac{\dfrac{1}{K_{b0}} + \dfrac{\zeta_b^2}{S_{b0}+S_{st}}}{\dfrac{1}{K_{b0}} + \dfrac{\zeta_b^2}{S_{b0}+S_{st}} + \dfrac{1}{K_{st}} + \dfrac{\zeta_{st}^2}{S_{b0}+S_{st}}}. \tag{B.22}$$

2. Sonderfall $\zeta_b = 0$ für den Nachweis der Betonspannung σ_b in der Schwerachse des Betonquerschnittes

a) Zweiteiliger Verbundquerschnitt

Für die im Brückenbau vorkommenden Verbundträgerquerschnitte ist es stets zulässig, bei der Berechnung der Schnittkräfte von einer genaueren Ermittlung der Betonspannung σ_b in der Schwerachse des Betonquerschnittes, d. h. vom Sonderfall $\zeta_b = 0$, auszugehen. Ist der Verbundquerschnitt zweiteilig, besteht er also, wie dies in der Abb. 9 dargestellt ist, lediglich aus einem Stahlträger und einer damit verbundenen Betonplatte, so erhält man den für diesen Fall maßgebenden Steifigkeitskennwert α_0 bei Einführung von $\zeta_b = 0$ und $\zeta_{\mathrm{st}} = a$ aus:

$$\alpha_0 = \cfrac{\cfrac{1}{K_{b0}}}{\cfrac{1}{K_{b0}} + \cfrac{1}{K_{\mathrm{st}}} + \cfrac{a^2}{S_{b0} + S_{\mathrm{st}}}} = \frac{K_{\mathrm{st}}(S_{b0} + S_{\mathrm{st}})}{K_{v0}\,S_{v0}} \,. \tag{B.23}$$

b) Mehrteilige Verbundquerschnitte

Bei einem Verbundträger, dessen Betonplatte sowohl schlaffe Bewehrung als auch Spannglieder einschließt, ist zur Ermittlung des dann maßgebenden Steifigkeitskennwertes α_0 die allgemeinere Beziehung

$$\alpha_0 = \frac{K_{\mathrm{st}}(S_{b0} + S_{\mathrm{st}})}{K_{v0}\,S_{v0}} \tag{B.24}$$

zu benützen, wobei für die Berechnung der jeweiligen Werte K und S die unter A, I. zusammengestellten Beziehungen sinngemäß zu verwenden sind.

III. Berücksichtigung des Beton-Kriechens durch einen fiktiven Formänderungsmodul $E_{b\,\Phi}$

1. Vorbemerkungen

Schreibt man die eingangs für das *Standlast-Kriechen* eines unbewehrten Betonkörpers aufgestellte Beziehung Gl. (A.38) in der Form

$$\frac{\sigma_b}{\varepsilon_{b\,t}} = \frac{E_{b0}}{1 + \varphi_t} \tag{B.25}$$

an, so zeigt sich, daß das Beton-Kriechen offensichtlich auch durch die Einführung eines ideellen Formänderungsmoduls der Art

$$E_{b\,i} = \frac{E_{b0}}{1 + \varphi} \tag{B.26}$$

berücksichtigt werden kann.

Da dieser von DISCHINGER vorgeschlagene ideelle Formänderungsmodul $E_{b\,i}$ aber nur für den Sonderfall eines *unbewehrten* Betonkörpers zutrifft, ist er für die Erfassung des *Standlast-Kriechens* und des *Schwind-Kriechens* bei Verbundträgern in dieser Form *nicht* verwendbar.

Als allgemein gültige und genauere Beziehung für den jeweils einzuführenden *fiktiven Formänderungsmodul* $E_{b\,\Phi}$ wird daher der Ausdruck

$$E_{b\,\Phi} = \frac{E_{b0}}{1 + \psi_\Phi \cdot \varphi} \tag{B.27}$$

vorgeschlagen, in welchem durch den *Kriecheinfluß-Kennwert* ψ_Φ als Funktion des Steifigkeitskennwertes α_0 sowohl die konstruktive Eigenart des Verbundquerschnittes als auch der grundsätzliche Unterschied zwischen einem Kriechen unter konstanter Krafteinwirkung (Standlast-Kriechen) und einem Kriechen unter einer von Null bis auf einen Endwert anwachsenden Kraft (z. B. Schwind-Kriechen) berücksichtigt werden kann.

2. Ableitung des Kriecheinfluß-Kennwertes ψ_Φ für die wichtigsten Sonderfälle

a) Kriecheinfluß bei gleichbleibend-ständigen Krafteinwirkungen (Sonderfall $E_{b\Phi} = E_{b\varphi}$, $\psi_\Phi = \psi$)

Von der Definition

$$E_{b\Phi} = E_{b\varphi} = \frac{\sigma_b}{\varepsilon_b} \qquad (\text{B.28})$$

ausgehend, läßt sich zunächst

$$(E_{b0} - E_{b\varphi})\,\varepsilon_b = \int_0^\varphi \sigma_b \, d\varphi$$

und

$$E_{b0}\,\varepsilon_b = \sigma_b + \int_0^\varphi \sigma_b \, d\varphi \qquad (\text{B.29})$$

anschreiben.

Über die Gl. (B.18) in der Form

$$\sigma_b = \sigma_{b0} \cdot e^{-\varkappa_0 \varphi}$$

ergibt sich dann

$$E_{b0}\,\varepsilon_b = \sigma_b + \sigma_{b0} \frac{1 - e^{-\varkappa_0 \varphi}}{\alpha_0}.$$

Setzt man darin

$$\sigma_{b0} = \sigma_b \, e^{+\varkappa_0 \varphi}$$

so erhält man

$$\frac{\sigma_b}{\varepsilon_b} = \frac{E_{b0}}{1 + \left(\dfrac{e^{\varkappa_0 \varphi} - 1}{\alpha_0 \varphi}\right) \cdot \varphi},$$

d. h.

$$\frac{\sigma_b}{\varepsilon_b} = E_{b\varphi} = \frac{E_{b0}}{1 + \psi \cdot \varphi}, \qquad (\text{B.30})$$

wenn

$$\psi_\Phi = \psi = \frac{e^{\varkappa_0 \varphi} - 1}{\alpha_0 \varphi} \qquad (\text{B.31})$$

als Kriecheinfluß-Kennwert für langandauernde und gleichbleibende Krafteinwirkungen (z. B. ständige Belastungen) aufgefaßt wird.

Für die im Verbundträger-Brückenbau vorkommenden Werte $\alpha_0 \varphi$ können die dazugehörigen ψ-Werte unmittelbar aus der Tab. 2 entnommen werden.

Tabelle 2

$\alpha_0\varphi$	ψ	$\alpha_0\varphi$	ψ	$\alpha_0\varphi$	ψ	$\alpha_0\varphi$	ψ	$\alpha_0\varphi$	ψ
0,000	1,000	0,205	1,109	0,405	1,232	0,605	1,373	0,805	1,535
0,010	1,005	0,210	1,112	0,410	1,235	0,610	1,377	0,810	1,540
0,015	1,007	0,215	1,115	0,415	1,239	0,615	1,381	0,815	1,544
0,020	1,010	0,220	1,118	0,420	1,242	0,620	1,385	0,820	1,549
0,025	1,012	0,225	1,121	0,425	1,246	0,625	1,389	0,825	1,553
0,030	1,015	0,230	1,124	0,430	1,249	0,630	1,393	0,830	1,558
0,035	1,018	0,235	1,127	0,435	1,252	0,635	1,397	0,835	1,562
0,040	1,020	0,240	1,130	0,440	1,255	0,640	1,400	0,840	1,567
0,045	1,022	0,245	1,133	0,445	1,258	0,645	1,404	0,845	1,571
0,050	1,025	0,250	1,136	0,450	1,262	0,650	1,408	0,850	1,576
0,055	1,027	0,255	1,139	0,455	1,265	0,655	1,412	0,855	1,580
0,060	1,030	0,260	1,142	0,460	1,268	0,660	1,416	0,860	1,585
0,065	1,032	0,265	1,145	0,465	1,272	0,665	1,420	0,865	1,589
0,070	1,035	0,270	1,148	0,470	1,276	0,670	1,424	0,870	1,594
0,075	1,038	0,275	1,151	0,475	1,280	0,675	1,428	0,875	1,598
0,080	1,041	0,280	1,154	0,480	1,283	0,680	1,432	0,880	1,603
0,085	1,043	0,285	1,157	0,485	1,286	0,685	1,436	0,885	1,607
0,090	1,046	0,290	1,160	0,490	1,290	0,690	1,440	0,890	1,612
0,095	1,048	0,295	1,163	0,495	1,293	0,695	1,444	0,895	1,616
0,100	1,051	0,300	1,166	0,500	1,297	0,700	1,448	0,900	1,621
0,105	1,054	0,305	1,169	0,505	1,300	0,705	1,452	0,905	1,625
0,110	1,057	0,310	1,172	0,510	1,303	0,710	1,456	0,910	1,629
0,115	1,059	0,315	1,175	0,515	1,307	0,715	1,460	0,915	1,634
0,120	1,062	0,320	1,178	0,520	1,311	0,720	1,465	0,920	1,638
0,125	1,064	0,325	1,181	0,525	1,315	0,725	1,469	0,925	1,642
0,130	1,067	0,330	1,184	0,530	1,318	0,730	1,473	0,930	1,647
0,135	1,070	0,335	1,187	0,535	1,321	0,735	1,477	0,935	1,651
0,140	1,073	0,340	1,190	0,540	1,325	0,740	1,481	0,940	1,655
0,145	1,075	0,345	1,193	0,545	1,329	0,745	1,485	0,945	1,660
0,150	1,078	0,350	1,197	0,550	1,333	0,750	1,490	0,950	1,664
0,155	1,081	0,355	1,200	0,555	1,336	0,755	1,494	0,955	1,668
0,160	1,084	0,360	1,203	0,560	1,340	0,760	1,498	0,960	1,671
0,165	1,087	0,365	1,206	0,565	1,343	0,765	1,502	0,965	1,675
0,170	1,090	0,370	1,209	0,570	1,347	0,770	1,506	0,970	1,680
0,175	1,092	0,375	1,213	0,575	1,351	0,775	1,510	0,975	1,684
0,180	1,095	0,380	1,216	0,580	1,354	0,780	1,515	0,980	1,689
0,185	1,098	0,385	1,219	0,585	1,358	0,785	1,519	0,985	1,693
0,190	1,101	0,390	1,222	0,590	1,362	0,790	1,523	0,990	1,698
0,195	1,104	0,395	1,225	0,595	1,366	0,795	1,527	0,995	1,713
0,200	1,107	0,400	1,229	0,600	1,370	0,800	1,531	1,000	1,718

b) Kriecheinfluß bei langsam anwachsenden Schwindkräften (Sonderfall $E_{b\Phi} = E_{b\varphi'}\ \psi_\Phi = \psi'$)

Soll das *Schwind-Kriechen* durch die Einführung eines fiktiven Formänderungsmoduls $E_{b\Phi} = E_{b\psi'}$ berücksichtigt werden, so muß die Sondergleichung (B.21) sinngemäß die Form

$$\sigma_b = -\varepsilon_S E_{b\varphi'}\,\alpha_{\varphi'} \tag{B.32}$$

erhalten.

Für den Nachweis der Betonspannung σ_b in der Schwerachse des Betonquerschnittes ergibt sich mit $\zeta_b = 0$ und $\zeta_{st} = a$ dann aus der Gl. (B.22) die der

Gl. (B.23) analoge Beziehung

$$\alpha_{\varphi'} = \frac{\dfrac{1}{K_{b\varphi'}}}{\dfrac{1}{K_{b\varphi'}} + \dfrac{1}{K_{st}} + \dfrac{a^2}{S_{b\varphi'} + S_{st}}}. \tag{B.33}$$

Da bei den im Brückenbau vorkommenden Verbundträgern in der Regel die *Biegesteifigkeit* $S_{b\varphi'}$ der Betonplatte gegenüber der Biegesteifigkeit S_{st} des Stahlträgers vernachlässigt werden kann, erhält man mit

$$\frac{1}{K_{st}} + \frac{a^2}{S_{b\varphi'} + S_{st}} \sim \frac{1}{K_{st}} + \frac{a^2}{S_{st}} = \bar\varepsilon_{st\,0}$$

und

$$\frac{1}{K_{b\varphi'}} = \frac{1}{E_{b\varphi'} F_b} = \frac{1}{E_{b0} F_b} \cdot \frac{E_{b0}}{E_{b\varphi'}} = \frac{1}{K_{b0}} \cdot \frac{E_{b0}}{E_{b\varphi'}} = \bar\varepsilon_{b\,0} \frac{E_{b0}}{E_{b\varphi'}}$$

$$\alpha_{\varphi'} = \frac{\bar\varepsilon_{b0} \dfrac{E_{b0}}{E_{b\varphi'}}}{\bar\varepsilon_{b0} \dfrac{E_{b0}}{E_{b\varphi'}} + \bar\varepsilon_{st\,0}} \tag{B.34}$$

durch Gleichsetzen der Beziehungen Gln. (B.20) und (B.32)

$$\varepsilon_S E_{b\,0} \frac{(1 - e^{-\alpha_0\varphi})}{\varphi} = \varepsilon_S E_{b\varphi'} \cdot \alpha_{\varphi'} = \varepsilon_S E_{b\,0} \frac{\bar\varepsilon_{b0}}{\bar\varepsilon_{b0} \dfrac{E_{b0}}{E_{b\varphi'}} + \bar\varepsilon_{st\,0}}$$

und daraus zunächst

$$\frac{E_{b0}}{E_{b\varphi'}} = \frac{\varphi}{1 - e^{-\alpha_0\varphi}} - \frac{\bar\varepsilon_{st\,0}}{\bar\varepsilon_{b0}}.$$

Setzt man jetzt entsprechend der Vereinbarung Gl. (B.15)

$$\frac{\bar\varepsilon_{st\,0}}{\bar\varepsilon_{b0}} = \frac{1 - \alpha_0}{\alpha_0}.$$

so erhält man aus

$$\frac{E_{b0}}{E_{b\varphi'}} = \frac{e^{\alpha_0\varphi}}{e^{\alpha_0\varphi} - 1} \cdot \varphi - \frac{1 - \alpha_0}{\alpha_0} = 1 + \left[\frac{e^{\alpha_0\varphi}}{e^{\alpha_0\varphi} - 1} - \frac{1}{\alpha_0\varphi}\right]\varphi$$

schließlich

$$E_{b\varphi'} = \frac{E_{b0}}{1 + \left[\dfrac{e^{\alpha_0\varphi}}{e^{\alpha_0\varphi} - 1} - \dfrac{1}{\alpha_0\varphi}\right]\varphi}, \tag{B.35}$$

d. h.

$$E_{b\varphi'} = \frac{E_{b0}}{1 + \psi' \cdot \varphi}, \tag{B.36}$$

wenn

$$\psi_\varphi = \psi' = \frac{e^{\alpha_0\varphi}}{e^{\alpha_0\varphi} - 1} - \frac{1}{\alpha_0\varphi} \tag{B.37}$$

als Kriecheinfluß-Kennwert für langsam anwachsende Schwindkräfte aufgefaßt wird.

Es wird ergänzend noch darauf hingewiesen, daß dieser Kriecheinfluß-Kennwert ψ' auch für von Null bis auf einen bleibenden Endwert ansteigende äußere Belastungen anzusetzen ist, wenn diese affin zur Kriechkurve anwachsen.

Für die im Verbundträger-Brückenbau vorkommenden Werte $\alpha_0\varphi$ können die dazugehörigen ψ'-Werte unmittelbar aus der Tab. 3 entnommen werden.

Tabelle 3

$\alpha^0 \varphi$	ψ'	$\alpha_0 \varphi$	ψ'	$\alpha_0 \varphi$	ψ'	$\alpha_0 \varphi$	ψ	$\alpha_0 \varphi$	ψ
0,010	0,500	0,210	0,517	0,410	0,534	0,610	0,550	0,810	0,566
0,020	0,501	0,220	0,518	0,420	0,535	0,620	0,551	0,820	0,567
0,030	0,502	0,230	0,519	0,430	0,535	0,630	0,551	0,830	0,568
0,040	0,503	0,240	0,519	0,440	0,536	0,640	0,552	0,840	0,569
0,050	0,504	0,250	0,520	0,450	0,537	0,650	0,553	0,850	0,570
0,060	0,505	0,260	0,521	0,460	0,538	0,660	0,554	0,860	0,571
0,070	0,505	0,270	0,522	0,470	0,539	0,670	0,555	0,870	0,571
0,080	0,506	0,280	0,522	0,480	0,539	0,680	0,556	0,880	0,572
0,090	0,507	0,290	0,523	0,490	0,540	0,690	0,557	0,890	0,573
0,100	0,508	0,300	0,524	0,500	0,541	0,700	0,557	0,900	0,574
0,110	0,509	0,310	0,525	0,510	0,542	0,710	0,558	0,910	0,575
0,120	0,509	0,320	0,526	0,520	0,542	0,720	0,559	0,920	0,575
0,130	0,510	0,330	0,527	0,530	0,543	0,730	0,560	0,930	0,576
0,140	0,511	0,340	0,528	0,540	0,544	0,740	0,560	0,940	0,577
0,150	0,512	0,350	0,529	0,550	0,545	0,750	0,561	0,950	0,577
0,160	0,513	0,360	0,530	0,560	0,546	0,760	0,562	0,960	0,578
0,170	0,514	0,370	0,531	0,570	0,546	0,770	0,563	0,970	0,579
0,180	0,514	0,380	0,531	0,580	0,547	0,780	0,564	0,980	0,580
0,190	0,515	0,390	0,532	0,590	0,548	0,790	0,565	0,990	0,581
0,200	0,516	0,400	0,533	0,600	0,549	0,800	0,565	1,000	0,581

Die Tabellenwerte lassen erkennen, daß die ψ'-Funktion sehr unempfindlich ist. Die bei ihrer Ableitung vereinbarte Vernachlässigung von $S_{b\varphi}$ gegenüber S_{st} hat daher praktisch keinen spürbaren Einfluß auf den fiktiven Formänderungsmodul $E_{b\varphi} = E_{b\varphi'}$ und die damit ermittelten Schnittkräfte bzw. Betonspannungen σ_b.

C. Entwicklung und Zusammenstellung von Gebrauchsformeln für die Berechnung von freiaufliegenden Verbundträgern bei Einführung eines fiktiven Beton-Formänderungsmoduls $E_{b\varphi}$

I. Allgemeine Beziehungen für einen mehrteiligen Verbundquerschnitt

1. Dehnsteifigkeiten, elastischer Schwerpunkt, Biegesteifigkeiten

Der den allgemeinen Betrachtungen zugrunde gelegte Verbundquerschnitt sei aus m beliebig angeordneten und schubfest miteinander verbundenen Einzelteilen zusammengesetzt, die aus verschiedenen Baustoffen bestehen können.

Bezeichnet man

$$E_r F_r = K_r \qquad (C.1)$$

als *Dehnsteifigkeit* eines Einzelteiles r, so erhält man die *Dehnsteifigkeit* K_v des Verbund-Gesamtquerschnittes aus

$$K_v = \sum_{r=1}^{r=m} K_r. \qquad (C.2)$$

Die Höhenlage η_v des elastischen Schwerpunktes über der Verbundträgerunterkante als Lage der Verbundquerschnitt-Schwerachse erhält man dann aus:

$$\eta_v = \frac{\sum_{r=1}^{r=m} \eta_r \cdot K_r}{K_v}. \qquad (C.3)$$

Der Abstand a_r der Schwerachse eines Einzelteiles r von der Schwerachse des Verbund-Gesamtquerschnittes ergibt sich aus

$$a_r = \eta_r - \eta_v. \tag{C.4}$$

Auf die Verbundquerschnitt-Schwerachse bezogen muß stets

$$\sum_{r=1}^{r=m} a_r\, K_r = 0 \tag{C.5}$$

erfüllt werden.

Bezeichnet man

$$E_r\, J_r = S_r \tag{C.6}$$

als *Biegesteifigkeit* eines Einzelteiles r, so erhält man die *Biegesteifigkeit* S_v des Verbund-Gesamtquerschnittes aus:

$$S_v = \sum_{r=1}^{r=m} S_r + \sum_{r=1}^{r=m} a_r^2\, K_r. \tag{C.7}$$

2. Einwirkung einer stets im Verbundquerschnitt-Schwerpunkt angreifenden äußeren Längskraft ($\mathfrak{N}_0$)

Der auf einen Einzelteil r des Verbundquerschnittes entfallende Längskraftanteil N_r ergibt sich aus dem Verhältnis seiner *Dehnsteifigkeit* K_r zur *Dehnsteifigkeit* K_v des Verbund-Gesamtquerschnittes mit

$$N_r = (\mathfrak{N}_0)\, \frac{K_r}{K_v}. \tag{C.8}$$

Können sich bei einem oder mehreren der m Einzelteile Kriecherscheinungen einstellen, so ist diese Beziehung nur dann noch grundsätzlich zutreffend, wenn durch das Kriechen der dafür anfälligen Einzelteile keine Verlagerung der Verbundquerschnitt-Schwerachse eintreten kann, wie dies beispielsweise bei einer doppelt symmetrischen Anordnung der m Einzelteile stets der Fall ist.

Für Verbundquerschnitte mit nur einfach symmetrischer Anordnung der m Einzelteile gelten die auf S. 19 entwickelten allgemeineren Beziehungen Gln. (C.38) bis (C.50).

3. Einwirkung eines äußeren Momentes ($\mathfrak{M}_0$)

Der auf einen Einzelteil r des Verbundquerschnittes entfallende Momentenanteil M_r ergibt sich aus dem Verhältnis seiner *Biegesteifigkeit* S_r zur *Biegesteifigkeit* S_v des Verbund-Gesamtquerschnittes mit

$$M_r = (\mathfrak{M}_0)\, \frac{S_r}{S_v}. \tag{C.9}$$

Die durch das einwirkende Moment ($\mathfrak{M}_0$) hervorgerufene, auf einen Einzelteil r entfallende Längskraft N_r erhält man aus

$$N_r = (\mathfrak{M}_0)\, \frac{a_r\, K_r}{S_v}. \tag{C.10}$$

4. Eigenspannungs-Schnittgrößen bei Schwindverkürzungen oder Temperaturunterschieden eines Einzelteiles ϱ

Es sei unter den m Einzelteilen eines Verbundquerschnittes nur *ein* aus Beton bestehender Einzelteil ϱ vorhanden, der durch sein Schwinden und seine gleichmäßig verteilt angenommenen Temperaturänderungen im Verbundquerschnitt Eigenspannungs-Schnittkräfte auslösen kann.

Um diese Schnittkräfte zu untersuchen und zu berechnen, denkt man sich den gegenseitigen Zusammenhang aller m Einzelteile des betrachteten Verbundträgerstückes von der Länge 1 zunächst gelöst. Der Betoneinzelteil ϱ erfährt dann unter dem Einfluß einer auf ihn beschränkten Temperaturänderung oder seines Eigenschwindens eine sich spannungsfrei einstellende Längenänderung ε_ϱ.

Um diese Längenänderung rückgängig zu machen oder zu verhüten, wären zwei entgegengesetzt gerichtete Festhaltekräfte

$$\overline{\mathfrak{N}} = \varepsilon_\varrho\, E_\varrho\, F_\varrho = \varepsilon_\varrho\, K_\varrho \tag{C.11}$$

erforderlich, die in der Schwerachse des Einzelteilquerschnittes angreifen müßten. Setzt man diese beiden Kräfte nun mit umgekehrter Einwirkungsrichtung auf den eine freie Längenänderung ε_ϱ elastisch behindernden Verbundträger-Gesamtquerschnitt an und berücksichtigt dabei, daß eine im Abstand a_ϱ von der Verbundquerschnitt-Schwerachse angreifende Kraft $(\overline{\mathfrak{N}}) = \varepsilon_\varrho\, K_\varrho$ auch ein einwirkendes Moment $(\overline{\mathfrak{M}}) = (\overline{\mathfrak{N}}) \cdot a_\varrho$ zur Folge hat, so erhält man die gesuchten Eigenspannungs-Schnittkräfte für einen Einzelteil r aus:

$$N_r = (\overline{\mathfrak{N}})\,\frac{K_r}{K_v} + (\overline{\mathfrak{M}})\,\frac{a_r\, K_r}{S_v} = \varepsilon_\varrho\, K_\varrho\, K_r\left(\frac{1}{K_v} + \frac{a_r\, a_\varrho}{S_v}\right), \tag{C.12}$$

$$M_r = (\overline{\mathfrak{M}})\,\frac{S_r}{S_v} = \varepsilon_\varrho\, K_\varrho \cdot a_\varrho\,\frac{S_r}{S_v} \tag{C.13}$$

und für den Einzelteil ϱ aus:

$$N_\varrho = (\overline{\mathfrak{N}})\,\frac{K_\varrho}{K_v} + (\overline{\mathfrak{M}})\,\frac{a_\varrho\, K_\varrho}{S_v} - (\overline{\mathfrak{N}}) = \varepsilon_\varrho\, K_\varrho\left(\frac{K_\varrho}{K_v} - \frac{K_\varrho\, a_\varrho^2}{S_v} - 1\right) \tag{C.14}$$

$$M_\varrho = (\overline{\mathfrak{M}})\,\frac{S_\varrho}{S_v} = \varepsilon_\varrho\, K_\varrho\, a_\varrho\,\frac{S_\varrho}{S_v}. \tag{C.15}$$

Ein positives N_r bedeutet eine Druckkraft und ein negatives N_ϱ eine Zugkraft.

a) Schwinden

Zur Berücksichtigung eines Betonschwindens im Einzelteil ϱ ist

$$\varepsilon_\varrho = \varepsilon_S \tag{C.16}$$

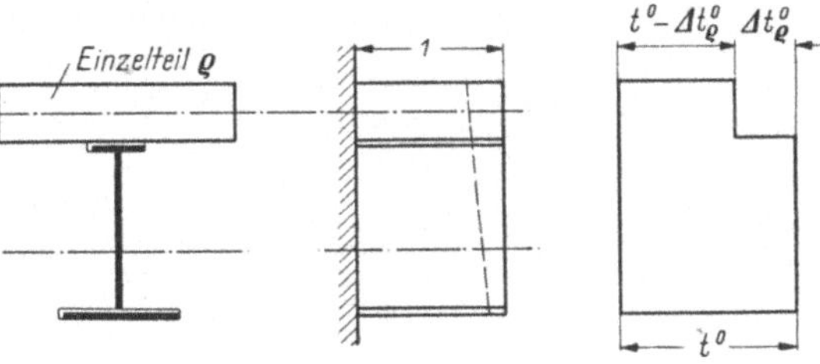

Abb. 10

einzuführen, d. h. das bei unbehindertem Schwinden zu erwartende Endschwindmaß einzusetzen.

b) Temperaturunterschied Δt_ϱ^0

Erfährt der Einzelteil ϱ gegenüber allen anderen Querschnittseinzelteilen eine Mehrabkühlung Δt_ϱ^0, so ist

$$\varepsilon_\varrho = \alpha_T\, \Delta t_\varrho^0 \tag{C.17}$$

einzusetzen.

II. Berechnungsansätze für freiaufliegende Verbundträger

1. Einwirkung eines äußeren Momentes ($\mathfrak{M}_0$)

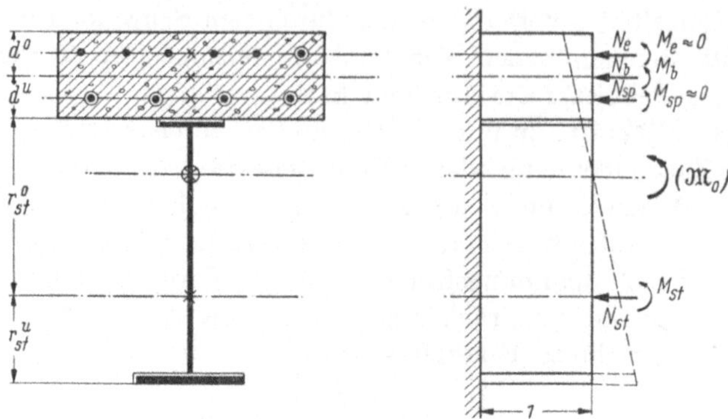

Abb. 11

a) Zeitpunkt $t = 0$ (d. h. *vor* der Auswirkung des Beton-Kriechens, z. B. bei Momenteneinwirkungen von kurzer Dauer)

Als maßgebender Beton-Elastizitätsmodul ist der auf die gewählte Betongüte abgestimmte Wert E_{b0} nach der Tab. 1 einzuführen.

α) *Ermittlung der Hilfswerte*

Man bestimmt zunächst die Dehnsteifigkeiten K_{st}, K_e, K_{sp}, K_{b0} aus den Ansätzen Gln. (A.1) bis (A.4) und dann K_{v0} aus der Beziehung Gl. (A.7).

Anschließend errechnet man die Biegesteifigkeiten S_{st}, S_e, S_{sp}, S_{b0} aus den Ansätzen Gln. (A.9) bis (A.12), wobei in der Regel $S_e \sim 0$ und $S_{sp} \sim 0$ gesetzt werden darf. Nach Ermittlung der Höhenlage η_{v0} der Verbundquerschnitt-Schwerachse aus der Gl. (A.14) ergeben sich die Abstände a_{b0}, $a_{st\,0}$, a_{e0}, $a_{sp\,0}$ der Einzelteilschwerachsen von der Verbundquerschnitt-Schwerachse aus den Ansätzen Gln. (A.17) bis (A.20) und die Biegesteifigkeit S_{v0} des Verbund-Gesamtquerschnittes schließlich aus der Beziehung Gl. (A.33).

β) *Ermittlung der Schnittgrößen N und M*

Die Einzel-Schnittgrößen lassen sich jetzt entsprechend den allgemeinen Ansätzen (C.9) und (C.10) aus den Gleichungen

$$N_{b\,0} = (\mathfrak{M}_0)\,\frac{a_{b\,0}\,K_{b\,0}}{S_{v\,0}} \qquad \text{(C.18)} \qquad\qquad N_{st\,0} = (\mathfrak{M}_0)\,\frac{a_{st\,0}\,K_{st}}{S_{v\,0}} \qquad \text{(C.19)}$$

$$N_{e\,0} = (\mathfrak{M}_0)\,\frac{a_{e\,0}\,K_e}{S_{v\,0}} \qquad \text{(C.20)} \qquad\qquad N_{sp\,0} = (\mathfrak{M}_0)\,\frac{a_{sp\,0}\,K_{sp}}{S_{v\,0}} \qquad \text{(C.21)}$$

sowie

$$M_{b\,0} = (\mathfrak{M}_0)\,\frac{S_{b\,0}}{S_{v\,0}} \qquad \text{(C.22)} \qquad\qquad M_{st\,0} = (\mathfrak{M}_0)\,\frac{S_{st}}{S_{v\,0}} \qquad \text{(C.23)}$$

berechnen.

Da $S_e \sim 0$ und $S_{sp} \sim 0$ gesetzt wurde, erhält man auch $M_{e\,0} \sim 0$ und $M_{sp\,0} \sim 0$.

Der Abb. 11 entsprechend bedeutet ein positives Vorzeichen für die Schnittkräfte N eine Druckkraft.

b) Zeitpunkt $t = \infty$ (d. h. *nach* abgeschlossenem Beton-Kriechen unter einer Dauer-Standbelastung und einer End-Kriechzahl φ)

Zur Berücksichtigung des Beton-Kriechens ist jetzt der fiktive Formänderungsmodul $E_{b\Phi} = E_{b\varphi}$ zu ermitteln und einzuführen.

α) *Bestimmung des Steifigkeitskennwertes α_0 und des fiktiven Formänderungsmoduls $E_{b\varphi}$*

Es ist zunächst für alle im Verbundquerschnitt mitwirkenden Stahlquerschnitte deren Summen-Dehnsteifigkeit K_{St} nach dem Ansatz Gl. (A.6) zu ermitteln und dann die Höhenlage η_{St} ihrer gemeinsamen Schwerachse nach der Gl. (A.16) auszurechnen. Anschließend werden die Abstände e_{st}, e_e, e_{sp} der Einzel-Stahlteile von dieser Schwerachse aus den Ansätzen Gln. (A.29) bis (A.31) bestimmt. Die Biegesteifigkeit S_{St} aller Verbund-Stahlteile kann dann aus der Beziehung Gl. (A.32) ermittelt werden.

Mit dem über den Ansatz Gl. (B.24) errechneten Steifigkeitskennwert α_0 und der gewählten Endkriechzahl φ erhält man schließlich aus der Gl. (B.31) bzw. aus der Tab. 2 den Kriecheinflußkennwert ψ und damit aus der Beziehung Gl. (B.30) den für den untersuchten Verbundquerschnitt maßgebenden fiktiven Formänderungsmodul $E_{b\varphi}$.

β) *Ermittlung der Hilfswerte*

Da im weiteren zur Berücksichtigung der Auswirkung des Beton-Kriechens lediglich $E_{b\varphi}$ an Stelle von E_{b0} einzuführen ist, müssen jetzt zunächst $K_{b\varphi}$ und $K_{v\varphi}$ aus den Beziehungen Gln. (A.5) und (A.8) neu errechnet werden. Dann ist über den Ansatz Gl. (A.15) die durch das Beton-Kriechen veränderte Höhenlage $\eta_{v\varphi}$ der Verbundquerschnitt-Schwerachse zu bestimmen. Anschließend können aus den Beziehungen Gln. (A.23) bis (A.26) die neuen Abstände $a_{b\varphi}$, $a_{st\varphi}$, $a_{e\varphi}$, $a_{sp\varphi}$ ermittelt werden. Errechnet man jetzt noch $S_{b\varphi}$ aus dem Ansatz Gl. (A.13), so erhält man die durch das Beton-Kriechen reduzierte Biegesteifigkeit $S_{v\varphi}$ des Verbund-Gesamtquerschnittes aus der Gl. (A.34).

γ) *Ermittlung der Schnittgrößen N und M*

Die nach abgeschlossenem Beton-Kriechen vorhandenen Einzelschnittgrößen ergeben sich jetzt durch sinngemäße Auslegung der allgemeinen Ansätze Gln. (C.9) und (C.10) mit:

$$N_{b\varphi} = (\mathfrak{M}_0)\,\frac{a_{b\varphi}\,K_{b\varphi}}{S_{v\varphi}} \qquad (\text{C.24}) \qquad\qquad N_{st\varphi} = (\mathfrak{M}_0)\,\frac{a_{st\varphi}\,K_{st}}{S_{v\varphi}} \qquad (\text{C.25})$$

$$N_{e\varphi} = (\mathfrak{M}_0)\,\frac{a_{e\varphi}\,K_e}{S_{v\varphi}} \qquad (\text{C.26}) \qquad\qquad N_{sp\varphi} = (\mathfrak{M}_0)\,\frac{a_{sp\varphi}\,K_{sp}}{S_{v\varphi}} \qquad (\text{C.27})$$

sowie

$$M_{b\varphi} = (\mathfrak{M}_0)\,\frac{S_{b\varphi}}{S_{v\varphi}} \qquad (\text{C.28}) \qquad\qquad M_{st\varphi} = (\mathfrak{M}_0)\,\frac{S_{st}}{S_{v\varphi}} \qquad (\text{C.29})$$

und

$$M_{e\varphi} \sim 0, \qquad\qquad M_{sp\varphi} \sim 0.$$

c) Ermittlung der Randspannungen

Die in der Betonplatte und dem Stahlträger auftretenden Randspannungen σ^o und σ^u ergeben sich für den Fall a) und b) aus

$$\sigma_b^0 = -\frac{N_b}{F_b} - \frac{M_b}{J_b}\, d^0 \qquad \text{(C.30)} \qquad\qquad \sigma_b^u = -\frac{N_b}{F_b} + \frac{M_b}{J_b}\, d^u \qquad \text{(C.31)}$$

$$\sigma_{st}^0 = -\frac{N_{st}}{F_{st}} - \frac{M_{st}}{J_{st}}\, r_{st}^0 \qquad \text{(C.32)} \qquad\qquad \sigma_{st}^u = -\frac{N_{st}}{F_{st}} + \frac{M_{st}}{J_{st}}\, r_{st}^u. \qquad \text{(C.33)}$$

Die in der schlaffen Bewehrung und im Spannstahl auftretenden Spannungen σ_e und σ_{sp} erhält man aus:

$$\sigma_e = -\frac{N_e}{F_e} \qquad \text{(C.34)} \qquad\qquad \sigma_{sp} = -\frac{N_{sp}}{F_{sp}}. \qquad \text{(C.35)}$$

Setzt man in diesen Beziehungen die Schnittgrößen N und M mit den aus ihren Bestimmungsgleichungen erhaltenen Vorzeichen ein, so bedeutet ein positives σ eine Zugspannung.

d) Kontrollen

Die im Fall a) und b) ermittelten Schnittgrößen N und M müssen stets die Gleichgewichtsbedingungen

$$\sum_{r=1}^{r=m} N_r = 0 \qquad \text{(C.36)}$$

und

$$(\mathfrak{M}_0) = \sum_{r=1}^{r=m} M_r + \sum_{r=1}^{r=m} a_r N_r \qquad \text{(C.37)}$$

erfüllen.

Außerdem muß nach der Beziehung (C.5)

$$\sum_{r=1}^{r=m} a_r K_r = 0$$

sein.

2. Einwirkung einer vor dem Auftreten des Beton-Kriechens zentrisch angreifenden und gleichbleibenden äußeren Längskraft ($\mathfrak{N}_0$)

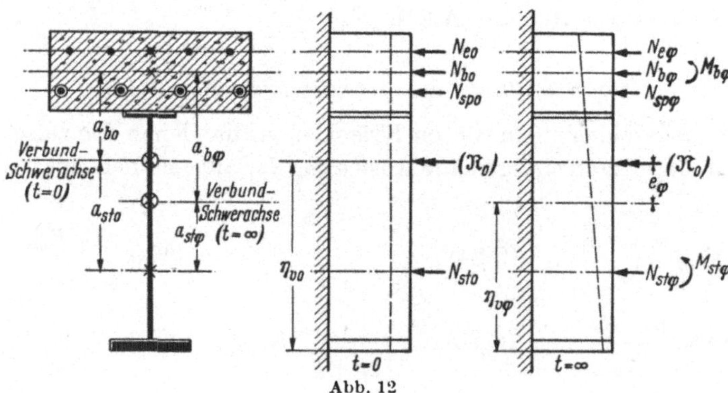

Abb. 12

a) Zeitpunkt $t = 0$ (d. h. *vor* der Auswirkung des Beton-Kriechens)

Es sind die mit dem Beton-Elastizitätsmodul E_{b0} errechneten Hilfswerte K_{b0} und $K_{v0} = K_{b0} + K_{st} + K_e + K_{sp}$ einzuführen. Der über die Beziehung Gl.

(A.14) bestimmbare Abstand η_{v0} der Verbundträger-Schwerachse von der Stahlträgerunterkante liefert die bei zentrischer Belastung erforderliche Höhenlage des Angriffpunktes der äußeren Längskraft $(\mathfrak{N}_0)$.

Die Einzel-Schnittkräfte N ergeben sich aus dem allgemeinen Ansatz Gl. (C.8) mit:

$$N_{b0} = (\mathfrak{N}_0)\,\frac{K_{b0}}{K_{v0}} \qquad \text{(C.38)} \qquad\qquad N_{st\,0} = (\mathfrak{N}_0)\,\frac{K_{st}}{K_{v0}} \qquad \text{(C.39)}$$

$$N_{e0} = (\mathfrak{N}_0)\,\frac{K_e}{K_{v0}} \qquad \text{(C.40)} \qquad\qquad N_{sp0} = (\mathfrak{N}_0)\,\frac{K_{sp}}{K_{v0}} \qquad \text{(C.41)}$$

b) Zeitpunkt $t = \infty$ (d. h. *nach* abgeschlossenem Beton-Kriechen)

Dem unter der ständigen und gleichbleibenden Einwirkung der Längskraft $(\mathfrak{N}_0)$ auftretenden Beton-Kriechen wird wieder durch die Einführung des fiktiven Formänderungsmoduls $E_{b\Phi} = E_{b\varphi}$ Rechnung getragen, dessen Ermittlung schon auf S. 10 besprochen wurde. Mit den aus den Beziehungen Gln. (A.5) und (A.8) errechneten Hilfswerten $K_{b\varphi}$ und $K_{v\varphi}$ sowie der aus dem Ansatz Gl. (A.15) bestimmten neuen Höhenlage $\eta_{v\varphi}$ der Verbund-Schwerachse *nach* abgeschlossenem Beton-Kriechen erhält man als Exzentrizität e_φ der nunmehr außermittig einwirkenden Längskraft $(\mathfrak{N}_0)$

$$e_\varphi = \eta_{v0} - \eta_{v\varphi}. \qquad \text{(C.42)}$$

Durch sinngemäße Auslegung der allgemeinen Ansätze Gln. (C.9) und (C.10) ergeben sich für die Ermittlung der Einzel-Schnittgrößen N und M dann folgende Beziehungen:

$$N_{b\varphi} = (\mathfrak{N}_0)\,K_{b\varphi}\left[\frac{1}{K_{v\varphi}} + e_\varphi\,\frac{a_{b\varphi}}{S_{v\varphi}}\right] \qquad \text{(C.43)}$$

$$N_{st\,\varphi} = (\mathfrak{N}_0)\,K_{st}\left[\frac{1}{K_{v\varphi}} + e_\varphi\,\frac{a_{st\,\varphi}}{S_{v\varphi}}\right] \qquad \text{(C.44)}$$

$$N_{e\,\varphi} = (\mathfrak{N}_0)\,K_e\left[\frac{1}{K_{v\varphi}} + e_\varphi\,\frac{a_{e\,\varphi}}{S_{v\varphi}}\right] \qquad \text{(C.45)}$$

$$N_{sp\,\varphi} = (\mathfrak{N}_0)\,K_{sp}\left[\frac{1}{K_{v\varphi}} + e_\varphi\,\frac{a_{sp\,\varphi}}{S_{v\varphi}}\right] \qquad \text{(C.46)}$$

$$M_{b\,\varphi} = (\mathfrak{N}_0)\,e_\varphi\,\frac{S_{b\,\varphi}}{S_{v\,\varphi}} \qquad \text{(C.47)}$$

$$M_{st\,\varphi} = (\mathfrak{N}_0)\,e_\varphi\,\frac{S_{st}}{S_{v\,\varphi}}. \qquad \text{(C.48)}$$

c) Kontrollen

Die ermittelten Schnittgrößen N und M müssen die Gleichgewichtsbedingungen

$$\sum_{r=1}^{r=m} N_r = (\mathfrak{N}_0) \qquad \text{(C.49)}$$

$$\sum_{r=1}^{r=m} M_r + \sum_{r=1}^{r=m} a_r\,N_r = (\mathfrak{N}_0)\,e_\varphi \qquad \text{(C.50)}$$

erfüllen.

3. Auswirkung einer in der Beton-Schwerachse angreifenden Vorspannkraft V_0

a) Zeitpunkt $t = 0$ (d. h. *vor* der Auswirkung des Beton-Kriechens)

Es wird vorausgesetzt, daß im Zeitpunkt des Vorspannens die Stahlbetonplatte und der Stahlträger als Verbundquerschnitt zusammenwirken.

Fall I:

Es wird der Zustand unmittelbar *nach* dem Aufbringen der Vorspannkraft V_0 und *vor* der Herstellung des *Spannstahl-Verbundes* betrachtet.

α) Ermittlung der Hilfswerte

Bei der Bestimmung der Hilfswerte ist mit dem Beton-Elastizitätsmodul E_{b0} zu rechnen und in den allgemeinen Beziehungen des Abschnittes A. I. dem jetzt vorliegenden Sonderfall des noch fehlenden Spannstahl-Verbundes durch die Einführung von $F_{\mathrm{sp}} = 0$ Rechnung zu tragen[1]. Man erhält dann

$$K_{b0}^o = K_{b0} = E_{b0} F_b \qquad K_{\mathrm{st}}^o = K_{\mathrm{st}} = E_{\mathrm{st}} F_{\mathrm{st}} \qquad K_e^o = K_e = E_e F_e$$

$$K_{v0}^o = K_{b0}^o + K_{\mathrm{st}}^o + K_e^o$$

und damit die Höhenlage η_{v0}^o der Verbund-Schwerachse aus

$$\eta_{v0}^o = \frac{\eta_b\,K_{b0}^o + \eta_{\mathrm{st}}\,K_{\mathrm{st}}^o + \eta_e\,K_e^o}{K_{v0}^o}$$

Nach Bestimmung der Abstände

$$a_{b0}^o = \eta_b - \eta_{v0}^o = a_{\mathrm{sp}0}^o = e_0^0, \qquad a_{\mathrm{st}0}^o = \eta_{\mathrm{st}} - \eta_{v0}^o, \qquad a_{e0}^o = \eta_e - \eta_{v0}^o$$

und

$$S_{b0}^o = S_{b0} = E_{b0} J_b, \qquad S_{\mathrm{st}}^o = S_{\mathrm{st}} = E_{\mathrm{st}} J_{\mathrm{st}}$$

ergibt sich

$$S_{v0}^o = S_{b0}^o + S_{\mathrm{st}}^o + K_{b0}^o\,a_{b0}^{o\,2} + K_{\mathrm{st}}^o\,a_{\mathrm{st}0}^{o\,2} + K_e^o\,a_{e0}^{o\,2}.$$

β) Ermittlung der Schnittgrößen N^0 und M^0

Die Einzel-Schnittgrößen N^0 und M^0 erhält man durch sinngemäße Benützung der Beziehungen Gln. (C.8) bis (C.10) mit:

$$N_{b0}^o = V_0\,K_{b0}^o \left(\frac{1}{K_{v0}^o} + e_0^o\,\frac{a_{b0}^o}{S_{v0}^o} \right) \qquad\qquad (\text{C.51})$$

$$N_{\mathrm{st}0}^o = V_0\,K_{\mathrm{st}}^o \left(\frac{1}{K_{v0}^o} + e_0^o\,\frac{a_{\mathrm{st}0}^o}{S_{v0}^o} \right) \qquad\qquad (\text{C.52})$$

$$N_{e0}^o = V_0\,K_e^o \left(\frac{1}{K_{v0}^o} + e_0^o\,\frac{a_{e0}^o}{S_{v0}^o} \right) \qquad\qquad (\text{C.53})$$

sowie

$$M_{b0}^o = V_0\,e_0^o\,\frac{S_{b0}^o}{S_{v0}^o} \qquad (\text{C.54}) \qquad\qquad M_{\mathrm{st}0}^o = V_0\,e_0^o\,\frac{S_{\mathrm{st}}^o}{S_{v0}^o}. \qquad (\text{C.55})$$

---

[1] Die unter dieser Voraussetzung sich ergebenden Hilfswerte und Einzel-Schnittgrößen werden im folgenden durch den hochgesetzten Index 0 gekennzeichnet.

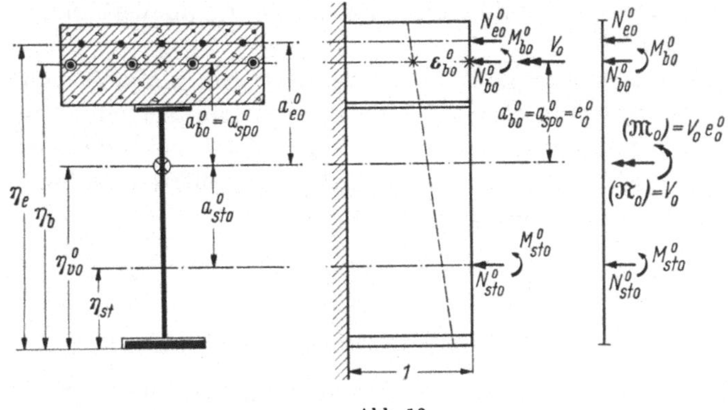

Abb. 13

Für die Schnittkraft $N^o_{\mathrm{sp}\,0}$ der Spannglieder *ohne* Verbund gilt

$$N^o_{\mathrm{sp}\,0} = -\,V_0.\tag{C.56}$$

Bei Beachtung der sich damit ergebenden Beziehung

$$a^o_{\mathrm{sp}\,0}\,N^o_{\mathrm{sp}\,0} = -\,V_0\,e^o_0\tag{C.57}$$

gelten dann die Gleichgewichtsbedingungen

$$\sum_{r=1}^{r=m} N^o_r = 0\tag{C.58}\qquad\qquad \sum_{r=1}^{r=m} M^o_r + \sum_{r=1}^{r=m} a^o_r\,N^o_r = 0\tag{C.59}$$

die alle Schnittgrößen einschließlich der Spannstahl-Schnittkraft enthalten.

Fall II:

Es wird der Zustand *nach* dem Aufbringen der Vorspannkraft V_0 und unmittelbar *nach* der Herstellung des *Spannstahl-Verbundes* betrachtet.

α) Ermittlung der Hilfswerte

Die hier als Fall II eingeschalteten Sonderüberlegungen sind als Vorbereitung für die anschließend aufzustellenden Ansätze zur Berücksichtigung des Beton-Kriechens unter der Vorspannkraft V_0 erforderlich. Sie unterscheiden sich von den Betrachtungen im Fall I zunächst dadurch, daß jetzt bei der Ermittlung der Hilfswerte

$$K_{v\,0} = K_{b\,0} + K_{\mathrm{st}} + K_e + K_{\mathrm{sp}} = K^o_{v\,0} + K_{\mathrm{sp}},$$

sowie

$$a_{b\,0} = a^o_{b\,0}\,\frac{K^o_{v\,0}}{K_{v\,0}},\qquad a_{e\,0} = a^o_{e\,0}\,\frac{K^o_{v\,0}}{K_{v\,0}},\qquad a_{\mathrm{st}\,0} = a^o_{\mathrm{st}\,0} - (a^o_{b\,0} - a_{b\,0}),$$

$$a_{\mathrm{sp}\,0} = e_0 = a^o_{\mathrm{sp}\,0}\,\frac{K^o_{v\,0}}{K_{v\,0}},\qquad \eta_{v\,0} = \eta^o_{v\,0} + (a^o_{b\,0} - a_{b\,0})$$

und

$$S_{v\,0} = S_{b\,0} + S_{\mathrm{st}} + K_{b\,0}\,a^2_{b\,0} + K_{\mathrm{st}}\,a^2_{\mathrm{st}\,0} + K_e\,a^2_{e\,0} + K_{\mathrm{sp}}\,a^2_{\mathrm{sp}\,0}$$

$$= S^o_{v\,0} + a^o_{\mathrm{sp}\,0}\,a_{\mathrm{sp}\,0}\,K_{\mathrm{sp}}$$

eine Mitwirkung der Spannstahlquerschnittsfläche F_sp im Verbundquerschnitt in Ansatz gebracht wird.

Da sich durch das nachträgliche Herstellen des Spannstahl-Verbundes im Zeitpunkt $t = 0$ aber weder die durch V_0 erzeugten Schnittgrößen N° und M° noch die durch diese hervorgerufenen Verformungen der Querschnittseinzelteile verändern, muß man sich jetzt auf den nach F_sp vergrößerten Verbundquerschnitt auch eine entsprechend größere äußere Kraft

$$V_0^* = V_0 + \varDelta V_0 \tag{C.60}$$

einwirkend vorstellen.

β) Ermittlung der Schnittgrößen N und M

Der auf den Spannstahl entfallende Anteil $\varDelta N_{\mathrm{sp}\,0}$ der äußeren Kraft V_0^* ergibt sich mit

$$\varDelta N_{\mathrm{sp}\,0} = V_0^*\, K_\mathrm{sp}\left(\frac{1}{K_{v\,0}} + e_0\,\frac{a_{\mathrm{sp}\,0}}{S_{v\,0}}\right). \tag{C.61}$$

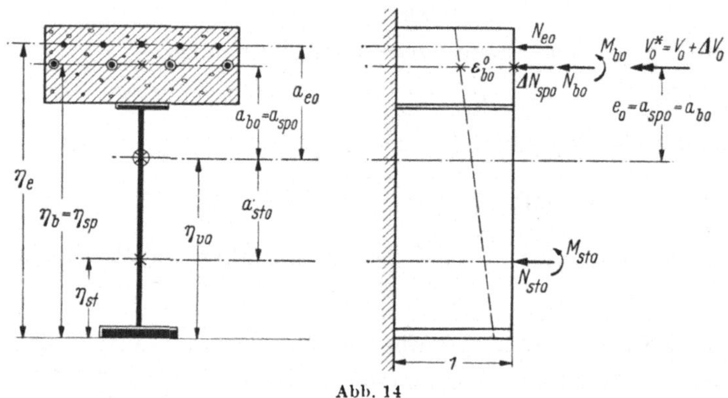

Abb. 14

Die Schnittgrößen N und M erhält man aus:

$$N_{b\,0} = V_0^*\, K_{b\,0}\left(\frac{1}{K_{v\,0}} + e_0\,\frac{a_{b\,0}}{S_{v\,0}}\right) \tag{C.62}$$

$$N_{\mathrm{st}\,0} = V_0^*\, K_\mathrm{st}\left(\frac{1}{K_{v\,0}} + e_0\,\frac{a_{\mathrm{st}\,0}}{S_{v\,0}}\right) \tag{C.63}$$

$$N_{e\,0} = V_0^*\, K_e\left(\frac{1}{K_{v\,0}} + e_0\,\frac{a_{e\,0}}{S_{v\,0}}\right) \tag{C.64}$$

$$M_{b\,0} = V_0^*\, e_0\,\frac{S_{b\,0}}{S_{v\,0}} \tag{C.65} \qquad\qquad M_{\mathrm{st}\,0} = V_0^*\, e_0\,\frac{S_\mathrm{st}}{S_{v\,0}}. \tag{C.66}$$

Die im Spannstahl vorhandene Schnittkraft $N_{\mathrm{sp}\,0}$ ergibt sich dann aus:

$$N_{\mathrm{sp}\,0} = -V_0^* + \varDelta N_{\mathrm{sp}\,0} = -V_0^*\left[1 - K_\mathrm{sp}\left(\frac{1}{K_{v\,0}} + e_0\,\frac{a_{\mathrm{sp}\,0}}{S_{v\,0}}\right)\right]. \tag{C.67}$$

γ) Ermittlung der Ersatzkraft $V_0^* = V_0 + \varDelta V_0$

Da sich nach den Betrachtungsweisen I und II letzten Endes dieselben Schnittgrößen ergeben müssen und daher

$$N_{b\,0} = N_{b\,0}^o \qquad N_{\mathrm{st}\,0} = N_{\mathrm{st}\,0}^o \qquad N_{e\,0} = N_{e\,0}^o \qquad N_{\mathrm{sp}\,0} = N_{\mathrm{sp}\,0}^o,$$

sowie

$$M_{b0} = M^o_{b0} \qquad \text{und} \qquad M_{\text{st}0} = M^o_{\text{st}0}$$

zu setzen ist, kann die Ersatzkraft V^*_0 aus einer dieser Bedingungen bestimmt werden.

Bei Benützung der leicht beweisbaren Beziehung

$$K_{v0}\,e_0 = K^o_{v0}\,e^o_0 \qquad \text{bzw.} \qquad e_0 = e^o_0\,\frac{K^o_{v0}}{K_{v0}} \tag{C.68}$$

erhält man beispielsweise aus $M_{\text{st}0} = M^o_{\text{st}0}$:

$$V^*_0\,e_0\,\frac{S_{\text{st}}}{S_{v0}} = V_0\,e^o_0\,\frac{S_{\text{st}}}{S^o_{v0}}$$

und

$$V^*_0 = V_0\,\frac{K_{v0}\,S_{v0}}{K^o_{v0}\,S^o_{v0}}, \tag{C.69}$$

sowie

$$\Delta V_0 = V_0\left[\frac{K_{v0}\,S_{v0}}{K^o_{v0}\,S^o_{v0}} - 1\right]. \tag{C.70}$$

Die Ableitung dieser Beziehungen aus den Bedingungen $N_{b0} = N^o_{b0}$, $N_{\text{st}0} = N^o_{\text{st}0}$, $N_{e0} = N^o_{e0}$ oder $N_{\text{sp}0} = N^o_{\text{sp}0}$ führt selbstverständlich zu denselben Ergebnissen, ist aber wesentlich umständlicher.

Die aus $N_{\text{sp}0} = N^o_{\text{sp}0}$ ableitbare und der Gl. (C.70) gleichwertige Beziehung

$$\Delta V_0 = \Delta N_{\text{sp}0} = V^*_0\,K_{\text{sp}}\left(\frac{1}{K_{v0}} + e_0\,\frac{a_{\text{sp}0}}{S_{v0}}\right) \tag{C.71}$$

besagt, daß die erforderliche Vergrößerung ΔV_0 der Vorspannkraft V_0 dabei dem Anteil $\Delta N_{\text{sp}0}$ entspricht, der von der Ersatzkraft V^*_0 auf den Spannstahl entfällt.

b) Zeitpunkt $t = \infty$ (d. h. *nach* abgeschlossenem Beton-Kriechen)

α) Bestimmung des Steifigkeitskennwertes α_0 und des fiktiven Formänderungsmoduls $E_{b\varphi}$

Zur Untersuchung der Auswirkung des Beton-Kriechens ist wieder der fiktive Formänderungsmodul $E_{b\varphi} = E_{b\varphi}$ einzuführen. Seine Ermittlung bei gegebener Endkriechzahl φ und errechnetem Steifigkeitskennwert α_0 wurde auf S. 10 bereits ausführlich besprochen. Es ist dabei nur zu beachten, daß der Spannstahl an der Verbundwirkung mitbeteiligt ist.

β) Ermittlung der Hilfswerte

Für die Berechnung der Hilfswerte gelten die ebenfalls schon auf S. 17 gegebenen Hinweise und Erläuterungen.

γ) Ermittlung der Schnittgrößen N und M

Zur Bestimmung der Schnittgrößen läßt man wie bei der Betrachtungsweise II auf S. 22 die aus der Beziehung Gl. (C.69) ermittelte Ersatzkraft $V^*_0 = $ konstant in der Spannstahl-Schwerachse auf den Verbundquerschnitt einwirken und erhält dann analog der Betrachtungsweise II die Ansätze:

$$\Delta N_{\mathrm{sp}\,\varphi} = V_0^* \, K_{\mathrm{sp}} \left(\frac{1}{K_{v\,\varphi}} + e_\varphi \, \frac{a_{\mathrm{sp}\,\varphi}}{S_{v\,\varphi}} \right) \tag{C.72}$$

$$N_{b\,\varphi} = V_0^* \, \dot{K}_{b\,\varphi} \left(\frac{1}{K_{v\,\varphi}} + e_\varphi \, \frac{a_{b\,\varphi}}{S_{v\,\varphi}} \right) \tag{C.73}$$

$$N_{\mathrm{st}\,\varphi} = V_0^* \, K_{\mathrm{st}} \left(\frac{1}{K_{v\,\varphi}} + e_\varphi \, \frac{a_{\mathrm{st}\,\varphi}}{S_{v\,\varphi}} \right) \tag{C.74}$$

$$N_{e\,\varphi} = V_0^* \, K_e \left(\frac{1}{K_{v\,\varphi}} + e_\varphi \, \frac{a_{e\,\varphi}}{S_{v\,\varphi}} \right) \tag{C.75}$$

$$M_{b\,\varphi} = V_0^* \, e_\varphi \, \frac{S_{b\,\varphi}}{S_{v\,\varphi}} \tag{C.76} \qquad\qquad M_{\mathrm{st}\,\varphi} = V_0^* \, e_\varphi \, \frac{S_{\mathrm{st}}}{S_{v\,\varphi}} \tag{C.77}$$

Die im Spannstahl *nach* abgeschlossenem Beton-Kriechen vorhandene Schnittkraft $N_{\mathrm{sp}\,\varphi} = -\,V_\varphi$ ergibt sich aus

$$N_{\mathrm{sp}\,\varphi} = -\,V_\varphi = -\,V_0^* + \Delta N_{\mathrm{sp}\,\varphi} = -\,V_0^* \left[1 - K_{\mathrm{sp}} \left(\frac{1}{K_{v\,\varphi}} + e_\varphi \, \frac{a_{\mathrm{sp}\,\varphi}}{S_{v\,\varphi}} \right) \right]. \tag{C.78}$$

Die Abnahme der Vorspannkraft V_0 erhält man aus der Differenz $V_0 - V_\varphi$.

4. Zugbandwirkung von Spanngliedern o h n e Verbund bei Einwirkung eines äußeren Momentes (*M*) im Zeitpunkt $t = 0$

a) Betrachtungsweise I (*ohne* Spannstahl-Verbund)

Auf ein Verbundträgerelement von der Länge 1 wirke vorübergehend ein konstantes äußeres Moment (*M*) ein.

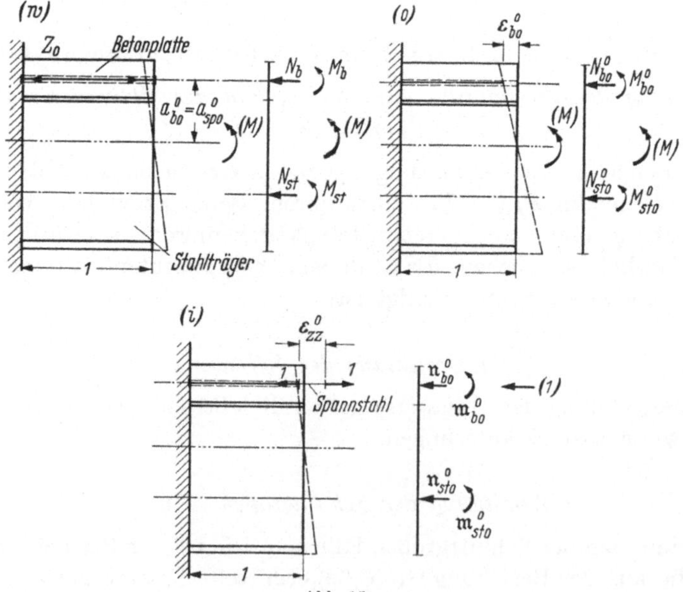

Abb. 15

Für die gegenseitige Verschiebung von Spannstahlende und Betonplattenende gilt

$$0 = \varepsilon^o_{b\,0} - Z_0\,\varepsilon^o_{z\,z}, \qquad (C.79)$$

woraus sich

$$Z_0 = \frac{\varepsilon^o_{b\,0}}{\varepsilon^o_{z\,z}} \qquad (C.80)$$

ergibt.

Mit

$$N^o_{b\,0} = (M)\,\frac{K^o_{b\,0}}{S^o_{v\,0}}\,a^o_{b\,0} \qquad (C.81) \qquad\qquad \mathfrak{n}^o_{b\,0} = 1\left[\frac{K^o_{b\,0}}{K^o_{v\,0}} + \frac{a^{o\,2}_{b\,0}\,K^o_{b\,0}}{S^o_{v\,0}}\right] \qquad (C.82)$$

und dementsprechend

$$\varepsilon^o_{b\,0} = \frac{N^o_{b\,0}}{K^o_{b\,0}} = (M)\,\frac{a^o_{b\,0}}{S^o_{v\,0}} \qquad (C.83) \qquad\qquad \varepsilon^o_{z\,z} = \frac{1}{K_{sp}} + \left[\frac{1}{K^o_{v\,0}} + \frac{a^{o\,2}_{sp\,0}}{S^o_{v\,0}}\right] \qquad (C.84)$$

erhält man schließlich bei Berücksichtigung von $a^o_{b\,0} = a^o_{sp\,0}$ die Beziehung

$$Z_0 = (M)\,\frac{a^o_{sp\,0}}{S^o_{v\,0}\left[\dfrac{1}{K_{sp}} + \dfrac{1}{K^o_{v\,0}} + \dfrac{a^{o\,2}_{sp\,0}}{S^o_{v\,0}}\right]}. \qquad (C.85)$$

Ein positives Vorzeichen für Z_0 bedeutet eine Druckkraft.

Für die Ermittlung der Hilfswerte $K^o_{b\,0}$, $K^o_{v\,0}$, $a^o_{sp\,0}$ und $S^o_{v\,0}$, die schon auf S. 20 besprochen wurden, ist der Beton-Elastizitätsmodul $E_{b\,0}$ maßgebend und den Voraussetzungen entsprechend ein Spannstahlverbund *nicht* in Rechnung zu stellen.

b) Betrachtungsweise II (*mit* Spannstahl-Verbund)

Für die hier einzuführenden Hilfswerte $K_{b\,0}$, $K_{v\,0}$, $a_{sp\,0} = a_{v\,0}$, $S_{v\,0}$ ist wieder der Beton-Elastizitätsmodul $E_{b\,0}$ maßgebend, jetzt aber auch die Mitwirkung des Spannstahles im Verbundquerschnitt zu berücksichtigen.

Zwischen den für die Betrachtungsweise I und II benützten Hilfswerten bestehen folgende Beziehungen, auf die schon auf S. 21 aufmerksam gemacht wurde:

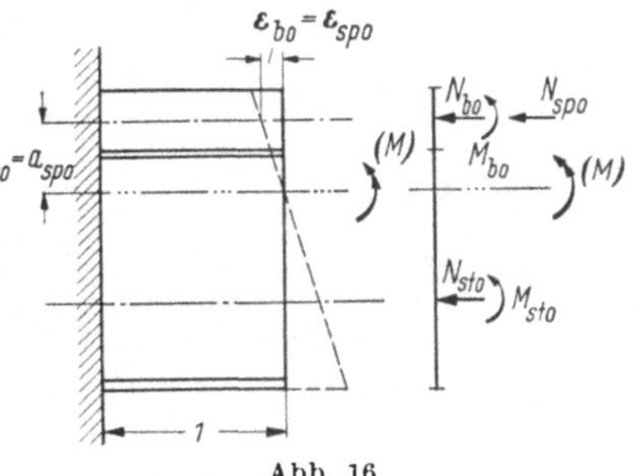

Abb. 16

$$K_{v\,0} = K^o_{v\,0} + K_{sp} \qquad (C.86) \qquad\qquad a_{sp\,0} = a^o_{sp\,0}\,\frac{K^o_{v\,0}}{K_{v\,0}}, \qquad (C.87)$$

$$S_{v\,0} = S^o_{v\,0} + a^o_{sp\,0}\,a_{sp\,0}\,K_{sp}. \qquad (C.88)$$

Über die Verträglichkeitsbedingung

$$\varepsilon_{sp\,0} = \varepsilon_{b0} \qquad (C.89)$$

erhält man mit

$$N_{b\,0} = (M)\,\frac{K_{b\,0}}{S_{v\,0}}\,a_{b\,0} = (M)\,\frac{K_{b\,0}}{S_{v\,0}}\,a_{sp\,0} \qquad (C.\,90) \qquad \text{vgl. Gl. (C.18)}$$

und

$$\varepsilon_{b0} = \frac{N_{b0}}{K_{b0}} \qquad\qquad \varepsilon_{sp0} = \frac{N_{sp0}}{K_{sp}}$$

aus dem Ansatz

$$\frac{N_{sp0}}{K_{sp}} = (M)\,\frac{a_{sp0}}{S_{v0}}$$

die Spannstahlkraft

$$N_{sp0} = Z_0 = (M)\,\frac{K_{sp}}{S_{v0}}\,a_{sp0}. \tag{C.91}$$

Die Identität des Ansatzes Gln. (C.85) mit (C.91) läßt sich leicht nachweisen. Man setzt zunächst

$$Z_0 = (M)\,\frac{a_{sp0}^{o}}{S_{v0}^{o}\left[\dfrac{K_{v0}^{o}+K_{sp}}{K_{sp}\,K_{v0}^{o}}+\dfrac{a_{sp0}^{o\,2}}{S_{v0}^{o}}\right]},$$

führt dann im Nenner die Beziehungen $K_{v0}^{o} + K_{sp} = K_{v0}$ und $a_{sp0}^{o} = a_{sp0}\,\dfrac{K_{v0}}{K_{v0}^{o}}$ ein, erhält dann

$$Z_0 = (M)\,\frac{K_{v0}^{o}\,a_{sp0}^{o}\,K_{sp}}{K_{v0}\left[S_{v0}^{o}+a_{sp0}^{o}\,a_{sp0}\,K_{sp}\right]}$$

und über die Beziehungen Gln. (C.87) und (C.88) schließlich auch auf diesem Wege

$$Z_0 = (M)\,\frac{K_{sp}}{S_{v0}}\,a_{sp0}. \tag{C.91}$$

Sind die auf ein Verbundträgerstück von beispielsweise der Länge $\frac{l_n}{10}$ einwirkenden Momente linear veränderlich, so kann mit einem Mittelwert $(M)_k$ gerechnet werden.

Die im Zeitpunkt $t = 0$ vorhandene Zugbandwirkung von Spanngliedern und ihre Auswirkung beispielsweise auf die Stützenmomente X_0 von Verbund-Durchlaufträgern kann daher genau genug dadurch berücksichtigt werden, daß man im Spannstahlbereich — also über den Stützen — in allen Teilbelastungsplänen, die nur solche Stützenmomente X_0 enthalten, den Spannstahl im Verbund mitwirken läßt.

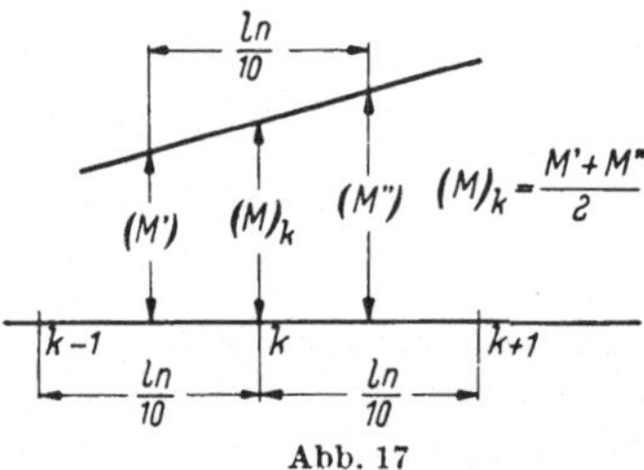

Abb. 17

5. Auswirkung des Beton-Schwindens bei Berücksichtigung des Kriecheinflusses

Es ist lediglich der Zeitpunkt $t = \infty$, d. h. der Zustand *nach* abgeschlossenem Schwinden, zu untersuchen, wobei zur Berücksichtigung der gleichzeitig eingetretenen Auswirkung des *Schwind-Kriechens* jetzt der fiktive Formänderungsmodul $E_{b\varphi} = E_{b\varphi'}$ zu bestimmen und einzuführen ist.

a) Ermittlung des fiktiven Formänderungsmoduls $E_{b\varphi'}$

Mit dem der Betrachtungsweise II entsprechenden Steifigkeitskennwert α_0 sowie der gewählten Endkriechzahl φ erhält man aus der Gl. (B.37) bzw. aus der

Tab. 3 den Kriecheinflußkennwert ψ'. Damit ergibt sich dann aus der Beziehung Gl. (B.36) der für den Schwindfall maßgebende fiktive Formänderungsmodul $E_{b\varphi'}$ des untersuchten Verbundquerschnittes.

b) Bestimmung der Hilfswerte

Durch sinngemäße Benützung der Ansätze Gln. (A.5) und (A.8) errechnet man zunächst

$$K_{b\varphi'} = E_{b\varphi'}\,F_b \quad \text{und} \quad K_{v\varphi'} = K_{b\varphi'} + K_{\text{st}} + K_e + K_{\text{sp}}.$$

Dann ermittelt man über die Beziehung Gl. (A.15) die Höhenlage $\eta_{v\varphi'}$ der Verbund-Schwerachse und aus den Ansätzen Gln. (A.23) bis (A.26) die Abstände $a_{b\varphi'}$, $a_{\text{st}\varphi'}$, $a_{e\varphi'}$, $a_{\text{sp}\varphi'}$ der Einzelteil-Schwerachsen von der Verbund-Schwerachse. Nach Bestimmung von $S_{b\varphi'}$ aus dem Ansatz Gl. (A.13) läßt sich die durch das *Schwind-Kriechen* reduzierte Biegesteifigkeit $S_{v\varphi'}$ des Verbund-Gesamtquerschnittes aus der Gl. (A.34) errechnen.

c) Ermittlung der Einzel-Schnittgrößen N und M

Die nach abgeschlossenem Beton-Schwinden bei Berücksichtigung des Kriecheinflusses vorhandenen Einzel-Schnittkräfte N und Einzel-Momente M ergeben sich jetzt durch sinngemäßes Ansetzen der allgemeinen Beziehungen Gln. (C.12) bis (C.16) aus

$$N_{b\varphi'} = \varepsilon_S\,K_{b\varphi'}\left(\frac{K_{b\varphi'}}{K_{v\varphi'}} + \frac{K_{b\varphi'}\,a_{b\varphi'}^2}{S_{v\varphi'}} - 1\right), \tag{C.92}$$

$$N_{\text{st}\varphi'} = \varepsilon_S\,K_{b\varphi'}\left(\frac{K_{\text{st}}}{K_{v\varphi'}} + \frac{K_{\text{st}}\,a_{b\varphi'}\,a_{\text{st}\varphi'}}{S_{v\varphi'}}\right), \tag{C.93}$$

$$N_{e\varphi'} = \varepsilon_S\,K_{b\varphi'}\left(\frac{K_e}{K_{v\varphi'}} + \frac{K_e\,a_{b\varphi'}\,a_{e\varphi'}}{S_{v\varphi'}}\right), \tag{C.94}$$

$$N_{\text{sp}\varphi'} = \varepsilon_S\,K_{b\varphi'}\left(\frac{K_{\text{sp}}}{K_{v\varphi'}} + \frac{K_{\text{sp}}\,a_{b\varphi'}\,a_{\text{sp}\varphi'}}{S_{v\varphi'}}\right) \tag{C.95}$$

und

$$M_{b\varphi'} = \varepsilon_S\,K_{b\varphi'}\,a_{b\varphi'}\,\frac{S_{b\varphi'}}{S_{v\varphi'}}, \tag{C.96}$$

$$M_{\text{st}\varphi'} = \varepsilon_S\,K_{b\varphi'}\,a_{b\varphi'}\,\frac{S_{\text{st}}}{S_{v\varphi'}}, \tag{C.97}$$

$$M_{e\varphi'} \sim 0, \quad M_{\text{sp}\varphi'} \sim 0.$$

Schnittkräfte N mit positivem Vorzeichen sind als Druckkräfte aufzufassen.

d) Kontrollen

Die errechneten Schnittgrößen N und M müssen die Gleichgewichtsbedingungen

$$\sum_{r=1}^{r=m} N_r = 0 \tag{C.98}$$

und

$$\sum_{r=1}^{r=m} M_r + \sum_{r=1}^{r=m} a_r N_r = 0 \qquad \text{(C.99)}$$

erfüllen.

6. Auswirkung eines sprunghaften Temperaturunterschiedes Δt^0 zwischen Stahlträger und Stahlbetonplatte (vgl. Abb. 10)

Da Temperaturunterschiede in der Regel laufend veränderlich sind und nur vorübergehend auftreten, ist ähnlich wie bei den Verkehrsbelastungen der Einfluß des Beton-Kriechens so unbedeutend, daß er vernachlässigt werden kann. Es ist daher stets der Beton-Elastizitätsmodul E_{b0} maßgebend.

a) Hilfswerte

Für die Bestimmung der Dehnsteifigkeiten K_{st}, K_e, K_{sp}, K_{b0} und K_{v0} sind daher die Ansätze Gln. (A.1) bis (A.4) und (A.7) maßgebend. Die Biegesteifigkeiten S_{st}, S_e, S_{sp}, S_{b0} erhält man aus den Beziehungen Gln. (A.9) bis (A.12). Die Höhenlage η_{v0} der Verbundquerschnitt-Schwerachse ergibt sich aus der Gl. (A.14). Die Abstände a_{b0}, a_{st0}, a_{e0}, a_{sp0} erhält man dann aus den Ansätzen Gln. (A.17) bis (A.20) und die Biegesteifigkeit S_{v0} des Verbund-Gesamtquerschnittes aus der Beziehung Gl. (A.33).

b) Einzel-Schnittgrößen N und M

Setzt man eine Mehrabkühlung Δt° der Stahlbetonplatte gegenüber dem Stahlträger voraus, so erhält man durch sinngemäße Auslegung der allgemeinen Beziehungen Gln. (C.12) bis (C.15) und (C.17) als Einzelschnittgrößen

$$N_{b,\Delta t} = \alpha_T \cdot \Delta t^\circ K_{b0} \left(\frac{K_{b0}}{K_{v0}} + \frac{K_{b0}\, a_{b0}^2}{S_{v0}} - 1 \right), \qquad \text{(C.100)}$$

$$N_{st,\Delta t} = \alpha_T \cdot \Delta t^\circ K_{b0} \left(\frac{K_{st}}{K_{v0}} + \frac{K_{st}\, a_{b0}\, a_{st0}}{S_{v0}} \right), \qquad \text{(C.101)}$$

$$N_{e,\Delta t} = \alpha_T \cdot \Delta t^\circ K_{b0} \left(\frac{K_e}{K_{v0}} + \frac{K_e\, a_{b0}\, a_{e0}}{S_{v0}} \right), \qquad \text{(C.102)}$$

$$N_{sp,\Delta t} = \alpha_T \cdot \Delta t^\circ K_{b0} \left(\frac{K_{sp}}{K_{v0}} + \frac{K_{sp}\, a_{b0}\, a_{sp0}}{S_{v0}} \right) \qquad \text{(C.103)}$$

und

$$M_{b,\Delta t} = \alpha_T \cdot \Delta t^\circ K_{b0}\, a_{b0} \frac{S_{b0}}{S_{v0}}, \qquad \text{(C.104)}$$

$$M_{st,\Delta t} = \alpha_T \cdot \Delta t^\circ K_{b0}\, a_{b0} \frac{S_{st}}{S_{v0}}. \qquad \text{(C.105)}$$

Schnittkräfte N mit positivem Vorzeichen sind als Druckkräfte aufzufassen.

D. Entwicklung und Zusammenstellung von Gebrauchsformeln für die Berechnung von Verbund-Durchlaufträgern mit beliebig veränderlichen Trägheitsmomenten bei Berücksichtigung des Beton-Kriechens und der Beton-Schwindverkürzungen

Um eine besonders übersichtliche Darstellung der vorgeschlagenen Berechnungsmethode zu erhalten, wird ein symmetrischer Verbund-Durchlaufträger auf vier Stützen behandelt, dessen Trägheitsmomente beliebig veränderlich sein können, aber aus Symmetriegründen zur Durchlaufträgermitte symmetrisch verteilt angeordnet sein müssen.

I. Einwirkung der Momente aus ständigen Lasten

1. Ermittlung der Stützenmomente X für den Zeitpunkt $t = \infty$ d. h. nach abgeschlossenem Beton-Kriechen

Den Belastungsplänen

$$(w) = (o_\varphi) + X_0(i_\varphi) + X_\phi(i_{\bar\varphi}) \tag{D. 1}$$

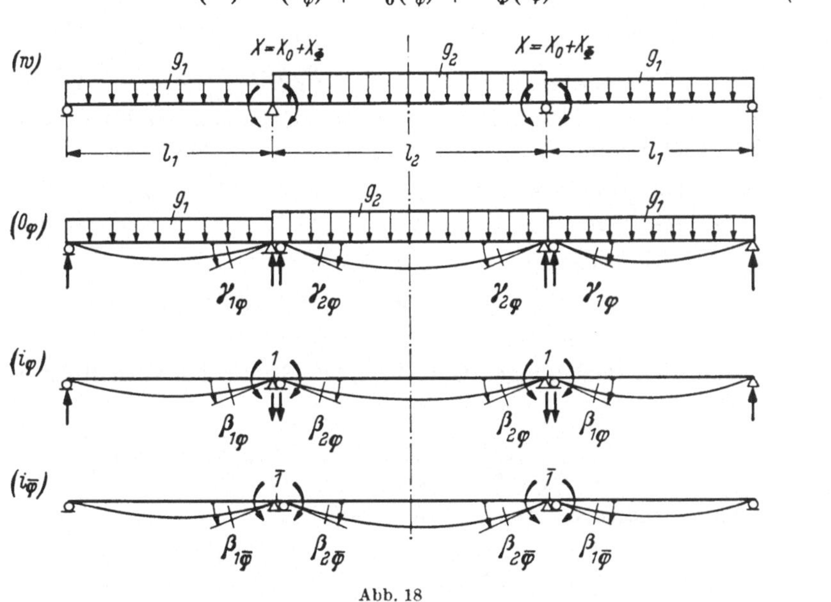

Abb. 18

entsprechend erhält man zunächst

$$0 = (\gamma_{1\varphi} + \gamma_{2\varphi}) + X_0(\beta_{1\varphi} + \beta_{2\varphi}) + X_\phi(\beta_{1\bar\varphi} + \beta_{2\bar\varphi}) \tag{D.2}$$

und daraus

$$X_\phi = -\frac{(\gamma_{1\varphi} + \gamma_{2\varphi}) + X_0(\beta_{1\varphi} + \beta_{2\varphi})}{\beta_{1\bar\varphi} + \beta_{2\bar\varphi}}. \tag{D.3}$$

Unter X_0 ist das im Zeitpunkt $t = 0$, d. h. *vor* dem Beginn des Beton-Kriechens vorhandene Stützenmoment zu verstehen, während X_ϕ den durch das Beton-

Kriechen geweckten, von Null auf seinen Endwert anwachsenden Stützenmomentenzuwachs darstellt.

a) Endendrehwinkel infolge ständig und gleichbleibend einwirkender Momente

Zur Berechnung der Endendrehwinkel $\gamma_{1\varphi}$, $\gamma_{2\varphi}$, $\beta_{1\varphi}$, $\beta_{2\varphi}$ sind mit dem fiktiven Formänderungsmodul

$$E_{b\varphi} = \frac{E_{b0}}{1 + \psi \cdot \bar{\varphi}} \tag{D.4}$$

die Biegesteifigkeiten $S_{(v\varphi)k}$ der Verbundquerschnitte an den Stellen $k = 0$, $k = 1$ bis $k = 10$ zu ermitteln und damit die Verhältniswerte

$$n_{k,\varphi} = \frac{S_{(v\varphi)k}}{S_v^c} \tag{D.5}$$

der einzelnen Felder zu bestimmen. S_v^c ist dabei als ein frei wählbarer Vergleichswert aufzufassen.

Nach den im *Anhang* zusammengestellten Gebrauchsformeln für die Berechnung von Durchlaufträgern mit beliebig veränderlichen Biegesteifigkeiten S_v der Verbundquerschnitte erhält man aus den Gln. (F.19), (F.44), (F.4), (F.42)

$$S_v^c \gamma_{1\varphi} = g_1 \, l_1^3 \, v_{1\varphi} \tag{D.6} \qquad\qquad S_v^c \gamma_{2\varphi} = g_2 \, l_2^3 \, v_{2\varphi} \tag{D.7}$$

$$S_v^c \beta_{1\varphi} = l_1 \, \mu_{1\varphi} \tag{D.8} \qquad\qquad S_v^c \beta_{2\varphi} = l_2 \, \mu_{2\varphi}, \tag{D.9}$$

wobei sich nach den ebenfalls im Anhang zusammengestellten Beziehungen Gln. (F.21), (F.45) mit den Verhältniswerten $n_{k\varphi}$ des Feldes 1:

$$v_{1\varphi} = \frac{1}{24 \cdot 10^4} \left[\frac{119}{n_{1\varphi}} + \frac{395}{n_{2\varphi}} + \frac{767}{n_{3\varphi}} + \frac{1163}{n_{4\varphi}} + \frac{1512}{n_{5\varphi}} + \frac{1739}{n_{6\varphi}} + \frac{1775}{n_{7\varphi}} + \frac{1547}{n_{8\varphi}} + \frac{983}{n_{9\varphi}} \right] \tag{D.10}$$

und mit den Verhältniswerten $n_{k\varphi}$ des Feldes 2:

$$v_{2\varphi} = \frac{1}{24 \cdot 10^4} \left[\frac{1102}{n_{1\varphi}} + \frac{1942}{n_{2\varphi}} + \frac{2542}{n_{3\varphi}} + \frac{2902}{n_{4\varphi}} + \frac{1512}{n_{5\varphi}} \right] \tag{D.11}$$

ergibt und aus den Beziehungen Gln. (F.7), (F.43) mit den Verhältniswerten $n_{k\varphi}$ des Feldes 1:

$$\mu_{1\varphi} = \frac{1}{1000} \left[\frac{1}{n_{1\varphi}} + \frac{4}{n_{2\varphi}} + \frac{9}{n_{3\varphi}} + \frac{16}{n_{4\varphi}} + \frac{25}{n_{5\varphi}} + \frac{36}{n_{6\varphi}} + \frac{49}{n_{7\varphi}} + \frac{64}{n_{8\varphi}} + \frac{81}{n_{9\varphi}} + \frac{145}{3\,n_{10\varphi}} \right] \tag{D.12}$$

und mit den Verhältniswerten $n_{k\varphi}$ des Feldes 2:

$$\mu_{2\varphi} = \frac{1}{20} \left[\frac{1}{n_{0\varphi}} + 2 \left(\frac{1}{n_{1\varphi}} + \frac{1}{n_{2\varphi}} + \frac{1}{n_{3\varphi}} + \frac{1}{n_{4\varphi}} \right) + \frac{1}{n_{5\varphi}} \right] \tag{D.13}$$

errechnen läßt.

b) Endendrehwinkel $\beta_{1\bar{\varphi}}$ und $\beta_{2\bar{\varphi}}$ infolge geweckter, d. h. von Null bis auf den Endwert 1 ansteigender Endenmomente

Zur Berechnung der Endendrehwinkel $\beta_{1\bar{\varphi}}$ und $\beta_{2\bar{\varphi}}$ sind die Biegesteifigkeiten $S_{(v\bar{\varphi})k}$ der Verbundquerschnitte an den Stellen $k = 0$, $k = 1, \ldots$ bis $k = 10$ mit dem fiktiven Formänderungsmodul

$$E_{b\bar{\varphi}} = \frac{E_{b0}}{1 + \psi \cdot \bar{\varphi}} \tag{D.14}$$

zu ermitteln und damit dann die Verhältniswerte

$$n_{k,\bar{\varphi}} = \frac{S_{(v\bar{\varphi})k}}{S_v^c} \tag{D.15}$$

der einzelnen Felder zu bestimmen.

Für den Kriecheinfluß-Kennwert $\bar{\psi}$ ist jetzt die Beziehung

$$\bar{\psi} = \psi \cdot \psi' \tag{D.16}$$

maßgebend, die sehr genaue Ergebnisse liefert.

Die Werte ψ und ψ' können dabei wieder aus den Tab. 2 und 3 entnommen oder aus den Beziehungen Gln. (B.31) bzw. (B.37) ermittelt werden.

Nach den Gln. (F.4) und (F.42) ist jetzt

$$S_v^c \beta_{1\bar{\varphi}} = l_1 \mu_{1\bar{\varphi}} \qquad \text{(D.17)} \qquad\qquad S_v^c \beta_{2\bar{\varphi}} = l_2 \mu_{2\bar{\varphi}} \qquad \text{(D.18)}$$

und nach der Beziehung Gl. (F.7) bei Benützung der $n_{k\bar{\varphi}}$-Werte des Feldes 1:

$$\mu_{1\bar{\varphi}} = \frac{1}{1000}\left[\frac{1}{n_{1\bar{\varphi}}} + \frac{4}{n_{2\bar{\varphi}}} + \frac{9}{n_{3\bar{\varphi}}} + \frac{16}{n_{4\bar{\varphi}}} + \frac{25}{n_{5\bar{\varphi}}} + \frac{36}{n_{6\bar{\varphi}}} + \frac{49}{n_{7\bar{\varphi}}} + \frac{64}{n_{8\bar{\varphi}}} + \frac{81}{n_{9\bar{\varphi}}} + \frac{145}{3\,n_{10\bar{\varphi}}}\right] \tag{D.19}$$

und nach Gl. (F.43) bei Benützung der $n_{k\bar{\varphi}}$-Werte des Feldes 2:

$$\mu_{2\bar{\varphi}} = \frac{1}{20}\left[\frac{1}{n_{0\bar{\varphi}}} + 2\left(\frac{1}{n_{1\bar{\varphi}}} + \frac{1}{n_{2\bar{\varphi}}} + \frac{1}{n_{3\bar{\varphi}}} + \frac{1}{n_{4\bar{\varphi}}}\right) + \frac{1}{n_{5\bar{\varphi}}}\right] \cdot \tag{D.20}$$

Nun läßt sich die Gl. (D.3) in der Form

$$X_\Phi = -\frac{g_1 l_1^3 r_{1\varphi} + g_2 l_2^3 r_{2\varphi} + X_0(l_1 \mu_{1\varphi} + l_2 \mu_{2\varphi})}{l_1 \mu_{1\varphi} + l_2 \mu_{2\varphi}} \tag{D.21}$$

anschreiben.

Das Stützenmoment $X_{1,2} = X_{2,1} = X_0$ im Zeitpunkt $t = 0$ ergibt sich aus der im Anhang auf S. 146 aufgestellten Beziehung Gl. (F.82) mit

$$X_0 = -\frac{g_1 l_1^3 r_{1,0} + g_2 l_2^3 r_{2,0}}{l_1 \mu_{1,0} + l_2 \mu_{2,0}} \cdot \tag{D.22}$$

Die hierin benützten Beiwerte $v_{1,0}$ und $\mu_{1,0}$ erhält man mit den Verhältniszahlen

$$n_{k,0} = \frac{S_{(v0)k}}{S_v^c} \tag{D.23}$$

des Feldes 1 aus Gln. (F.21) und (F.7) mit

$$v_{1,0} = \frac{1}{24 \cdot 10^4}\left[\frac{119}{n_{1,0}} + \frac{395}{n_{2,0}} + \frac{767}{n_{3,0}} + \frac{1163}{n_{4,0}} + \frac{1512}{n_{5,0}} + \frac{1739}{n_{6,0}} + \frac{1775}{n_{7,0}} + \frac{1547}{n_{8,0}} + \frac{983}{n_{9,0}}\right] \tag{D.24}$$

und

$$\mu_{1,0} = \frac{1}{1000}\left[\frac{1}{n_{1,0}} + \frac{4}{n_{2,0}} + \frac{9}{n_{3,0}} + \frac{16}{n_{4,0}} + \frac{25}{n_{5,0}} + \frac{36}{n_{6,0}} + \frac{49}{n_{7,0}} + \frac{64}{n_{8,0}} + \frac{81}{n_{9,0}} + \frac{145}{3n_{10,0}}\right] \cdot \tag{D.25}$$

Die Beiwerte $v_{2,0}$ und $\mu_{2,0}$ erhält man mit den Verhältniszahlen $n_{k,0}$ des Feldes 2 aus Gln. (F.45) und (F.43) mit:

$$v_{2,0} = \frac{1}{24 \cdot 10^4}\left[\frac{1102}{n_{1,0}} + \frac{1942}{n_{2,0}} + \frac{2542}{n_{3,0}} + \frac{2902}{n_{4,0}} + \frac{1512}{n_{5,0}}\right] \tag{D.26}$$

und

$$\mu_{2,0} = \frac{1}{20} \left[\frac{1}{n_{0,0}} + 2 \left(\frac{1}{n_{1,0}} + \frac{1}{n_{2,0}} + \frac{1}{n_{3,0}} + \frac{1}{n_{4,0}} \right) + \frac{1}{n_{5,0}} \right]. \qquad (D.27)$$

Bei der Ermittlung der Biegesteifigkeiten $S_{(v0)k}$ und Verhältniszahlen n_k, ist der im Zeitpunkt $t = 0$ maßgebende Beton-Elastizitätsmodul E_{b0} einzuführen.

2. Zusammenstellung der Einzel-Schnittgrößen N und M

Durch die in der Abb. 18 dargestellte Zerlegung des Hauptbelastungsplanes (w) in eine Gruppe von Teilbelastungsplänen, die der Bedingung Gl. (D.1) genügen, ist es möglich, den jeweils maßgebenden fiktiven Formänderungsmodul $E_{b\varphi}$ oder $E_{b\bar{\varphi}}$ nach der Gl. (B.30) oder (D.14) einzuführen.

Da zur Berechnung von Einzel-Schnittgrößen N und M aber die Hilfswerte K_b, S_b, K_v, η_v, S_v, a_b, a_{st}, usw. benötigt werden, die ihrerseits wieder von der Größe des jeweiligen fiktiven Formänderungsmoduls abhängig sind, müssen die Einzel-Schnittkräfte für jeden Belastungsplan getrennt ermittelt werden. Die Summe der aus den Teilbelastungsplänen gewonnenen Einzel-Schnittgrößen ergibt dann der Verknüpfungsbedingung Gl. (D.1) entsprechend die Schnittkräfte N_b, N_{st}, N_e, N_{sp} und M_b, M_{st} des Hauptbelastungsplanes (w), die für den Spannungsnachweis maßgebend sind.

a) Berechnung der Einzel-Schnittgrößen aus den Teilbelastungsplänen, für die der fiktive Formänderungsmodul $E_{b\varphi}$ maßgebend ist

Die Belastungspläne (0_φ) und X_0 (i_φ) lassen sich zusammenfassen, da für beide der fiktive Formänderungsmodul nach der Gl. (B.30), d. h.

$$E_{b\varphi} = \frac{E_{b0}}{1 + \psi \cdot \varphi}$$

maßgebend ist.

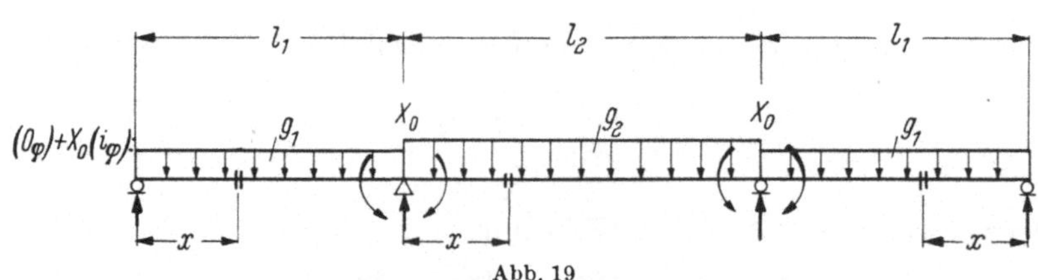

Abb. 19

Bezeichnet man das auf den Verbund-Gesamtquerschnitt einwirkende Moment an einer Stelle x mit $(M)_x$, so erhält man für die Felder 1:

$$(M_x) = \frac{g_1}{2} x(l_1 - x) + \frac{X_0}{l_1} x \qquad (D.28)$$

und für das Feld 2:

$$(M_x) = \frac{g_2}{2} x(l_2 - x) + X_0. \qquad (D.29)$$

Damit ergeben sich als Einzel-Schnittgrößen entsprechend den Gln. (C.24) bis (C.29)

$$N_{b\varphi} = (M)_x \frac{a_{b\varphi} K_{b\varphi}}{S_{v\varphi}} \qquad (\text{D.30}) \qquad\qquad N_{st\varphi} = (M)_x \frac{a_{st\varphi} K_{st}}{S_{v\varphi}} \qquad (\text{D.31})$$

$$N_{e\varphi} = (M)_x \frac{a_{e\varphi} K_e}{S_{v\varphi}} \qquad (\text{D.32}) \qquad\qquad N_{sp\varphi} = (M)_x \frac{a_{sp\varphi} K_{sp}}{S_{v\varphi}} \qquad (\text{D.33})$$

sowie

$$M_{b\varphi} = (M)_x \frac{S_{b\varphi}}{S_{v\varphi}} \qquad (\text{D.34}) \qquad\qquad M_{st\varphi} = (M)_x \frac{S_{st}}{S_{v\varphi}} . \qquad (\text{D.35})$$

b) Berechnung der Einzel-Schnittgrößen aus dem Teilbelastungsplan, für den $E_{b\bar{\varphi}}$ maßgebend ist

Im Teilbelastungsplan $X_\Phi\,(i_{\bar\varphi})$ wurde schon bei der Ermittlung der Endendrehwinkel $\beta_{1\bar\varphi}$ und $\beta_{2\bar\varphi}$ der fiktive Formänderungsmodul

$$E_{b\bar\varphi} = \frac{E_{b0}}{1 + \bar\psi \cdot \varphi} \qquad (\text{D.14})$$

mit

$$\bar\psi = \psi \cdot \psi' \qquad (\text{D.16})$$

eingeführt.

Bezeichnet man hier das auf den Verbund-Gesamtquerschnitt einwirkende Moment an einer Stelle x mit $(\bar M)_x$, so erhält man für die Felder 1:

$$(\bar M)_x = \frac{X_\Phi}{l_1} x \qquad (\text{D.36})$$

und für das Feld 2:

$$(\bar M)_x = X_\Phi \qquad (\text{D.37})$$

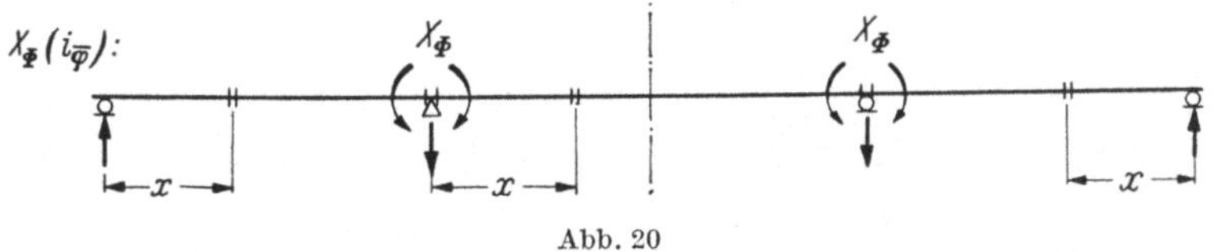

Abb. 20

Die Einzel-Schnittgrößen ergeben sich jetzt aus den Beziehungen

$$N_{b\bar\varphi} = (\bar M)_x \frac{a_{b\bar\varphi} K_{b\bar\varphi}}{S_{v\bar\varphi}} \qquad (\text{D.38}) \qquad\qquad N_{st\bar\varphi} = (\bar M)_x \frac{a_{st\bar\varphi} K_{st}}{S_{v\bar\varphi}} \qquad (\text{D.39})$$

$$N_{e\bar\varphi} = (\bar M)_x \frac{a_{e\bar\varphi} K_e}{S_{v\bar\varphi}} \qquad (\text{D.40}) \qquad\qquad N_{sp\bar\varphi} = (\bar M)_x \frac{a_{sp\bar\varphi} K_{sp}}{S_{v\bar\varphi}} \qquad (\text{D.41})$$

sowie

$$M_{b\bar\varphi} = (\bar M)_x \frac{S_{b\bar\varphi}}{S_{v\bar\varphi}} \qquad (\text{D.42}) \qquad\qquad M_{st\bar\varphi} = (\bar M)_x \frac{S_{st}}{S_{v\bar\varphi}} . \qquad (\text{D.43})$$

Die Schnittgrößen des Hauptbelastungsplanes (w) ergeben sich dann mit

$$N_b = N_{b\,\varphi} + N_{b\,\bar{\varphi}} \qquad \text{(D.44)} \qquad\qquad N_{\mathrm{st}} = N_{\mathrm{st}\,\varphi} + N_{\mathrm{st}\,\bar{\varphi}} \qquad \text{(D.45)}$$

$$N_e = N_{e\,\varphi} + N_{e\,\bar{\varphi}} \qquad \text{(D.46)} \qquad\qquad N_{\mathrm{sp}} = N_{\mathrm{sp}\,\varphi} + N_{\mathrm{sp}\,\bar{\varphi}} \qquad \text{(D.47)}$$

und

$$M_b = M_{b\,\varphi} + M_{b\,\bar{\varphi}} \qquad \text{(D.48)} \qquad\qquad M_{\mathrm{st}} = M_{\mathrm{st}\,\varphi} + M_{\mathrm{st}\,\bar{\varphi}}. \qquad \text{(D.49)}$$

II. Auswirkung einer Absenkung $\varDelta$ an beiden Mittelstützen

1. Ermittlung der Stützenmomente X für den Zeitpunkt $t = \infty$, d. h. nach abgeschlossenem Beton-Kriechen

Den Belastungsplänen

$$(w) = (0) + X_0\,(i_\varphi) + X_\Phi\,(i_{\bar{\varphi}}) \qquad \text{(D.50)}$$

entsprechend erhält man

$$0 = \gamma + X_0(\beta_{1\,\varphi} + \beta_{2\,\varphi}) + X_\Phi(\beta_{1\,\bar{\varphi}} + \beta_{2\,\bar{\varphi}}) \qquad \text{(D.51)}$$

und daraus

$$X_\Phi = -\,\frac{\gamma + X_0(\beta_{1\,\varphi} + \beta_{2\,\varphi})}{(\beta_{1\,\bar{\varphi}} + \beta_{2\,\bar{\varphi}})}. \qquad \text{(D.52)}$$

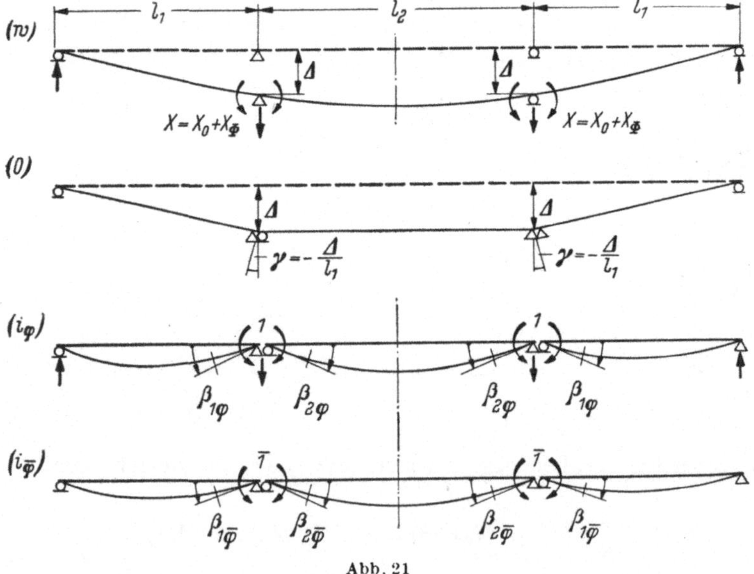

Abb. 21

Unter X_0 ist wieder das im Zeitpunkt $t = 0$, d. h. *vor* dem Beginn des Beton-Kriechens vorhandene Stützenmoment zu verstehen, während X_Φ das durch das Beton-Kriechen geweckte, von Null auf seinen Endwert anwachsende zusätzliche Stützenmoment darstellt.

a) Endendrehwinkel infolge ständig und gleichbleibend einwirkender Momente

Die Endendrehwinkel γ ergeben sich aus der Beziehung

$$\gamma = -\frac{\varDelta}{l_1}. \tag{D.53}$$

Zur Berechnung der Endendrehwinkel $\beta_{1\varphi}$ und $\beta_{2\varphi}$ sind wie auf S. 17 mit dem fiktiven Formänderungsmodul

$$E_{b\varphi} = \frac{E_{b0}}{1 + \psi \cdot \varphi}$$

die Biegesteifigkeiten $S_{(v\varphi)k}$ der Verbundquerschnitte an den Stellen $k = 0$, $k = 1$, $k = 2, \ldots$ bis $k = 10$ zu ermitteln und damit die Verhältniswerte

$$n_{k,\varphi} = \frac{S_{(v\varphi)k}}{S_v^c}$$

der einzelnen Felder zu bestimmen.

Die S_v^c-fachen Endendrehwinkel erhält man über die Ansätze

$$S_v^c \cdot \gamma = -\frac{\varDelta}{l_1} S_v^c \tag{D.54}$$

$$S_v^c \cdot \beta_{1\varphi} = l_1 \mu_{1\varphi} \quad \text{(D.55)} \qquad\qquad S_v^c \beta_{2\varphi} = l_2 \mu_{2\varphi}, \tag{D.56}$$

worin sich mit den Verhältniswerten des Feldes 1 wieder

$$\mu_{1\varphi} = \frac{1}{1000}\left[\frac{1}{n_{1,\varphi}} + \frac{4}{n_{2,\varphi}} + \frac{9}{n_{3,\varphi}} + \frac{16}{n_{4,\varphi}} + \frac{25}{n_{5,\varphi}} + \frac{36}{n_{6,\varphi}} + \frac{49}{n_{7,\varphi}} + \frac{64}{n_{8,\varphi}} + \frac{81}{n_{9,\varphi}} + \frac{145}{3\,n_{10,\varphi}}\right] \tag{D.57}$$

und mit den Verhältniswerten des Feldes 2 wieder

$$\mu_{2\varphi} = \frac{1}{20}\left[\frac{1}{n_{0,\varphi}} + 2\left(\frac{1}{n_{1,\varphi}} + \frac{1}{n_{2,\varphi}} + \frac{1}{n_{3,\varphi}} + \frac{1}{n_{4,\varphi}}\right) + \frac{1}{n_{5,\varphi}}\right] \tag{D.58}$$

errechnen läßt.

b) Endendrehwinkel infolge geweckter, d. h. von Null bis auf den Endwert $\overline{1}$ ansteigender Endenmomente

Die Ermittlung der Endendrehwinkel $\beta_{1\bar{\varphi}}$ und $\beta_{2\bar{\varphi}}$ bei Einführung des dafür maßgebenden fiktiven Formänderungsmoduls

$$E_{b\bar{\varphi}} = \frac{E_{b0}}{1 + \bar{\psi} \cdot \varphi} = \frac{E_{b0}}{1 + \psi \cdot \psi' \cdot \varphi}$$

wurde schon auf S. 30 ausführlich besprochen.

Es gelten wieder die Beziehungen

$$S_v^c \cdot \beta_{1\bar{\varphi}} = l_1 \mu_{1\bar{\varphi}} \quad \text{(D.59)} \qquad\qquad S_v^c \cdot \beta_{2\bar{\varphi}} = l_2 \mu_{2\bar{\varphi}}, \tag{D.60}$$

sowie mit den Verhältniswerten des Feldes 1:

$$\mu_{1\bar{\varphi}} = \frac{1}{1000}\left[\frac{1}{n_{1\bar{\varphi}}} + \frac{4}{n_{2\bar{\varphi}}} + \frac{9}{n_{3\bar{\varphi}}} + \frac{16}{n_{4\bar{\varphi}}} + \frac{25}{n_{5\bar{\varphi}}} + \frac{36}{n_{6\bar{\varphi}}} + \frac{49}{n_{7\bar{\varphi}}} + \frac{64}{n_{8\bar{\varphi}}} + \frac{81}{n_{9\bar{\varphi}}} + \frac{145}{3\,n_{10\bar{\varphi}}}\right] \tag{D.61}$$

und mit den Verhältniswerten des Feldes 2:

$$\mu_{2\bar{\varphi}} = \frac{1}{20}\left[\frac{1}{n_{0\bar{\varphi}}} + 2\left(\frac{1}{n_{1\bar{\varphi}}} + \frac{1}{n_{2\bar{\varphi}}} + \frac{1}{n_{3\bar{\varphi}}} + \frac{1}{n_{4\bar{\varphi}}}\right) + \frac{1}{n_{5\bar{\varphi}}}\right]. \tag{D.62}$$

Nun läßt sich die Gl. (D.52) in der Form

$$X_\phi = + \frac{\frac{\Delta}{l_1} S_v^c - X_0 (l_1 \mu_{1\varphi} + l_2 \mu_{2\varphi})}{(l_1 \mu_{1\bar\varphi} + l_2 \mu_{2\bar\varphi})} \quad\quad (D.63)$$

anschreiben.

Das Stützenmoment $X_{1,2} = X_{2,1} = X_0$ im Zeitpunkt $t = 0$ ergibt sich aus der im Anhang auf S. 148 aufgestellten Beziehung (F.90) mit

$$X_0 = + \frac{S_v^c \cdot \Delta}{l_1 (l_1 \mu_{1,0} + l_2 \mu_{2,0})} . \quad\quad (D.64)$$

Die hierin benützten Beiwerte $\mu_{1,0}$ und $\mu_{2,0}$ erhält man bei Einführung des Beton-Elastizitätsmoduls E_{b0} über die Biegesteifigkeiten $S_{(v0)k}$ und Verhältnis-werte

$$n_{k,0} = \frac{S_{(v0)k}}{S_v^c} \quad\quad (D.65)$$

der Felder 1 und des Feldes 2 mit

$$\mu_{1,0} = \frac{1}{1000} \left[\frac{1}{n_{1,0}} + \frac{4}{n_{2,0}} + \frac{9}{n_{3,0}} + \frac{16}{n_{4,0}} + \frac{25}{n_{5,0}} + \frac{36}{n_{6,0}} + \frac{49}{n_{7,0}} + \frac{64}{n_{8,0}} + \frac{81}{n_{9,0}} + \frac{145}{3 n_{10,0}} \right] \quad (D.66)$$

und

$$\mu_{2,0} = \frac{1}{20} \left[\frac{1}{n_{0,0}} + 2 \left(\frac{1}{n_{1,0}} + \frac{1}{n_{2,0}} + \frac{1}{n_{3,0}} + \frac{1}{n_{4,0}} \right) + \frac{1}{n_{5,0}} \right] . \quad\quad (D.67)$$

2. Zusammenstellung der Einzel-Schnittgrößen N und M

Es gilt für die Ermittlung der Schnittgrößen des Hauptbelastungsplanes (w) wieder sinngemäß

$$N_b = N_{b\varphi} + N_{b\bar\varphi} \quad (D.68) \qquad\qquad N_{st} = N_{st\varphi} + N_{st\bar\varphi} \quad (D.69)$$

$$N_e = N_{e\varphi} + N_{e\bar\varphi} \quad (D.70) \qquad\qquad N_{sp} = N_{sp\varphi} + N_{sp\bar\varphi} \quad (D.71)$$

sowie

$$M_b = M_{b\varphi} + M_{b\bar\varphi} \quad (D.72) \qquad\qquad M_{st} = M_{st\varphi} + M_{st\bar\varphi} . \quad (D.73)$$

a) Ermittlung der von $E_{b\varphi}$ abhängigen Einzel-Schnittgrößen

Im Teilbelastungsplan $X_0 (i_\varphi)$ an einer Stelle x auf den Verbund-Gesamtquer-schnitt einwirkende Momente $(M)_x$ in den Endfeldern 1

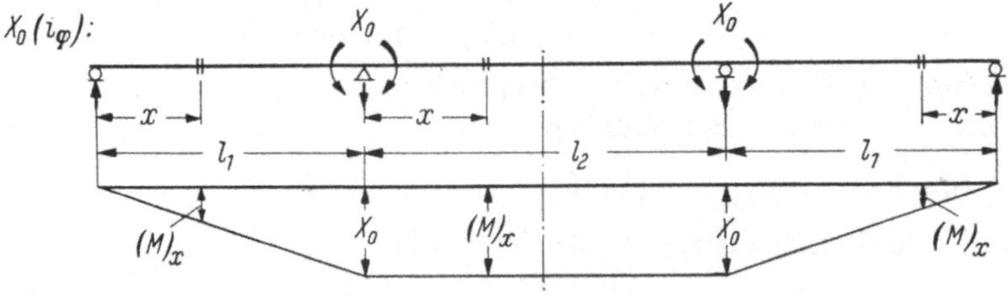

Abb. 22

$$(M)_x = \frac{X_0}{l_1} x \quad\quad (D.74)$$

im Feld 2

$$(M)_x = X_0 . \quad\quad (D.75)$$

Bei Zugrundelegung dieser Momente $(M)_x$ gelten für die Bestimmung der dadurch verursachten Einzel-Schnittgrößen $N_{b\,\varphi}$, $N_{\mathrm{st}\,\varphi}$, $N_{e\,\varphi}$, $N_{\mathrm{sp}\,\varphi}$, $M_{b\varphi}$, $M_{\mathrm{st}\,\varphi}$ wieder die Ansätze (D.30) bis (D.35) auf S. 33.

b) Ermittlung der von $E_{b\bar\varphi}$ abhängigen Einzel-Schnittgrößen

Im Teilbelastungsplan $X_{\varPhi}\,(i_{\bar\varphi})$ an einer Stelle x auf den Verbund-Gesamtquerschnitt einwirkende Momente $(\overline{M})_x$. In den Endfeldern 1:

$$(\overline{M})_x = \frac{X_{\varPhi}}{l_1}\,x \qquad (D.76)$$

im Feld 2:

$$(\overline{M})_x = X_{\varPhi}. \qquad (D.77)$$

Für die Bestimmung der Einzel-Schnittgrößen $N_{b\bar\varphi}$, $N_{\mathrm{st}\bar\varphi}$, $N_{e\bar\varphi}$, $N_{\mathrm{sp}\bar\varphi}$, $M_{b\bar\varphi}$, $M_{\mathrm{st}\bar\varphi}$ können jetzt die auf S. 33 zusammengestellten Ansätze (D.38) bis (D.43) benützt werden.

III. Auswirkung des Beton-Schwindens bei Berücksichtigung des dadurch verursachten Beton-Kriechens

1. Ermittlung der Stützenmomente X für den Zeitpunkt $t=\infty$, d. h. nach abgeschlossenem Beton-Schwinden und -Kriechen

Den Belastungsplänen

$$(w) = (0_{\varphi'}) + X_{\varPhi}\,(i_{\bar\varphi}) \qquad (D.78)$$

entsprechend erhält man

$$0 = (\gamma_{1\varphi'} + \gamma_{2\varphi'}) + X_{\varPhi}(\beta_{1\bar\varphi} + \beta_{2\bar\varphi}) \qquad (D.79)$$

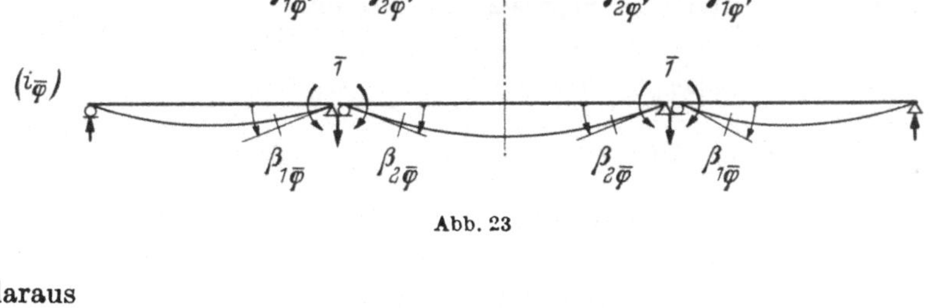

Abb. 23

und daraus

$$X_{\varPhi} = -\frac{\gamma_{1\varphi'} + \gamma_{2\varphi'}}{\beta_{1\bar\varphi} + \beta_{2\bar\varphi}}. \qquad (D.80)$$

a) Endendrehwinkel $\gamma_{1\varphi'}$ und $\gamma_{2\varphi'}$ infolge des Beton-Schwindens bei Berücksichtigung der Kriecherscheinungen

Zur Berechnung der Endendrehwinkel $\gamma_{1\varphi'}$ und $\gamma_{2\varphi'}$ des Teilbelastungsplanes $(0_{\varphi'})$ sind nach der Beziehung Gl. (B.36), d. h. mit dem fiktiven Formänderungsmodul

$$E_{b\varphi'} = \frac{E_{b0}}{1 + \psi' \cdot \varphi}$$

zunächst die Biegesteifigkeiten $S_{(v\varphi')k}$ der Verbundquerschnitte an den Stellen $k = 0$, $k = 1$ bis $k = 10$ aller Felder zu ermitteln und damit die Verhältniswerte

$$n_{k\varphi'} = \frac{S_{(v\varphi')k}}{S_v^c} \tag{D.81}$$

der einzelnen Felder zu bestimmen.

Nach der Beziehung Gl. (C.97) auf S. 27 bewirkt das *Schwind-Kriechen* im Stahlträgerquerschnitt ein Biegemoment

$$M_{\text{st}\,\varphi'} = \varepsilon_s \, a_{b\varphi'} \, K_{b\varphi'} \, \frac{S_{\text{st}}}{S_{v\varphi'}}.$$

Um die S_v^c-fachen Werte der Endendrehwinkel zu erhalten, können die $S_v^c \dfrac{M_{\text{st}\,\varphi'}}{S_{\text{st}}}$-Flächen als Belastungen aufgefaßt werden.

Man erhält dann als Belastungsordinate an einer Stelle k

$$S_v^c \frac{M_{\text{st}\,\varphi'}}{S_{\text{st}}} = \varepsilon_s \, \frac{a_{b\varphi'} K_{b\varphi'}}{n_{k\varphi'}} = \varepsilon_s \cdot \eta_{k\varphi'}. \tag{D.82}$$

Nach der Ermittlung der Werte

$$\eta_{k\varphi'} = \frac{a_{b\varphi'} K_{b\varphi'}}{n_{k\varphi'}}. \tag{D.83}$$

für alle Felder und Stellen $k = 0$ bis $k = 10$ lassen sich mit den $\eta_{k\varphi'}$-Werten des Feldes 1 der Beiwert

$$v_{1\varphi'} = \frac{1}{600} \left[\eta_{0\varphi'} + 6 \, \eta_{1\varphi'} + 12 \, \eta_{2\varphi'} + 18 \, \eta_{3\varphi'} + 24 \, \eta_{4\varphi'} + 30 \, \eta_{5\varphi'} \right.$$

$$\left. + 36 \, \eta_{6\varphi'} + 42 \, \eta_{7\varphi'} + 48 \, \eta_{8\varphi'} + 54 \, \eta_{9\varphi'} + 29 \, \eta_{10\,\varphi'} \right] \tag{D.84}$$

und mit den $\eta_{k\varphi'}$-Werten des Feldes 2 der Beiwert

$$v_{2\varphi'} = \frac{1}{20} \left[\eta_{0\varphi'} + 2(\eta_{1\varphi'} + \eta_{2\varphi'} + \eta_{3\varphi'} + \eta_{4\varphi'}) + \eta_{5\varphi'} \right] \tag{D.85}$$

errechnen, die über die Ansätze

$$S_v^c \cdot \gamma_{1\varphi'} = \varepsilon_s \, l_1 \, v_{1\varphi'} \tag{D.86}$$

und

$$S_v^c \, \gamma_{2\varphi'} = \varepsilon_s \, l_2 \, v_{2\varphi'} \tag{D.87}$$

die gesuchten Endendrehwinkel des Teilbelastungsplanes $(0_{\varphi'})$ liefern.

b) Endendrehwinkel $\beta_{1\bar{\varphi}}$ und $\beta_{2\bar{\varphi}}$ infolge von Null bis auf den Endwert $\bar{1}$ ansteigender Endenmomente

Die Ermittlung der Endendrehwinkel $\beta_{1\bar{\varphi}}$ und $\beta_{2\bar{\varphi}}$ des Belastungsplanes $(i_{\bar{\varphi}})$ wurde bereits auf S. 30 ausführlich beschrieben.

Mit

$$S_v^c \cdot \beta_{1\bar{\varphi}} = l_1 \mu_{1\bar{\varphi}} \quad \text{und} \quad S_v^c \cdot \beta_{2\bar{\varphi}} = l_2 \mu_{2\bar{\varphi}}$$

läßt sich die Gl. (D.80) schließlich in der Form

$$X_{\Phi} = X = - \frac{(l_1 \nu_{1\varphi'} + l_2 \nu_{2\varphi'})}{l_1 \mu_{1\bar{\varphi}} + l_2 \mu_{2\bar{\varphi}}} \cdot \varepsilon_s \tag{D.88}$$

anschreiben.

2. Zusammenstellung der Einzel-Schnittgrößen N und M

Die Schnittgrößen des Hauptbelastungsplanes (w) ergeben sich aus:

$$N_b = N_{b\varphi'} + N_{b\bar{\varphi}} \tag{D.89} \qquad N_{st} = N_{st\varphi'} + N_{st\bar{\varphi}} \tag{D.90}$$

$$N_e = N_{e\varphi'} + N_{e\bar{\varphi}} \tag{D.91} \qquad N_{sp} = N_{sp\varphi'} + N_{sp\bar{\varphi}} \tag{D.92}$$

sowie

$$M_b = M_{b\varphi'} + M_{b\bar{\varphi}} \tag{D.93} \qquad M_{st} = M_{st\varphi'} + M_{st\bar{\varphi}}. \tag{D.94}$$

a) Berechnung der Einzel-Schnittgrößen, für die $E_{b\varphi'}$ maßgebend ist

Die Einzel-Schnittgrößen des Teilbelastungsplanes $(0_{\varphi'})$ ergeben sich entsprechend den Beziehungen Gl. (C.92) bis (C.97) aus:

$$N_{b\varphi'} = \varepsilon_s K_{b\varphi'} \left(\frac{K_{b\varphi'}}{K_{v\varphi'}} + \frac{K_{b\varphi'} a_{b\varphi'}^2}{S_{v\varphi'}} - 1 \right), \tag{D.95}$$

$$N_{st\varphi'} = \varepsilon_s K_{b\varphi'} \left(\frac{K_{st}}{K_{v\varphi'}} + \frac{K_{st} a_{b\varphi'} \cdot a_{st\varphi'}}{S_{v\varphi'}} \right), \tag{D.96}$$

$$N_{e\varphi'} = \varepsilon_s K_{b\varphi'} \left(\frac{K_e}{K_{v\varphi'}} + \frac{K_e a_{b\varphi'} \cdot a_{e\varphi'}}{S_{v\varphi'}} \right), \tag{D.97}$$

$$N_{sp\varphi'} = \varepsilon_s K_{b\varphi'} \left(\frac{K_{sp}}{K_{v\varphi'}} + \frac{K_{sp} a_{b\varphi'} \cdot a_{sp\varphi'}}{S_{v\varphi'}} \right) \tag{D.98}$$

und

$$M_{b\varphi'} = \varepsilon_s K_{b\varphi'} a_{b\varphi'} \frac{S_{b\varphi'}}{S_{v\varphi'}} \tag{D.99} \qquad M_{st\varphi'} = \varepsilon_s K_{b\varphi'} a_{b\varphi'} \frac{S_{st}}{S_{v\varphi'}}. \tag{D.100}$$

b) Berechnung der Einzel-Schnittgrößen, für die $E_{b\bar{\varphi}}$ maßgebend ist

Die Einzel-Schnittgrößen des Teilbelastungsplanes $X_{\Phi}(i_{\varphi})$ ergeben sich entsprechend den auf S. 33 besprochenen und zusammengestellten Beziehungen Gl. (D.38) bis (D.43), d. h. aus:

$$N_{b\bar{\varphi}} = (\bar{M})_x \frac{a_{b\varphi} K_{b\bar{\varphi}}}{S_{v\varphi}} \qquad N_{st\bar{\varphi}} = (\bar{M})_x \frac{a_{st\bar{\varphi}} K_{st}}{S_{e\varphi}} \qquad N_{e\bar{\varphi}} = (\bar{M})_x \frac{a_{e\varphi} K_e}{S_{v\bar{\varphi}}}$$

$$N_{sp\bar{\varphi}} = (\bar{M})_x \frac{a_{sp\bar{\varphi}} K_{sp}}{S_{v\bar{\varphi}}} \qquad M_{b\bar{\varphi}} = (\bar{M})_x \frac{S_{b\bar{\varphi}}}{S_{v\bar{\varphi}}} \qquad M_{st\bar{\varphi}} = (\bar{M})_x \frac{S_{st}}{S_{v\bar{\varphi}}}.$$

IV. Auswirkung eines Temperaturunterschiedes $\Delta t°$ zwischen Unterkante und Oberkante des Verbund-Durchlaufträgers

1. Ermittlung der Stützenmomente $X_{\Delta t°}$

Den Belastungsplänen

$$(w) = (O_0) + X_{\Delta t°}\,(i_0) \tag{D.101}$$

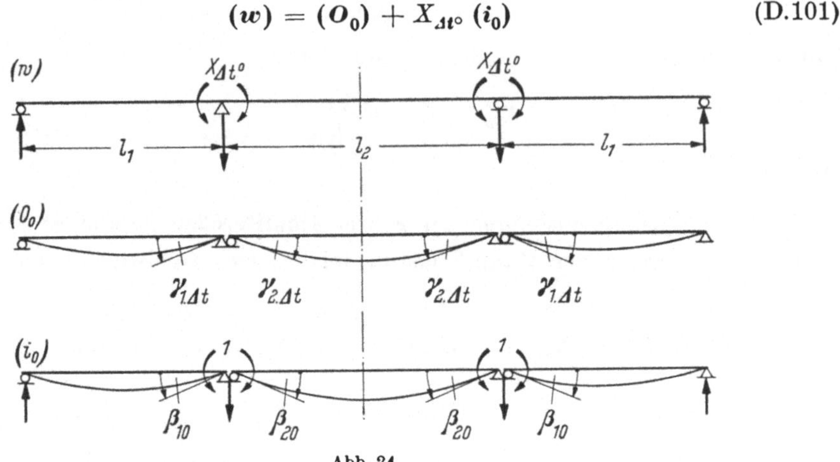

Abb. 24

entsprechend erhält man

$$0 = (\gamma_{1,\Delta t} + \gamma_{2,\Delta t}) + X_{\Delta t°}(\beta_{10} + \beta_{20}) \tag{D.102}$$

und daraus

$$X_{\Delta t°} = -\frac{(\gamma_{1,\Delta t} + \gamma_{2,\Delta t})}{(\beta_{10} + \beta_{20})}. \tag{D.103}$$

a) Endendrehwinkel $\gamma_{1,\Delta t}$, $\gamma_{2,\Delta t}$ und β_{10}, β_{20}

Für die Berechnung der Endendrehwinkel $\gamma_{1,\Delta t}$, $\gamma_{2,\Delta t}$ sowie β_{10}, β_{20} ist der Beton-Elastizitätsmodul E_{b0} maßgebend.

Über die Ansätze

$$S_v^c \cdot \gamma_{1,\Delta t} = S_v^c\, l_1 \cdot \alpha_T \cdot \Delta t°\, v_{1,\Delta t}, \tag{D.104} \quad \text{vgl. (F.23)}$$

$$S_v^c \cdot \gamma_{2,\Delta t} = S_v^c\, l_2 \cdot \alpha_T \cdot \Delta t° \cdot v_{2,\Delta t}, \tag{D.105} \quad \text{vgl. (F.49)}$$

sowie

$$S_v^c\, \beta_{10} = l_1\, \mu_{10} \tag{D.106}$$

und

$$S_v^c\, \beta_{20} = l_2\, \mu_{20} \tag{D.107}$$

läßt sich die Gl. (D.103) schließlich in der Form

$$X_{\Delta t°} = -\frac{(l_1\, \gamma_{1,\Delta t} + l_2\, \gamma_{2,\Delta t})}{(l_1\, \mu_{10} + l_2\, \mu_{20})}\, S_v^c \cdot \alpha_T\, \Delta t° \tag{D.108}$$

anschreiben.

Bezeichnet man mit $H_0, H_1, H_2 \ldots H_{10}$ die Gesamthöhen der Verbundträgerquerschnitte an den Stellen $0, 1, 2, \ldots, 10$ der einzelnen Felder, so erhält man mit den Beziehungen Gln. (F.25) und (F.50)

$$v_{1,\,\Delta t} = \frac{1}{600}\left[\frac{1}{H_0} + \frac{6}{H_1} + \frac{12}{H_2} + \frac{18}{H_3} + \frac{24}{H_4} + \frac{30}{H_5} + \frac{36}{H_6} + \frac{42}{H_7} + \frac{48}{H_8} + \frac{54}{H_9} + \frac{29}{H_{10}}\right]$$

(D.109)

$$v_{2,\,\Delta t} = \frac{1}{20}\left[\frac{1}{H_0} + 2\left(\frac{1}{H_1} + \frac{1}{H_2} + \frac{1}{H_3} + \frac{1}{H_4}\right) + \frac{1}{H_5}\right].$$

(D.110)

Mit den Verhältniswerten

$$n_{k,\,0} = \frac{S_{(v\,0)\,k}}{S_v^c}$$

der Endfelder 1 und des Mittelfeldes 2 ergeben sich in Übereinstimmung mit den Beziehungen Gln. (D.66) und (D.67)

$$\mu_{1,\,0} = \frac{1}{1000}\left[\frac{1}{n_{1,\,0}} + \frac{4}{n_{2,\,0}} + \frac{9}{n_{3,\,0}} + \frac{16}{n_{4,\,0}} + \frac{25}{n_{5,\,0}} + \frac{36}{n_{6,\,0}} + \frac{49}{n_{7,\,0}} + \frac{64}{n_{8,\,0}} + \frac{81}{n_{9,\,0}} + \frac{145}{3\,n_{10,\,0}}\right],$$

(D.111)

$$\mu_{2,\,0} = \frac{1}{20}\left[\frac{1}{n_{0,\,0}} + 2\left(\frac{1}{n_{1,\,0}} + \frac{1}{n_{2,\,0}} + \frac{1}{n_{3,\,0}} + \frac{1}{n_{4,\,0}}\right) + \frac{1}{n_{5,\,0}}\right].$$

(D.112)

2. Zusammenstellung der Einzel-Schnittgrößen N und M

Da der Teilbelastungsplan (0_0) nur Verformungen aber keine Schnittgrößen liefert, können die Schnittgrößen des Hauptbelastungsplanes (w) aus dem Teilbelastungsplan $X_{\Delta t}\,(i_0)$ allein gewonnen werden.

Das an einer Stelle x der Endfelder 1 auf den Verbund-Gesamtquerschnitt einwirkende Moment $(M)_x$ ergibt sich daher aus:

$$(M)_x = \frac{X_{\Delta t}}{l_1}\,x$$

(D.113)

und für eine Stelle x des Feldes 2 aus:

$$(M)_x = X_{\Delta t}.$$

(D.114)

Damit erhält man als Schnittgrößen des Hauptbelastungsplanes (w)

$$N_b = (M)_x\,\frac{a_{b\,0}\,K_{b\,0}}{S_{v\,0}} \qquad \text{(D.115)} \qquad\qquad N_{\mathrm{st}} = (M)_x\,\frac{a_{\mathrm{st}\,0}\,K_{\mathrm{st}}}{S_{v\,0}} \qquad \text{(D.116)}$$

$$N_e = (M)_x\,\frac{a_{e\,0}\,K_e}{S_{v\,0}} \qquad \text{(D.117)} \qquad\qquad N_{\mathrm{sp}} = (M)_x\,\frac{a_{\mathrm{sp}\,0}\,K_{\mathrm{sp}}}{S_{v\,0}} \qquad \text{(D.118)}$$

$$M_b = (M)_x\,\frac{S_{b\,0}}{S_{v\,0}} \qquad \text{(D.119)} \qquad\qquad M_{\mathrm{st}} = (M)_x\,\frac{S_{\mathrm{st}}}{S_{v\,0}}. \qquad \text{(D.120)}$$

V. Auswirkung einer Vorspannung der Stahlbetonplatte des Verbund-Durchlaufträgers im Bereich der negativen Stützenmomente

Es wird vorausgesetzt, daß die Stahlbetonplatte und der Stahlträger schon *vor* dem Vorspannen als Verbundquerschnitt zusammenwirken. Bei der Entwicklung der Berechnungsformeln wird die in der Abb. 25 dargestellte Anordnung der verschieden langen Spannglieder-Gruppen zugrunde gelegt.

Bei *mehr* oder *weniger* als drei Spannglieder-Gruppen oder anderen Einzellängen der Spannglieder sind lediglich die Beziehungen Gln. (D.137) und (D.138) dementsprechend neu aufzustellen, was keinerlei Schwierigkeiten bereiten dürfte.

1. Ermittlung der Stützenmomente X_0 für den Zeitpunkt $t = 0$, d. h. unmittelbar nach dem Vorspannen und der sich daran anschließenden Herstellung des Spannstahl-Verbundes

Bei einer Zerlegung des Ausgangsplanes (w_0) in die Teil-Belastungspläne (0_0) und $X_0\,(i_0)$, die nach Abb. 26 der Bedingung

$$(w_0) = (0_0) + X_0(i_0)$$

entspricht, erhält man

$$0 = (\gamma_{10} + \gamma_{20}) + X_0(\beta_{10} + \beta_{20}) \tag{D.121}$$

und daraus für das durch Vorspannkräfte im Zeitpunkt $t = 0$ erzeugte Stützenmoment

$$X_0 = -\,\frac{\gamma_{10} + \gamma_{20}}{\beta_{10} + \beta_{20}}. \tag{D.122}$$

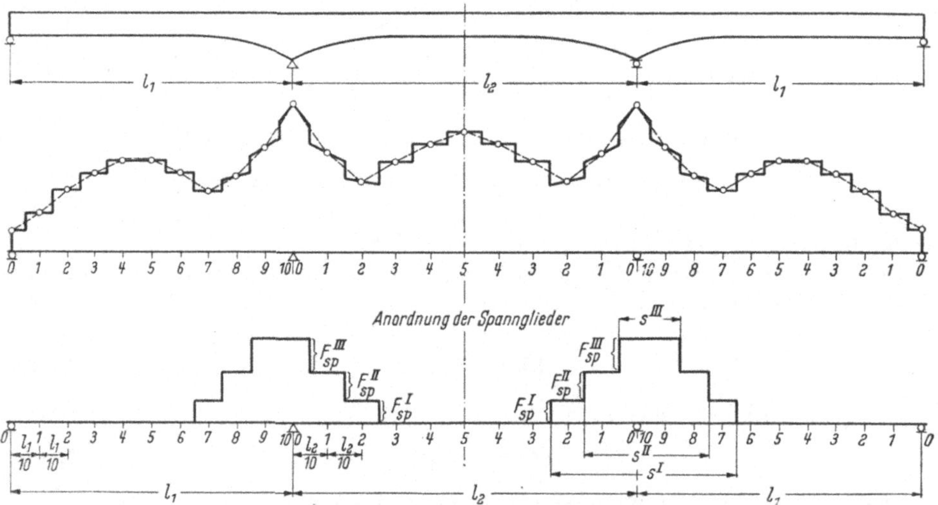

Abb. 25. Vorgespannter Verbund-Durchlaufträger auf vier Stützen mit veränderlichen Trägheitsmomenten

a) Erläuterungen zum Teil-Belastungsplan (0_0)

Es wurde schon auf S. 22 darauf hingewiesen, daß sich durch das Herstellen des Spannstahl-Verbundes unmittelbar nach dem Vorspannen an den Einzel-Schnittgrößen nichts ändern kann. Es besteht daher die Möglichkeit, für die Berechnung der Einzel-Schnittgrößen im Zeitpunkt $t = 0$ entweder Beziehungen *ohne* Spannstahl-Verbund zu entwickeln (vgl. Fall I auf S. 20) oder Ansätze abzuleiten und zu benützen, bei denen dem zusätzlich eingetretenen Spannstahl-Verbund formal Rechnung getragen wird (vgl. Fall II auf S. 21). Beide Untersuchungsmethoden und deren sich voneinander unterscheidenden Berechnungsformeln müssen aber stets dieselben Werte für die Schnittgrößen und Randspannungen liefern.

Da für die späteren Untersuchungen über die Auswirkung des Beton-Kriechens aber von der Tatsache eines Spannstahl-Verbundes ausgegangen werden muß, erscheint es zweckmäßig auch schon im Teilbelastungsplan (0_0) für den Zeitpunkt $t = 0$ die allgemeineren, d. h. schon jetzt einem Spannstahl-Verbund Rechnung tragenden Ansätze zu benützen. Es sind daher zunächst die ideellen äußeren Vorspannkräfte V^* zu ermitteln.

Bei dem hier vorliegenden Erläuterungsbeispiel erhält man für die beiden Endfelder nach der Beziehung Gl. (C.69)

$$V_7^* = V^\mathrm{I} \frac{K_{v7} S_{v7}}{K_{v7}^o S_{v7}^o} \qquad (\mathrm{D}.123) \qquad\qquad V_8^* = (V^\mathrm{I} + V^\mathrm{II}) \frac{K_{v8} S_{v8}}{K_{v8}^o S_{v8}^o} \qquad (\mathrm{D}.124)$$

$$V_9^* = (V^\mathrm{I} + V^\mathrm{II} + V^\mathrm{III}) \frac{K_{v9} S_{v9}}{K_{v9}^o S_{v9}^o} \qquad (\mathrm{D}.125)$$

$$V_{10}^* = (V^\mathrm{I} + V^\mathrm{II} + V^\mathrm{III}) \frac{K_{v\,10} S_{v\,10}}{K_{v\,10}^o S_{v\,10}^o} \qquad (\mathrm{D}.126)$$

und für das Mittelfeld

$$V_0^* = (V^\mathrm{I} + V^\mathrm{II} + V^\mathrm{III}) \frac{K_{v0} S_{v0}}{K_{v0}^o S_{v0}^o} \qquad (\mathrm{D}.127)$$

$$V_1^* = (V^\mathrm{I} + V^\mathrm{II}) \frac{K_{v1} S_{v1}}{K_{v1}^o S_{v1}^o} \qquad (\mathrm{D}.128) \qquad\qquad V_2^* = V^\mathrm{I} \frac{K_{v2} S_{v2}}{K_{v2}^o S_{v2}^o}. \qquad (\mathrm{D}.129)$$

Darin bedeuten V^I, V^II, V^III die Summen-Spannkräfte der Einzel-Spannglieder von der Gesamtlänge s^I, s^II, s^III (vgl. Abb. 25 u. 26).

Bei der Berechnung der Momente $(\mathfrak{M})_k$ sind die von Teilstelle zu Teilstelle verschiedenen Abstände $(a_{\mathrm{sp}\,0})_k = e_k$ zu berücksichtigen. Man erhält dann für die beiden Endfelder:

$$(\mathfrak{M})_7 = + V_7^* \, e_7 \qquad (\mathrm{D}.130) \qquad\qquad (\mathfrak{M})_8 = + V_8^* \, e_8 \qquad (\mathrm{D}.131)$$

$$(\mathfrak{M})_9 = + V_9^* \, e_9 \qquad (\mathrm{D}.132) \qquad\qquad (\mathfrak{M})_{10} = + V_{10}^* \, e_{10} \qquad (\mathrm{D}.133)$$

und für das Mittelfeld

$$(\mathfrak{M})_0 = + V_0^* \, e_0 \qquad (\mathrm{D}.134) \qquad\qquad (\mathfrak{M})_1 = + V_1^* \, e_1 \qquad (\mathrm{D}.135)$$

$$(\mathfrak{M})_2 = + V_2^* \, e_2. \qquad (\mathrm{D}.136)$$

Die Endendrehwinkel $S_v^c \gamma_{10}$ und $S_v^c \gamma_{20}$ ergeben sich dann aus

$$S_v^c \gamma_{10} = \frac{l_1}{200} \left[14 \, V_7^* \frac{e_7}{n_7} + 16 \, V_8^* \frac{e_8}{n_8} + 18 \, V_9^* \frac{e_9}{n_9} + 9{,}75 \, V_{10}^* \frac{e_{10}}{n_{10}} \right], \qquad (\mathrm{D}.137)$$

$$S_v^c \gamma_{20} = \frac{l_2}{20} \left[V_0^* \frac{e_0}{n_0} + 2 \, V_1^* \frac{e_1}{n_1} + 2 \, V_2^* \frac{e_2}{n_2} \right]. \qquad (\mathrm{D}.138)$$

b) Erläuterungen zum Teil-Belastungsplan $X_0 \, (i_0)$ bzw. (i_0)

Durch die beim Vorspannen erzeugten Stützenmomente X_0 werden in den verbundlosen Spanngliedlagen I, II, III Zugbandkräfte Z^I, Z^II, Z^III hervorgerufen. Die Rechenpraxis hat stets gezeigt, daß diese zusätzlichen Zugkräfte sehr klein sind und nie auf mehr als etwa 1% von den jeweiligen Vorspannkräften V^I, V^II, V^III anwachsen. Um sie zu berücksichtigen, ohne sie als zusätzliche statisch unbestimmte Größen besonders einführen zu müssen, kann man in den Spannglieder-Bereichen des (i_0)-Planes die Spannstahlquerschnittsflächen als im Verbund mitwirkend in Rechnung stellen (vgl. auch die Ausführungen auf S. 26).

Die Endendrehwinkel $S_v^c \beta_{10}$ und $S_v^c \beta_{20}$ erhält man aus den Ansätzen

$$S_v^c \beta_{10} = l_1 \, \mu_{10} \qquad (\mathrm{D}.139) \qquad\qquad S_v^c \beta_{20} = l_2 \, \mu_{20}, \qquad (\mathrm{D}.140)$$

worin nach den Beziehungen Gln. (D.25) und (D.27)

$$\mu_{10} = \frac{1}{1000}\left[\frac{1}{n_{1,0}} + \frac{4}{n_{2,0}} + \frac{9}{n_{3,0}} + \frac{16}{n_{4,0}} + \frac{25}{n_{5,0}} + \frac{36}{n_{6,0}} + \frac{49}{n_{7,0}} + \frac{64}{n_{8,0}} + \frac{81}{n_{9,0}} + \frac{145}{3\,n_{10,0}}\right],$$

$$\mu_{20} = \frac{1}{20}\left[\frac{1}{n_{0,0}} + 2\left(\frac{1}{n_{1,0}} + \frac{1}{n_{2,0}} + \frac{1}{n_{3,0}} + \frac{1}{n_{4,0}}\right) + \frac{1}{n_{5,0}}\right]$$

einzuführen ist.

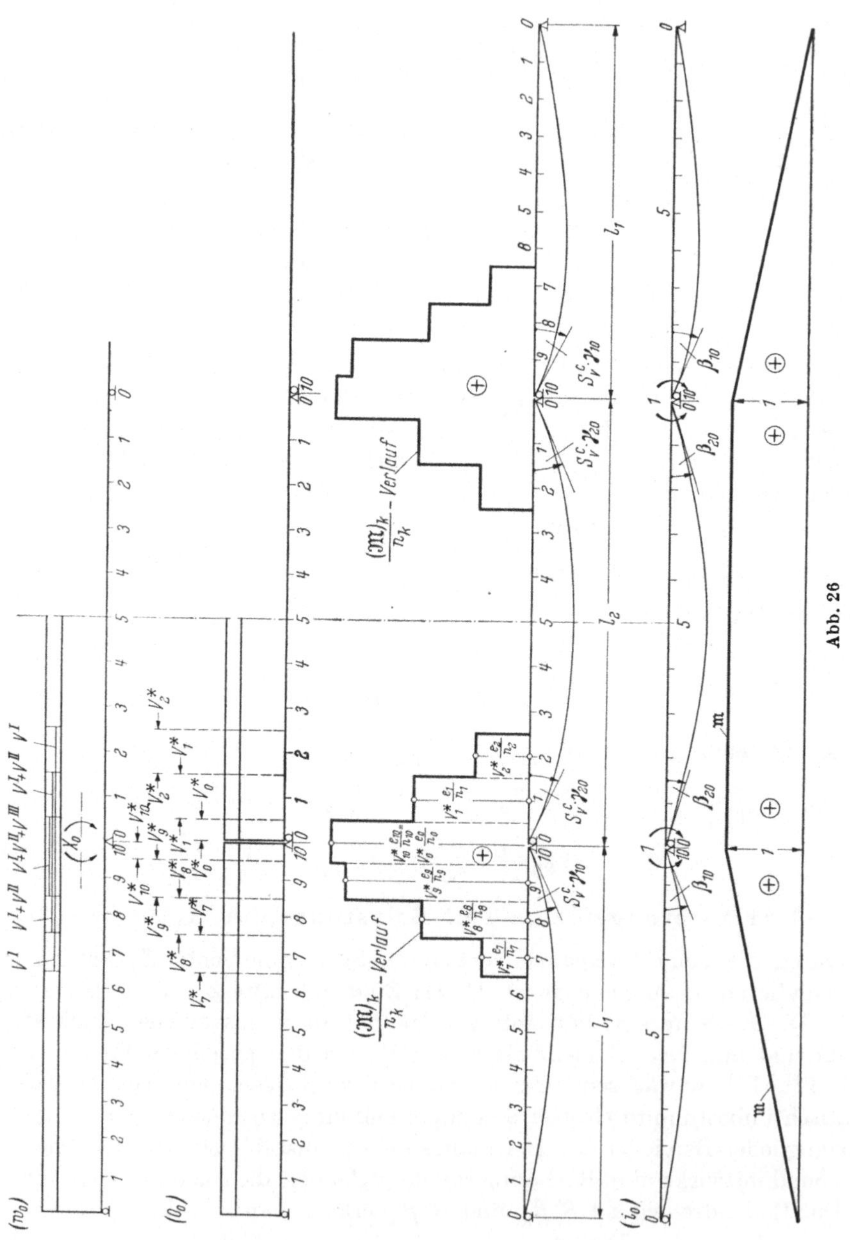

Abb. 26

Für die Bestimmung der Verhältniszahlen

$$n_{k,0} = \frac{S_{(v0)\,k}}{S_v^c}$$

der Endfelder und des Mittelfeldes ist der Beton-Elastizitätsmodul E_{b0} einzusetzen.

2. Zusammenstellung der Einzel-Schnittgrößen N und M

Die an einer Teilungsstelle k auf den Gesamt-Verbundquerschnitt einwirkenden Größen (M) und (N) ergeben sich der Planzerlegung entsprechend aus

$$(M)_k = (\mathfrak{M})_k + X_0(\mathfrak{m})_k = (V_k^* \, e_k) + X_0(\mathfrak{m})_k, \qquad (D.141)$$

$$(N)_k = (\mathfrak{N})_k = + (V_k^*). \qquad (D.142)$$

Darin ist V_k^* mit positivem Vorzeichen einzuführen.

Die auf die Einzelteile des Verbundquerschnittes entfallenden Einzel-Schnittgrößen ergeben sich damit aus:

$$N_b = (M)_k \frac{a_{b0} K_{b0}}{S_{v0}} + (N)_k \frac{K_{b0}}{K_{v0}} \qquad (D.143)$$

$$N_e = (M)_k \frac{a_{e0} K_e}{S_{v0}} + (N)_k \frac{K_e}{K_{v0}} \qquad (D.144)$$

$$N_{st} = (M)_k \frac{a_{st0} K_{st}}{S_{v0}} + (N)_k \frac{K_{st}}{K_{v0}} \qquad (D.145)$$

$$N_{sp} = - V_k^* + (M)_k \frac{a_{sp\,0} K_{sp}}{S_{v0}} + (N)_k \frac{K_{sp}}{K_{v0}} \qquad (D.146)$$

$$M_b = (M)_k \frac{S_{b0}}{S_{v0}} \qquad (D.147) \qquad\qquad M_{st} = (M)_k \frac{S_{st}}{S_{v0}}. \qquad (D.148)$$

3. Ermittlung der Stützenmomente $X = X_0 + X_\Phi$ für den Zeitpunkt $t = \infty$, d. h. nach abgeschlossenem Beton-Kriechen

Der Zerlegung in die Belastungspläne

$$(w) = (0_\varphi) + X_0 (i_\varphi) + X_\Phi (i_{\bar\varphi})$$

entsprechend erhält man

$$0 = (\gamma_{1\varphi} + \gamma_{2\varphi}) + X_0(\beta_{1\varphi} + \beta_{2\varphi}) + X_\Phi(\beta_{1\bar\varphi} + \beta_{2\bar\varphi})$$

und damit

$$X_\Phi = - \frac{(\gamma_{1\varphi} + \gamma_{2\varphi}) + X_0(\beta_{1\varphi} + \beta_{2\varphi})}{(\beta_{1\bar\varphi} + \beta_{2\bar\varphi})}. \qquad (D.149)$$

Unter X_0 ist das im Zeitpunkt $t = 0$ vorhandene Stützenmoment infolge der Vorspannung zu verstehen, während X_Φ den durch das Beton-Kriechen geweckten, von Null bis auf seinen Endwert anwachsenden Stützenmomentenzuwachs darstellt.

a) Endendrehwinkel $\gamma_{1\varphi}, \gamma_{2\varphi}, \beta_{1\varphi}, \beta_{2\varphi}$

Zur Berechnung dieser Endendrehwinkel sind wieder mit dem fiktiven Formänderungsmodul

$$E_{b\varphi} = \frac{E_{b0}}{1 + \psi \cdot \varphi}$$

die Biegesteifigkeiten $S_{(v\varphi)k}$ der Verbundquerschnitte an den Stellen $k = 0$, $k = 1$, $k = 2 \ldots$ bis $k = 10$ zu ermitteln und damit die Verhältniszahlen

$$n_{k,\varphi} = \frac{S_{(v\varphi)k}}{S_v^c}$$

der einzelnen Felder zu bestimmen.

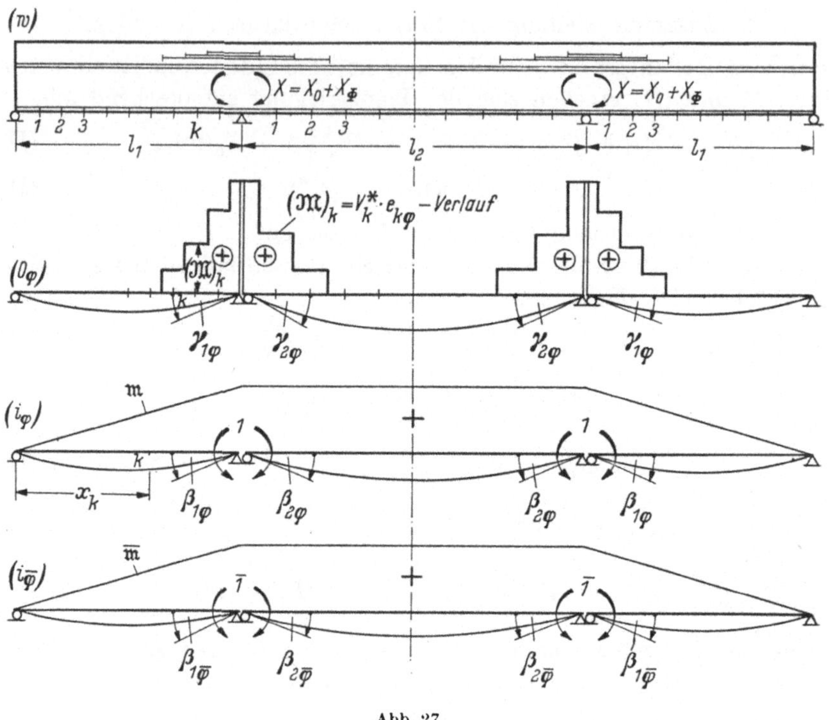

Abb. 27

Außerdem sind an allen in den Spannstahlbereichen liegenden Stellen k die Exzentrizitäten $(a_{\mathrm{sp},\varphi})_k = e_{k,\varphi}$ der ideellen äußeren Kräfte V_k^* zu ermitteln und damit die Momente

$$(\mathfrak{M})_k = (V_k^* \, e_{k,\varphi}) \tag{D.150}$$

bzw. die Belastungsordinaten

$$\frac{(\mathfrak{M})_k}{n_{k,\varphi}} = V_k^* \, \frac{e_{k,\varphi}}{n_{k,\varphi}} \tag{D.151}$$

zu berechnen.

Die Endendrehwinkel $S_v^c \gamma_{1\varphi}$ und $S_v^c \gamma_{2\varphi}$ ergeben sich dann aus

$$S_v^c \gamma_{1\varphi} = \frac{l_1}{200}\left[14\, V_7^* \frac{e_{7,\varphi}}{n_{7,\varphi}} + 16\, V_8^* \frac{e_{8,\varphi}}{n_{8,\varphi}} + 18\, V_9^* \frac{e_{9,\varphi}}{n_{9,\varphi}} + 9{,}75\, V_{10}^* \frac{e_{10,\varphi}}{n_{10,\varphi}} \right] \tag{D.152}$$

und

$$S_v^c \gamma_{2\varphi} = \frac{l_2}{20}\left[V_0^* \frac{e_{0,\varphi}}{n_{0,\varphi}} + 2\, V_1^* \frac{e_{1,\varphi}}{n_{1,\varphi}} + 2\, V_2^* \frac{e_{2,\varphi}}{n_{2,\varphi}} \right]. \tag{D.153}$$

Für die darin vorkommenden konstanten äußeren Kräfte V_k^* sind die schon für den Zeitpunkt $t = 0$ aus den Beziehungen Gln. (D.123) bis (D.129) ermittelten Werte zu benützen.

Für die Endendrehwinkel $S_v^c \beta_{1\,\varphi}$ und $S_v^c \beta_{2\,\varphi}$ gilt wieder

$$S_v^c \beta_{1\,\varphi} = l_1\,\mu_{1,\,\varphi} \qquad \text{(D.8)} \qquad\qquad S_v^c \beta_{2\,\varphi} = l_2\,\mu_{2,\,\varphi}, \qquad \text{(D.9)}$$

worin wie auf S. 30

$$\mu_{1\,\varphi} = \frac{1}{1000} \left[\frac{1}{n_{1,\,\varphi}} + \frac{4}{n_{2,\,\varphi}} + \frac{9}{n_{3,\,\varphi}} + \frac{16}{n_{4,\,\varphi}} + \frac{25}{n_{5,\,\varphi}} + \frac{36}{n_{6,\,\varphi}} + \frac{49}{n_{7,\,\varphi}} + \frac{64}{n_{8,\,\varphi}} + \frac{81}{n_{9,\,\varphi}} + \frac{145}{3 n_{10,\,\varphi}} \right]$$
$$\text{(D.12)}$$

und

$$\mu_{2\,\varphi} = \frac{1}{20} \left[\frac{1}{n_{0,\,\varphi}} + 2 \left(\frac{1}{n_{1,\,\varphi}} + \frac{1}{n_{2,\,\varphi}} + \frac{1}{n_{3,\,\varphi}} + \frac{1}{n_{4,\,\varphi}} \right) + \frac{1}{n_{5,\,\varphi}} \right] \qquad \text{(D.13)}$$

zu setzen ist.

b) Endendrehwinkel $\beta_{1\,\bar{\varphi}}$ und $\beta_{2\,\bar{\varphi}}$ infolge geweckter, d. h. von Null bis auf den Endwert $\bar{1}$ ansteigender Endenmomente

Zur Berechnung dieser Endendrehwinkel ist der fiktive Formänderungsmodul

$$E_{b\,\varphi} = \frac{E_{b0}}{1 + \psi \cdot \varphi}$$

maßgebend.

Es gelten alle schon auf S. 31 gegebenen Erläuterungen und die zusammengestellten Beziehungen Gln. (D.14) bis (D.20).

4. Zusammenstellung der Einzel-Schnittgrößen N und M

Die für die Spannungsnachweise erforderlichen Einzel-Schnittgrößen sind getrennt, d. h. aus

$$N_b \;\; = N_{b\,\varphi} \;\; + N_{b\,\bar{\varphi}} \quad [\text{vgl. (D.44)} = \text{(D.68)}],$$
$$N_{st} = N_{st\,\varphi} + N_{st\,\bar{\varphi}} \quad [\text{vgl. (D.45)} = \text{(D.69)}],$$
$$N_e \;\; = N_{e\,\varphi} \;\; + N_{e\,\bar{\varphi}} \quad [\text{vgl. (D.46)} = \text{(D.70)}],$$
$$N_{sp} = N_{sp\,\varphi} + N_{sp\,\bar{\varphi}} \quad [\text{vgl. (D.47)} = \text{(D.71)}],$$
$$M_b \;\; = M_{b\,\varphi} \;\; + M_{b\,\bar{\varphi}} \quad [\text{vgl. (D.48)} = \text{(D.72)}],$$
$$M_{st} = M_{st\,\varphi} + M_{st\,\bar{\varphi}} \quad [\text{vgl. (D.49)} = \text{(D.73)}]$$

zu ermitteln.

Die mit $E_{b\,\varphi}$ errechneten Hilfswerte $K_{b\,\varphi}$, $K_{v\,\varphi}$, $a_{b\,\varphi}$, $S_{v\,\varphi}$ usw. die für die Teil-Belastungspläne $(0_\varphi) + X_0\,(i_\varphi)$ maßgebend sind, liefern für eine Stelle k der Endfelder

$$N_{b\,\varphi} = \left(V_k^* e_{k\,\varphi} + X_0 \frac{x_k}{l_1} \right) \frac{a_{b\,\varphi} K_{b\,\varphi}}{S_{v\,\varphi}} + (V_k^*) \frac{K_{b\,\varphi}}{K_{v\,\varphi}}, \qquad \text{(D.154)}$$

$$N_{st\,\varphi} = \left(V_k^* e_{k\,\varphi} + X_0 \frac{x_k}{l_1} \right) \frac{a_{st\,\varphi} K_{st}}{S_{v\,\varphi}} + (V_k^*) \frac{K_{st}}{K_{v\,\varphi}}, \qquad \text{(D.155)}$$

$$N_{e\,\varphi} = \left(V_k^* e_{k\,\varphi} + X_0 \frac{x_k}{l_1} \right) \frac{a_{e\,\varphi} K_e}{S_{v\,\varphi}} + (V_k^*) \frac{K_e}{K_{v\,\varphi}}, \qquad \text{(D.156)}$$

$$N_{\mathrm{sp}\,\varphi} = -\,V_k^* + \left(V_k^*\,e_{k\,\varphi} + X_0\,\frac{x_k}{l_1}\right)\frac{a_{\mathrm{sp}\,\varphi}K_{\mathrm{sp}}}{S_{v\,\varphi}} + (V_k^*)\,\frac{K_{\mathrm{sp}}}{K_{v\,\varphi}}\,, \tag{D.157}$$

$$M_{b\,\varphi} = \left(V_k^*\,e_{k\,\varphi} + X_0\,\frac{x_k}{l_1}\right)\frac{S_{b\,\varphi}}{S_{v\,\varphi}}\,, \tag{D.158}$$

$$M_{\mathrm{st}\,\varphi} = \left(V_k^*\,e_{k\,\varphi} + X_0\,\frac{x_k}{l_1}\right)\frac{S_{\mathrm{st}}}{S_{v\,\varphi}} \tag{D.159}$$

und für eine Stelle k des Mittelfeldes

$$N_{b\,\varphi} = (V_k^*\,e_{k\,\varphi} + X_0)\,\frac{a_{b\,\varphi}K_{b\,\varphi}}{S_{v\,\varphi}} + (V_k^*)\,\frac{K_{b\,\varphi}}{K_{v\,\varphi}}\,, \tag{D.160}$$

$$N_{\mathrm{st}\,\varphi} = (V_k^*\,e_{k\,\varphi} + X_0)\,\frac{a_{\mathrm{st}\,\varphi}K_{\mathrm{st}}}{S_{v\,\varphi}} + (V_k^*)\,\frac{K_{\mathrm{st}}}{K_{v\,\varphi}}\,, \tag{D.161}$$

$$N_{e\,\varphi} = (V_k^*\,e_{k\,\varphi} + X_0)\,\frac{a_{e\,\varphi}K_e}{S_{v\,\varphi}} + (V_k^*)\,\frac{K_e}{K_{v\,\varphi}}\,, \tag{D.162}$$

$$N_{\mathrm{sp}\,\varphi} = -\,V_k^* + (V_k^*\,e_{k\,\varphi} + X_0)\,\frac{a_{\mathrm{sp}\,\varphi}K_{\mathrm{sp}}}{S_{v\,\varphi}} + (V_k^*)\,\frac{K_{\mathrm{sp}}}{K_{v\,\varphi}}\,, \tag{D.163}$$

$$M_{b\,\varphi} = (V_k^*\,e_{k\,\varphi} + X_0)\,\frac{S_{b\,\varphi}}{S_{v\,\varphi}}\,, \tag{D.164}$$

$$M_{\mathrm{st}\,\varphi} = (V_k^*\,e_{k\,\varphi} + X_0)\,\frac{S_{\mathrm{st}}}{S_{v\,\varphi}}\,. \tag{D.165}$$

Die mit $E_{b\,\bar\varphi}$ errechneten Hilfswerte $K_{b\,\bar\varphi}$, $K_{v\,\bar\varphi}$, $a_{b\,\bar\varphi}$, $S_{v\,\bar\varphi}$ usw., die für den Teil-Belastungsplan $X_\varPhi \cdot (i_{\bar\varphi})$ maßgebend sind, liefern
für eine Stelle k der Endfelder

$$N_{b\,\bar\varphi} = \left(X_\varPhi\,\frac{x_k}{l_1}\right)\frac{a_{b\,\bar\varphi}K_{b\,\bar\varphi}}{S_{v\,\bar\varphi}} \tag{D.166} \qquad\qquad N_{\mathrm{st}\,\bar\varphi} = \left(X_\varPhi\,\frac{x_k}{l_1}\right)\frac{a_{\mathrm{st}\,\bar\varphi}K_{\mathrm{st}}}{S_{v\,\bar\varphi}}\,, \tag{D.167}$$

$$N_{e\,\bar\varphi} = \left(X_\varPhi\,\frac{x_k}{l_1}\right)\frac{a_{e\,\bar\varphi}K_e}{S_{v\,\bar\varphi}} \tag{D.168} \qquad\qquad N_{\mathrm{sp}\,\bar\varphi} = \left(X_\varPhi\,\frac{x_k}{l_1}\right)\frac{a_{\mathrm{sp}\,\bar\varphi}K_{\mathrm{sp}}}{S_{v\,\bar\varphi}}\,, \tag{D.169}$$

$$M_{b\,\bar\varphi} = \left(X_\varPhi\,\frac{x_k}{l_1}\right)\frac{S_{b\,\bar\varphi}}{S_{v\,\bar\varphi}} \tag{D.170} \qquad\qquad M_{\mathrm{st}\,\bar\varphi} = \left(X_\varPhi\,\frac{x_k}{l_1}\right)\frac{S_{\mathrm{st}}}{S_{v\,\bar\varphi}} \tag{D.171}$$

und für eine Stelle k des Mittelfeldes

$$N_{b\,\bar\varphi} = (X_\varPhi)\,\frac{a_{b\,\bar\varphi}K_{b\,\bar\varphi}}{S_{v\,\bar\varphi}} \tag{D.172} \qquad\qquad N_{\mathrm{st}\,\bar\varphi} = (X_\varPhi)\,\frac{a_{\mathrm{st}\,\bar\varphi}K_{\mathrm{st}}}{S_{v\,\bar\varphi}}\,, \tag{D.173}$$

$$N_{e\,\bar\varphi} = (X_\varPhi)\,\frac{a_{e\,\bar\varphi}K_e}{S_{v\,\bar\varphi}} \tag{D.174} \qquad\qquad N_{\mathrm{sp}\,\bar\varphi} = (X_\varPhi)\,\frac{a_{\mathrm{sp}\,\bar\varphi}K_{\mathrm{sp}}}{S_{v\,\bar\varphi}}\,, \tag{D.175}$$

$$M_{b\,\bar\varphi} = (X_\varPhi)\,\frac{S_{b\,\bar\varphi}}{S_{v\,\bar\varphi}} \tag{D.176} \qquad\qquad M_{\mathrm{st}\,\bar\varphi} = (X_\varPhi)\,\frac{S_{\mathrm{st}}}{S_{v\,\bar\varphi}}\,. \tag{D.177}$$

VI. Nachweis der Sicherheit v gegen kritische Verformungen

1. Für den Zeitpunkt $t = 0$

a) Querschnitte an der Stelle $0{,}4\,l_1$ des Endfeldes und an der Stelle $0{,}5\,l_2$ des Mittelfeldes

Für die Randspannung an der Stahlträger-Unterkante muß

$$v_{\mathrm{st}}^{u} = \frac{\sigma_{\mathrm{st, \, Fliessgrenze}}^{u} - (\sigma_{\Delta\,\mathrm{st}}^{u} + \sigma_{\Delta v}^{u} + \sigma_{V}^{u} + \sigma_{\Delta t^{\circ}}^{u})}{\sigma_{g}^{u} + \sigma_{p}^{u}} \geqq 1{,}60 \qquad (\mathrm{D.178})$$

erfüllt werden.

Die Stahlträger-Randspannungen

$\sigma_{\Delta\,\mathrm{st}}^{u}$ aus Stahlträger-Anheben

$\sigma_{\Delta v}^{u}$ aus Verbundträger-Absenken

σ_{V}^{u} aus Spannglieder-Vorspannung

$\sigma_{\Delta t^{\circ}}^{u}$ aus Temperaturunterschied

σ_{g}^{u} aus ständigen Lasten

σ_{p}^{u} aus Verkehrsbelastungen

sind für diese Querschnitte in der statischen Untersuchung meist tabellarisch geordnet zusammengestellt und brauchen mit den dort eingetragenen Vorzeichen nur übernommen zu werden.

Für die Druckspannungen an der Oberkante der Stahlbetonplatte muß

$$v_{b}^{o} = \frac{-0{,}6\,W_{28} - (\sigma_{\Delta v}^{o} + \sigma_{V}^{o} + \sigma_{\Delta t^{\circ}}^{o})}{\sigma_{g}^{o} + \sigma_{p}^{o}} \geqq 1{,}60 \qquad (\mathrm{D.179})$$

erreicht werden.

b) Querschnitt über den Mittelstützen

Es ist zunächst zu überprüfen, ob bei einer 1,6-fachen Erhöhung der Randspannungen $(\sigma_g + \sigma_p)$ ein Durchreißen in der Betonplatte zu erwarten ist.

α) Vorgehen bei nicht gerissener Betonplatte

Da bei *nicht* gerissener Betonplatte voraussetzungsgemäß $v_b^o \geqq 1{,}60$ schon erfüllt sein muß, ist lediglich für die Randspannung σ_{st}^{u} an der Stahlträger-Unterkante noch

$$1{,}6\,(\sigma_{g}^{u} + \sigma_{p}^{u}) + (\sigma_{\Delta\,\mathrm{st}}^{u} + \sigma_{\Delta v}^{u} + \sigma_{V}^{u} + \sigma_{\Delta t^{\circ}}^{u}) \leqq \sigma_{\mathrm{st, \, Fließ.}}^{u} \qquad (\mathrm{D.180})$$

und für die Spannstahlbeanspruchung σ_{sp} allenfalls

$$1{,}6\,(\sigma_{g}^{\mathrm{sp}} + \sigma_{p}^{\mathrm{sp}}) + (\sigma_{\Delta v}^{\mathrm{sp}} + \sigma_{V}^{\mathrm{sp}} + \sigma_{\Delta t^{\circ}}^{\mathrm{sp}}) \leqq \sigma_{\mathrm{sp, \, Dehngrenze}} \qquad (\mathrm{D.181})$$

nachzuweisen.

β) Vorgehen bei gerissener Betonplatte

Außer dem Stahlträger-Anheben, dessen Stützenmomente $X_{\text{st}} = (X_0)_{\Delta\text{st}}$ sich nur auf den Stahlträgerquerschnitt allein auswirken können, dem die Widerstandsmomente

$$W_{\text{st}}^o = \frac{J_{\text{st}}}{r_{\text{st}}^o} \tag{D.182}$$

und

$$W_{\text{st}}^u = \frac{J_{\text{st}}}{r_{\text{st}}^u} \tag{D.183}$$

entsprechen, sind alle sonstigen Stützenmomente und Längskräfte vom Gesamtquerschnitt aller Stahl-Einzelteile aufzunehmen.

Mit

$$F_{\text{St}} = F_{\text{st}} + F_e + F_{\text{sp}} \tag{D.184}$$

$$W_{\text{sp}} = \frac{J_{\text{St}}}{e_{\text{sp}}} \tag{D.185}$$

und

$$W_{\text{St}}^u = \frac{J_{\text{St}}}{r_{\text{St}}^u} \tag{D.186}$$

ist dann für den Spannstahl die Forderung

$$v_{\text{sp}} = \frac{\sigma_{\text{sp, Dehngrenze}} - (\sigma_{\Delta v}^{\text{sp}} + \sigma_{v}^{\text{sp}} + \sigma_{\Delta t^\circ}^{\text{sp}})}{\sigma_g^{\text{sp}} + \sigma_p^{\text{sp}}} \geqq 1{,}60 \tag{D.187}$$

zu erfüllen, die bei Berücksichtigung der Beziehung

$$\sigma_V^{\text{sp}} = \frac{V_{10}^*}{F_{\text{sp}}} - \frac{V_{10}^*}{F_{\text{St}}} - \frac{V_{10}^* e_{\text{sp}} + (X_0)_V}{W_{\text{sp}}} \tag{D.188}$$

und bei Einführung der restlichen Stützenmomente X_0 zu der Bedingung

$$v_{\text{sp}} = \frac{W_{\text{sp}}\left(\sigma_{\text{sp, Dehngrenze}} + \dfrac{V_{10}^*}{F_{\text{St}}} - \dfrac{V_{10}^*}{F_{\text{sp}}}\right) + [(X_0)_{\Delta v} + V_{10}^* e_{\text{sp}} + (X_0)_V + (X_0)_{\Delta t^\circ}]}{-[(X_0)_g + (X_0)_p]} \geqq 1{,}60 \tag{D.189}$$

führt, in der V_{10}^* stets positiv einzusetzen ist.

In ähnlicher Weise gilt für die Randspannung an der Stahlträger-Unterkante die Forderung

$$v_{\text{st}}^u = \frac{\sigma_{\text{st, Fliess}}^u - (\sigma_{\Delta\text{st}}^u + \sigma_{\Delta v}^u + \sigma_v^u + \sigma_{\Delta t^\circ}^u)}{\sigma_g^u + \sigma_p^u} \geqq 1{,}60 \,, \tag{D.190}$$

welche bei Beachtung der Beziehung

$$\sigma_V^u = -\frac{V_{10}^*}{F_{\text{St}}} + \frac{V_{10}^* e_{\text{sp}} + (X_0)_V}{W_{\text{St}}^u} \tag{D.191}$$

zu der Bedingung

$$v_{\text{st}}^u = \frac{W_{\text{St}}^u\left(\sigma_{\text{st, Fliess}}^u + \dfrac{V_{10}^*}{F_{\text{St}}}\right) - \left[(X_0)_{\Delta\text{st}} \dfrac{W_{\text{St}}^u}{W_{\text{st}}^u} + (X_0)_{\Delta v} + V_{10}^* e_{\text{sp}} + (X_0)_V + (X_0)_{\Delta t^\circ}\right]}{(X_0)_g + (X_0)_p} \geqq 1{,}60 \tag{D.192}$$

führt.

2. Für den Zeitpunkt $t = \infty$

a) Querschnitte an der Stelle $0{,}4\,l_1$ des Endfeldes und an der Stelle $0{,}5\,l_2$ des Mittelfeldes

Da eine ν-fache Belastungserhöhung stets nur als rasch vorübergehend aufzufassen ist und deshalb keine Kriecherscheinungen auslösen kann, ist dies bei den Spannungen infolge ständiger Belastungen zu berücksichtigen.

Es ergibt sich dann der allgemeine Ansatz:

$$\sigma_g + (\nu - 1)\,\sigma_{g\,0} + \nu\,\sigma_p + [\sigma_{\Delta\mathrm{st}} + \sigma_{\Delta v} + \sigma_V + \sigma_S + \sigma_{\Delta t^\circ}] \leqq \sigma_{\text{Dehngrenze}}$$

oder geordnet:

$$(\nu - 1)\,\sigma_{g\,0} + \nu\,\sigma_p + [\sigma_g + \sigma_{\Delta\mathrm{st}} + \sigma_{\Delta v} + \sigma_V + \sigma_S + \sigma_{\Delta t^\circ}] \leqq \sigma_{\text{Dehngrenze}}. \tag{D.193}$$

Damit läßt sich die Forderung

$$\nu = \frac{\sigma_{\text{Dehngrenze}} - [\sigma_g - \sigma_{g\,0} + \sigma_{\Delta\mathrm{st}} + \sigma_{\Delta v} + \sigma_V + \sigma_s + \sigma_{\Delta t^\circ}]}{\sigma_{g\,0} + \sigma_p} \geqq 1{,}60 \tag{D.194}$$

aufstellen.

Darin entsprechen außer σ_{g0}, das eine Randspannung infolge ständiger Belastungen im Zeitpunkt $t = 0$ darstellt, alle anderen Randspannungen — sofern überhaupt ein Kriechen auftreten kann — dem Zeitpunkt $t = \infty$.

b) Querschnitt über Mittelstützen

Da über einer Mittelstütze für den Nachweis der Sicherheit gegen kritische Verformungen im Zeitpunkt $t = \infty$ wohl stets mit einer örtlich gerissenen Betonplatte zu rechnen ist, erhält man für die Stahlträger-Unterkante aus dem allgemeinen Ansatz

$$\nu_{\mathrm{st}}^u = \frac{\sigma_{\mathrm{st,\,Fliess}}^u - [\sigma_g^u - \sigma_{g\,0}^u + \sigma_{\Delta\mathrm{st}}^u + \sigma_{\Delta v}^u + \sigma_V^u + \sigma_s^u + \sigma_{\Delta t^\circ}^u]}{\sigma_{g\,0}^u + \sigma_p^u} \geqq 1{,}60 \tag{D.195}$$

mit

$$\sigma_V^u = -\frac{V_{10}^*}{F_{\mathrm{St}}} + \frac{V_{10}^* \, e_{\mathrm{sp}} + (X_0 + X_\Phi)_V}{W_{\mathrm{St}}^u} \tag{D.196}$$

$$\nu_{\mathrm{st}}^u = \frac{W_{\mathrm{St}}^u \left(\sigma_{\mathrm{st,\,Fliess}}^u + \dfrac{V_{10}^*}{F_{\mathrm{St}}} \right) - \left[(X_\Phi)_g + (X_0)_{\Delta\mathrm{st}}\dfrac{W_{\mathrm{St}}^u}{W_{\mathrm{st}}^u} + (X_0 + X_\Phi)_{\Delta v} + V_{10}^* \, e_{\mathrm{sp}} + (X_0 + X_\Phi)_V + (X_\Phi)_S + (X_0)_{\Delta t^\circ}\right]}{(X_0)_g + (X_0)_p} \geqq 1{,}60 \tag{D.197}$$

und für den Spannstahl die Forderung:

$$\nu_{\mathrm{sp}} = \frac{W_{\mathrm{sp}} \left(\sigma_{\mathrm{sp,\,Dehn}} + \dfrac{V_{10}^*}{F_{\mathrm{St}}} - \dfrac{V_{10}^*}{F_{\mathrm{sp}}} \right) + \left[(X_\Phi)_g + (X_0 + X_\Phi)_{\Delta v} + V_{10}^* \, e_{\mathrm{sp}} + (X_0 + X_\Phi)_V + (X_\Phi)_S + (X_0)_{\Delta t^\circ}\right]}{-\,[(X_0)_g + (X_0)_p]} \geqq 1{,}60. \tag{D.198}$$

4*

Es wird ausdrücklich darauf aufmerksam gemacht, daß die Sicherheit $v_{st}^u \geqq 1{,}60$ in der über einer Mittelstütze liegenden Druckzone auch eine entsprechende Beulsicherheit v_B der Stegbleche voraussetzt, die durch reichlich angeordnete Aussteifungen erreicht werden kann.

Bei Stahlträger-Vouten mit kleinen Krümmungsradien ist außerdem der Einfluß der Abtriebs-Druckkräfte aus den Gurtplatten zu berücksichtigen.

Die Anwendung der obigen Formeln zum Nachweis der Sicherheit gegen kritische Verformungen wird auf S. 118 bei den Zahlenbeispielen ausführlich dargelegt.

VII. Bemessung und Anordnung der Stahldübel

1. Ermittlung der Schubkräfte T für den Gebrauchszustand

a) Allgemeine Beziehungen

Die zwischen zwei Teilungsstellen $k - 1$ und k auf eine Verbundträgerlänge von $\frac{l}{10}$ anfallende Schubkraft ergibt sich aus der Differenz der Stahlträger-Längskräfte N_{st} mit

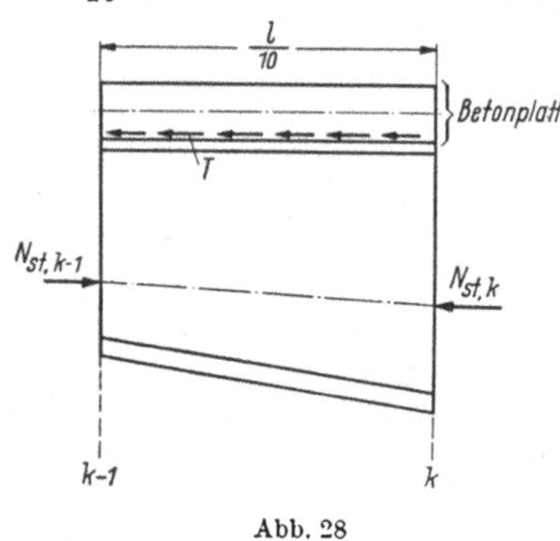

Abb. 28

$$T \cdot \frac{l}{10} = -\,(N_{st,\,k} - N_{st,\,k-1}). \qquad \text{(D.199)}$$

Als Schubkraft T für ein Trägerstück von 1 m Länge erhält man daher

$$T = -\frac{10}{l}\,(N_{st,\,k} - N_{st,\,k-1}). \qquad \text{(D.200)}$$

Wirken auf den jeweiligen Verbund-Gesamtquerschnitt Momente (M) und Längskräfte (N) ein, so lassen sich die Einzel-Schnittkräfte N_{st} beispielsweise für den Zeitpunkt $t = 0$ aus der Beziehung Gl. (D.145) in der Form

$$N_{st,\,k} = (M)_k\,\frac{a_{st\,0}\,K_{st}}{S_{v\,0}} + (N)_k\,\frac{K_{st}}{K_{v\,0}} \qquad \text{(D.201)}$$

ermitteln. Dabei sind zunächst alle Lastfälle getrennt zu berücksichtigen.

Für den Zeitpunkt $t = \infty$ sind bei der Bestimmung der Längskräfte N_{st} die Hilfswerte $a_{st\,\varphi}$, $S_{v\varphi}$, $K_{v\varphi}$ bzw. $a_{st\,\varphi'}$, $S_{v\varphi'}$, $K_{v\varphi'}$ zu benützen.

Bei Verbund-Durchlaufträgern sind die Einzel-Schnittkräfte N_{st} mit den für die jeweiligen Teil-Belastungspläne maßgebenden Hilfswerten zu ermitteln. Für den Teil-Belastungsplan, der das durch ein Beton-Kriechen geweckte Stützenmoment $X_\varPhi$ enthält, sind dann beispielsweise die Hilfswerte $a_{st\,\varphi}$, $S_{v\varphi}$, $K_{v\varphi}$ maßgebend.

Über Einzelheiten geben die auf S. 124 zusammengestellten Zahlenbeispiele hinreichenden Aufschluß.

b) Dübeltragkraft T_D und Dübelabstand e_D

Bezeichnet man mit W_{28} in t/m² die Würfelfestigkeit des verarbeiteten Betons nach 28 Tagen und legt man als größtzulässige Betonpressung σ_D an der Dübelstirnseite

$$\sigma_D \leqq 0{,}5\,W_{28} \qquad \text{(D.202)}$$

zugrunde, so erhält man für einen Stahl-Rechteckdübel von der Breite b_D und der Höhe h_D als größtzulässige Tragkraft $_{zul}T_D$ in t:

$$_{zul}T_D = b_D \cdot h_D \cdot 0,5 \cdot W_{28} \qquad (D.203)$$

Ist durch die ungünstigste Zusammenstellung der Schubkräfte T aus den verschiedenen Belastungsfällen die größtmögliche Schubkraft $_{max}T$ in t/m bekannt, so ergibt sich die auf 1 m Trägerlänge erforderliche Dübelabzahl $_{erf}n_D$ aus

$$_{erf}n_D = \frac{_{max}T}{_{zul}T_D} \qquad (D.204)$$

und der erforderliche Dübelabstand $_{erf}e_D$ in m aus:

$$_{erf}e_D = \frac{_{zul}T_D}{_{max}T} \qquad (D.205)$$

2. Ermittlung der Schubkräfte $T_{(v)}$ für den Fall eines Nachweises der Sicherheit v gegen kritische Verformungen

Es ist stets zu überprüfen, ob die für die ungünstigsten Verhältnisse im Gebrauchszustand bemessenen und angeordneten Dübel auch beim Nachweis der Sicherheit gegen kritische Verformungen noch ausreichen, d. h. weder die Betonpressungen an den Dübelstirnseiten noch die Beton-Scherbeanspruchungen zwischen einzelnen Dübeln kritische Größtwerte überschreiten.

a) Kritische Dübelkraft $_{krit}T_D$

Da bei einer gewöhnlichen Beton-Druckzone die kritische Beton-Druckspannung mit $0,6\,W_{28}$ angesetzt werden kann, ist es gerechtfertigt bei der als Teilflächen-Belastung auf den Betonquerschnitt einwirkenden Dübelkraft als kritische Betonpressung $0,8\,W_{28}$ einzusetzen.

Damit erhält man als kritische Dübelkraft

$$_{krit}T_D = b_D \cdot h_D \cdot 0,8\,W_{28}. \qquad (D.206)$$

Bezeichnet man die beim Nachweis der Sicherheit v gegen kritische Verformungen durch v-fache Belastungserhöhungen ebenfalls angestiegene größtmögliche Schubkraft mit $_{max}T_{(v)}$, so erhalten die Beziehungen Gln. (D.204) und (D.205) die sinngemäße Form

$$_{erf}n_D = \frac{_{max}T_{(v)}}{_{krit}T_D} \qquad (D.207)$$

und

$$_{erf}e_D = \frac{_{krit}T_D}{_{max}T_{(v)}}. \qquad (D.208)$$

b) Kleinstmöglicher Dübelabstand $_{min}e_D$

Bei großen Dübel-Schubkräften und einem gering gewählten Dübelabstand muß unter Umständen mit einem Abscheren des zwischen zwei Stahldübeln anstehenden *Beton-Dübels* gerechnet werden. Es ist daher auch noch eine kritische Scherspannung τ_{krit} einzuführen und bei der Ermittlung des kleinstmöglichen Dübelabstandes $_{min}e_D$ zu berücksichtigen.

Aus noch nicht veröffentlichten Versuchen der *Versuchsanstalt für Stahl, Holz und Steine* an der Technischen Hochschule in Karlsruhe (Prof. Dr.-Ing. O. STEINHARDT) ergab sich bei der Untersuchung derartiger Abschervorgänge eine mittlere Beton-Scherfestigkeit von

$$\tau_{\mathrm{Bruch}} = 0,20\ W_{28}. \tag{D.209}$$

Setzt man nun als kritische Scherspannung vorsichtig

$$\tau_{\mathrm{krit}} = 0,5\ \tau_{\mathrm{Bruch}} = 0,10\ W_{28} \tag{D.210}$$

und als Scherfläche

$$F_S = {}_{\min}e_D \cdot (b_D + 2\,h_D) \tag{D.211}$$

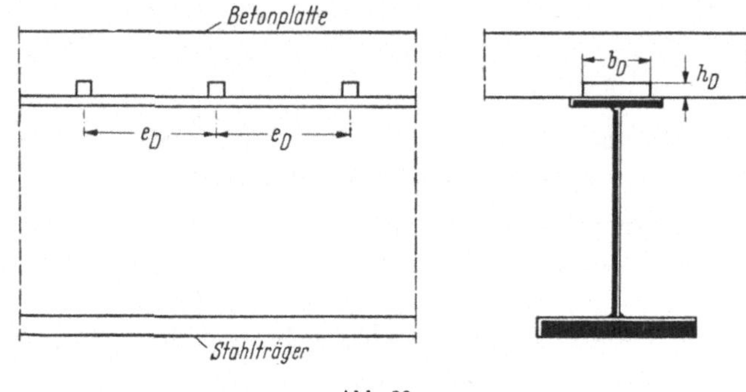

Abb. 29

an, so ergibt sich aus der Forderung

$$_{\mathrm{krit}}T_D \leqq F_S \cdot \tau_{\mathrm{krit}}, \tag{D.212}$$

$$0,8\ W_{28} \cdot b_D \cdot h_D \leqq 0,1\ W_{28}\,(b_D + 2\,h_D)\,{}_{\min}e_D$$

der kleinstmögliche Dübelabstand $_{\min}e_D$ mit

$$_{\min}e_D \geqq \frac{8\,b_D\,h_D}{(b_D + 2\,h_D)}. \tag{D.213}$$

c) Anschluß der Spannglieder-Zugkräfte Z_{sp} beim Nachweis einer Sicherheit v gegen kritische Verformungen

Im Sinne der Beziehungen Gln. (D.193) bzw. (D.194) ist für den Zeitpunkt $t = \infty$ eine 1,6fache Erhöhung der Spannstahlbeanspruchungen $(\sigma_{g0}^{\mathrm{sp}} + \sigma_p^{\mathrm{sp}})$ einzuführen und damit bei Annahme einer über der Mittelstütze gerissenen Betonplatte, die im Spannstahl auftretende Beanspruchung

$$\sigma_{(v)}^{\mathrm{sp}} = 1,6\,(\sigma_{g0}^{\mathrm{sp}} + \sigma_p^{\mathrm{sp}}) + (\sigma_g^{\mathrm{sp}} - \sigma_{g0}^{\mathrm{sp}} + \sigma_{\varDelta v}^{\mathrm{sp}} + \sigma_V^{\mathrm{sp}} + \sigma_S^{\mathrm{sp}} + \sigma_{\varDelta t^\circ}^{\mathrm{sp}}) \tag{D.214}$$

zu bestimmen.

Man benützt dazu aber am zweckmäßigsten den der Beziehung Gl. (D.198) entsprechenden Ansatz

$$\sigma_{(v)}^{\mathrm{sp}} = \frac{1}{W_{\mathrm{sp}}}\big\{-1,6\,[(X_0)_g + (X_0)_p] - [(X_\varPhi)_g + (X_0 + X_\varPhi)_{\varDelta v} + V_{10}^{*}\,e_{\mathrm{sp}} + (X_0 + X_\varPhi)_V$$

$$+\ (X_\varPhi)_S + (X_0)_{\varDelta t}]\big\} - \frac{V_{10}^{*}}{F_{\mathrm{St}}} + \frac{V_{10}^{*}}{F_{\mathrm{sp}}}. \tag{D.215}$$

Die Spannglieder-Zugkräfte der einzelnen Spanngliedgruppen ergeben sich dann aus

$$Z_{\mathrm{sp}}^{\mathrm{I}} = F_{\mathrm{sp}}^{\mathrm{I}}\, \sigma_{(\nu)}^{\mathrm{sp}}, \qquad Z_{\mathrm{sp}}^{\mathrm{II}} = F_{\mathrm{sp}}^{\mathrm{II}}\, \sigma_{(\nu)}^{\mathrm{sp}}, \qquad Z_{\mathrm{sp}}^{\mathrm{III}} = F_{\mathrm{sp}}^{\mathrm{III}}\, \sigma_{(\nu)}^{\mathrm{sp}}. \tag{D.216}$$

Diese Zugkräfte sind nun beiderseits des Querschnittes über der betrachteten Mittelstütze anzuschließen, d. h. durch Stahldübelgruppen auf den Stahlträger-Obergurt zu übertragen.

Die Gesamtanzahl $_{\mathrm{erf}}n_Z$ der erforderlichen Anschlußdübel für eine Zugkraft Z_{sp} ergibt sich allgemein aus

$$_{\mathrm{erf}}n_Z = \frac{Z_{\mathrm{sp}}}{_{\mathrm{krit}}T_D} = \frac{F_{\mathrm{sp}}\, \sigma_{(\nu)}^{\mathrm{sp}}}{0{,}8\, W_{28} \cdot b_D \cdot h_D}. \tag{D.217}$$

Für die Eintragung der Spanngliedgruppen-Zugkräfte $Z_{\mathrm{sp}}^{\mathrm{I}}$, $Z_{\mathrm{sp}}^{\mathrm{II}}$, $Z_{\mathrm{sp}}^{\mathrm{III}}$ stehen nach Abb. 30 äußerstenfalls die Anschlußlängen s_l^{I}, s_l^{II}, s_l^{III} bzw. s_r^{I}, s_r^{II}, s_r^{III} zur Verfügung. Unmittelbar über der Mittelstütze sollte man aber beim Anschluß der kurzen Spanngliedlage III den kleinstmöglichen Dübelabstand $_{\mathrm{min}}e_D$ nach der Beziehung Gl. (D.213) wählen, damit die Anschlußdübel in den noch rissefreien Bereich der Betonplatte zu liegen kommen.

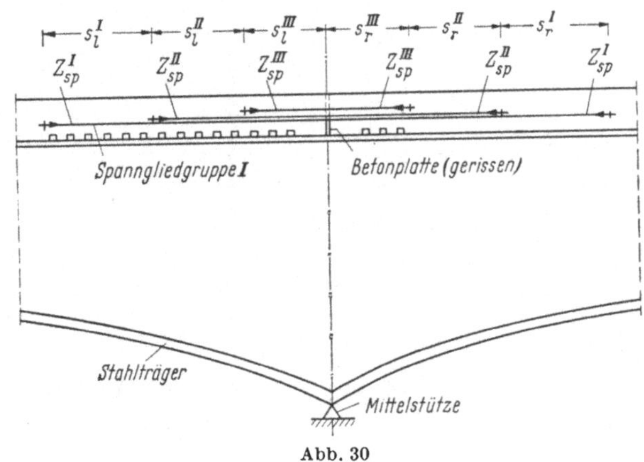

Abb. 30

E. Anwendungsbeispiele

I. Schnittgrößen und Randspannungen für Verbundquerschnitte von frei aufliegenden Trägern

1. Verbundquerschnitt ohne F_e und F_{sp}

Betongüte: B 450 $\qquad E_{b0} = 350\,000 \ \mathrm{kg/cm^2}$

Stahlgüte: St 37 $\qquad E_{\mathrm{st}} = 2\,100\,000 \ \mathrm{kg/cm^2}$

a) Einwirkung eines Momentes $(\mathfrak{M}_0) = +\,1105 \ \mathrm{tm}$

$\alpha)$ Zeitpunkt $t = 0$

Es ist $E_{b0} = 350\,000 \ \mathrm{kg/cm^2}$ maßgebend.

Aus den Beziehungen Gln. (A.1), (A.4) und (A.7) erhält man:

$$K_{\mathrm{st}} = 21\,000\,000 \cdot 0{,}06 = 12{,}600 \cdot 10^5 \ \mathrm{t},$$

$$K_{b0} = 3\,500\,000 \cdot 0{,}60 = 21{,}000 \cdot 10^5 \ \mathrm{t},$$

$$K_{v0} = (12{,}60 + 21{,}00) \cdot 10^5 = 33{,}60 \cdot 10^5 \ \mathrm{t}$$

und damit als Höhenlage η_{v0} der Verbundträger-Schwerachse über den Ansatz Gl. (A.14)

$$\eta_{vo} = \frac{218 \cdot 21,00 + 64,60 \cdot 12,60}{33,60} = 160,475 \text{ cm}.$$

Aus den Beziehungen Gln. (A.17) und (A.18) ergibt sich dann

$$a_{b0} = 218,000 - 160,475 = 57,525 \text{ cm},$$

$$a_{\text{st}0} = 64,600 - 160,475 = - 95,875 \text{ cm}.$$

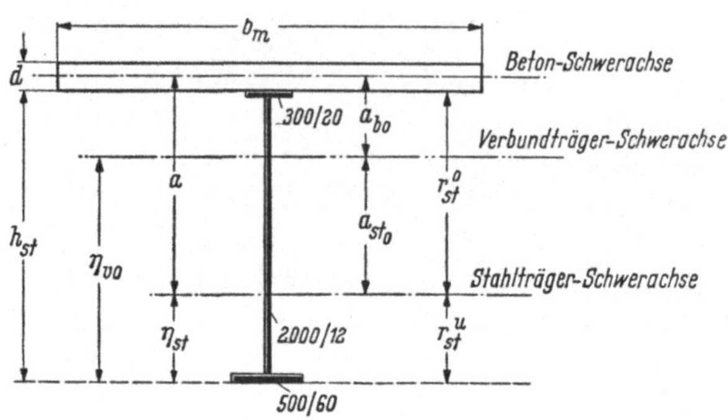

Abb. 31. Abmessungen und Querschnittswerte

b_m	=	300 cm	d =	20 cm	η_b = 218 cm
F_b	=	6000 cm²	J_b =	200000 cm⁴	W_b = 20000 cm³
h_{st}	=	208 cm	r_{st}^o =	143,400 cm	$r_{\text{st}}^u = \eta_{\text{st}} = 64,600$ cm
F_{st}	=	600 cm²	J_{st} =	3567304 cm⁴	W_{st}^o = 24876 cm³
					W_{st}^u = 55221 cm³

Mit

$$S_{\text{st}} = 21\,000\,000 \cdot 0,03567304 = 7,491338 \cdot 10^5 \text{ tm}^2$$

und

$$S_{b0} = 3\,500\,000 \cdot 0,0020 = 0,070000 \cdot 10^5 \text{ tm}^2$$

aus den Ansätzen Gln. (A.9) und (A.12) erhält man abschließend aus der Beziehung Gl. (A.33)

$$S_{v0} = [0,07000 + 7,49134 + 21,00 \cdot 0,57525^2 + 12,60 \,(-0,95875)^2] \cdot 10^5$$

$$= 26,09244 \cdot 10^5 \text{ tm}^2.$$

Die Einzel-Schnittgrößen N_0 und M_0 ergeben sich jetzt aus den Gln. (C.18), (C.19) und (C.22), (C.23) mit:

$$N_{b0} = 1105 \, \frac{0,57525 \cdot 21,0}{26,0924} = + 511,858 \text{ t},$$

$$N_{\text{st}0} = 1105 \, \frac{(-0,95875) \cdot 12,6}{26,0924} = - 511,858 \text{ t (Zug)},$$

$$M_{b0} = 1105 \, \frac{0,07}{26,0924} = + 2,964 \text{ tm},$$

$$M_{\text{st}0} = 1105 \, \frac{7,49134}{26,0924} = + 317,254 \text{ tm}.$$

Damit erhält man als Randspannungen σ im Zeitpunkt $t = 0$:

$$\sigma_b^o = -\frac{511\,580}{6000} - \frac{296\,400}{20\,000} = -85{,}26 - 14{,}82 = -100{,}08 \; \text{kg/cm}^2,$$

$$\sigma_b^u = -85{,}26 + 14{,}82 = -70{,}44 \; \text{kg/cm}^2,$$

$$\sigma_{st}^o = -\frac{-511\,580}{600} - \frac{31\,725\,400}{24\,876} = +852{,}6 - 1275{,}3 = -422{,}7 \; \text{kg/cm}^2,$$

$$\sigma_{st}^u = +852{,}6 + \frac{31\,725\,400}{55\,221} = +852{,}6 + 574{,}5 = +1427{,}1 \; \text{kg/cm}^2.$$

β) Zeitpunkt $t = \infty$ (nach abgeschlossenem Beton-Kriechen)

End-Kriechzahl: $\varphi = 2{,}00$.

Als Steifigkeitskennwert α_0 erhält man aus der Beziehung Gl. (B.23):

$$\alpha_0 = \frac{12{,}6\,(0{,}0700 + 7{,}49134)}{33{,}6 \cdot 26{,}09244} = 0{,}108671.$$

Mit $\alpha_0\,\varphi = 0{,}217342$ und $e^{\alpha_0\varphi} = 1{,}242769$ ergibt sich aus der Beziehung Gl. (B.31):

$$\psi = \frac{1{,}242769 - 1}{0{,}217342} = 1{,}11699$$

und aus dem Ansatz (B.30) der maßgebende fiktive Formänderungsmodul

$$E_{b\,\varphi} = \frac{350\,000}{1 + 1{,}116991 \cdot 2{,}00} = 108\,226 \; \text{kg/cm}^2.$$

Damit errechnet man nun die neuen Hilfswerte

$K_{b\,\varphi} = 1082260 \cdot 0{,}60 = 6{,}49356 \cdot 10^5 \; \text{t nach Ansatz (A.5)},$

$K_{v\,\varphi} = (6{,}49356 + 12{,}60) \cdot 10^5 = 19{,}09356 \cdot 10^5 \; \text{t nach Ansatz (A.8)},$

sowie die neue Höhenlage $\eta_{v\,\varphi}$ der Verbundträger-Schwerachse aus der Beziehung Gl. (A.15) mit

$$\eta_{v\,\varphi} = \frac{218 \cdot 6{,}49356 + 64{,}60 \cdot 12{,}60}{19{,}09356} = 116{,}770 \; \text{cm}$$

und dann die Einzelabstände

$$a_{b\,\varphi} = 218{,}00 - 116{,}770 = 101{,}230 \; \text{cm},$$

$$a_{st\,\varphi} = 64{,}600 - 116{,}770 = -52{,}170 \; \text{cm}.$$

Mit

$$S_{b\,\varphi} = 1082\,260 \cdot 0{,}002 = 0{,}0216452 \cdot 10^5 \; \text{tm}^2$$

erhält man schließlich über den Ansatz Gl. (A.34)

$$S_{v\,\varphi} = [0{,}0216452 + 7{,}491338 + 6{,}49356 \cdot 1{,}0123^2 + 12{,}6\,(-0{,}5217)^2] \cdot 10^5$$

$$= 17{,}59662 \cdot 10^5 \text{tm}^2.$$

Die Einzel-Schnittgrößen N_φ und M_φ ergeben sich jetzt aus den Beziehungen Gln. (C.24), (C.25) und (C.28), (C.29) mit

$$N_{b\,\varphi} = 1105\,\frac{1{,}0123 \cdot 6{,}49356}{17{,}5966} = +\,412{,}78\ \text{t}\,,$$

$$N_{st\,\varphi} = 1105\,\frac{(-0{,}5217) \cdot 12{,}6}{17{,}5966} = -\,412{,}78\ \text{t (Zug)}\,,$$

$$M_{b\,\varphi} = 1105\,\frac{0{,}0216452}{17{,}5966} = +\,1{,}359\ \text{tm}\,,$$

$$M_{st\,\varphi} = 1105\,\frac{7{,}49134}{17{,}5966} = +\,470{,}427\ \text{tm}\,.$$

Damit erhält man die Randspannungen im Zeitpunkt $t = \infty$ aus den Ansätzen Gln. (C.30) bis (C.33):

$$\sigma_b^o = -\,\frac{412\,786}{6000} - \frac{135\,900}{20\,000} = -\,68{,}80 - 6{,}79 = -\,75{,}59\ \text{kg/cm}^2 \qquad (-\,73{,}61)\,,$$

$$\sigma_b^u = -\,68{,}80 + 6{,}79 = -\,62{,}01\ \text{kg/cm}^2 \qquad\qquad\qquad (-\,63{,}61)\,,$$

$$\sigma_{st}^o = -\,\frac{-412\,786}{600} - \frac{47\,042\,700}{24\,876} = +\,688{,}0 - 1881{,}1 = -\,1203{,}1\ \text{kg/cm}^2$$
$$(-\,1205{,}5)\,,$$

$$\sigma_{st}^u = +\,688{,}0 + \frac{47\,042\,700}{55\,221} = +\,688{,}0 + 851{,}9 = +\,1539{,}9\ \text{kg/cm}^2 \qquad (+\,1538{,}2)\,.$$

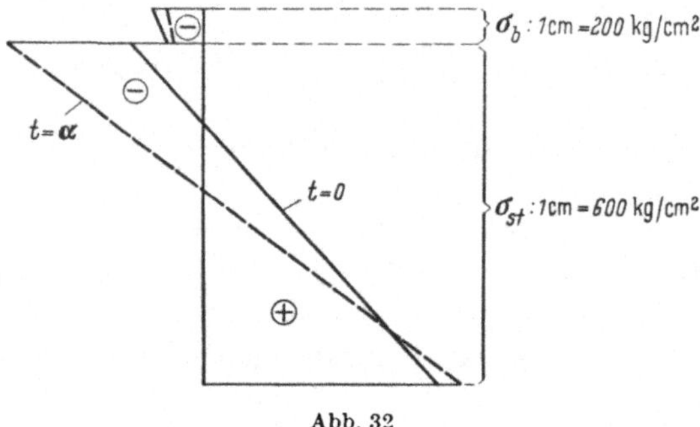

Abb. 32

Die in Klammern darunter angeschriebenen Werte ergeben sich bei einer Berechnung nach den Ansätzen von SONTAG s. S. IV, Fußnote 1.

b) Einwirkung einer *vor* dem Auftreten des Beton-Kriechens zentrisch angreifenden Längskraft $(\mathfrak{N}_0) = 780$ t

α) *Zeitpunkt $t = 0$*

Auf den in Abb. 31 dargestellten Verbundquerschnitt wirke eine in der Verbundträger-Schwerachse angreifende äußere Druckkraft $(\mathfrak{N}_0) = 780$ t ein.

Es ist $E_{b0} = 350\,000$ kg/cm² maßgebend.

Mit den auf S. 55 bereits errechneten Hilfswerten

$$K_{st} = 12{,}60 \cdot 10^5\ \text{t}\,, \qquad K_{b0} = 21{,}00 \cdot 10^5\ \text{t}\,, \qquad K_{v0} = 33{,}60 \cdot 10^5\ \text{t}$$

ergeben sich aus den Ansätzen Gln. (C.38) und (C.39) die Einzel-Schnittkräfte

$$N_{b0} = 780\,\frac{21{,}00}{33{,}60} = +\,487{,}50 \text{ t}, \qquad N_{\text{st}\,0} = 780\,\frac{12{,}60}{33{,}60} = +\,292{,}50 \text{ t}.$$

Infolge des zentrischen Kraftangriffes ist

$$M_{b0} = 0 \qquad \text{und} \qquad M_{\text{st}\,0} = 0.$$

Als Randspannungen σ im Zeitpunkt $t = 0$ erhält man:

$$\sigma_b^o = \sigma_b^u = -\,\frac{487\,500}{6000} = -\,81{,}25 \text{ kg/cm}^2,$$

$$\sigma_{\text{st}}^o = \sigma_{\text{st}}^u = -\,\frac{292\,500}{600} = -\,487{,}50 \text{ kg/cm}^2.$$

$$\beta)\ \textit{Zeitpunkt } t = \infty$$

End-Kriechzahl: $\varphi = 2{,}00$.

Mit den bereits auf S. 57 errechneten Werten

$$\alpha_0 = 0{,}108671, \qquad \psi = 1{,}11699, \qquad E_{b\varphi} = 108\,226 \text{ kg/cm}^2$$

und den dazugehörigen Hilfsgrößen

$$K_{b\varphi} = 6{,}49356 \cdot 10^5 \text{ t}, \qquad K_{v\varphi} = 19{,}09356 \cdot 10^5 \text{ t},$$

$$S_{b\varphi} = 0{,}021645 \cdot 10^5 \text{ tm}^2,$$

sowie

$$\eta_{v\varphi} = 116{,}770 \text{ cm}, \qquad a_{b\varphi} = 101{,}230 \text{ cm}, \qquad a_{\text{st}\,\varphi} = -\,52{,}170 \text{ cm}$$

und

$$S_{v\varphi} = 17{,}5966 \cdot 10^5 \text{ tm}^2$$

erhält man bei Berücksichtigung der durch das Beton-Kriechen entstandenen Exzentrizität e_φ der Längskraft ($\mathfrak{N}_0$) von der Größe

$$e_\varphi = \eta_{v0} - \eta_{v\varphi} = 160{,}475 - 116{,}770 = 43{,}705 \text{ cm}$$

die Schnittgrößen N_φ und M_φ über die Beziehungen Gln. (C.43), (C.44) und (C.47), (C.48) mit

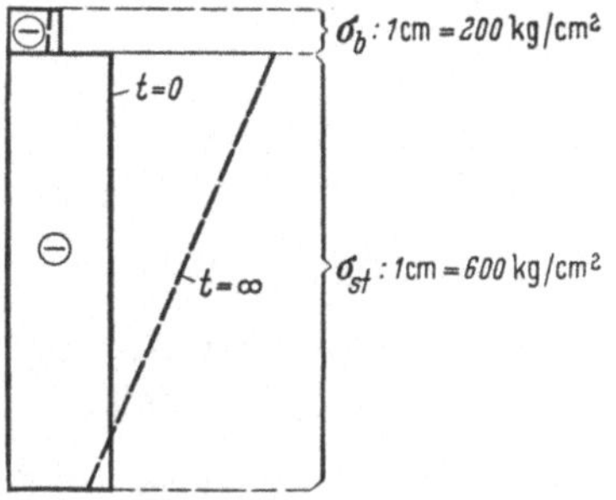

$$N_{b\varphi} = 780\left[\frac{6{,}49356}{19{,}09365} + \frac{0{,}43705 \cdot 1{,}0123 \cdot 6{,}49356}{17{,}5966}\right]$$
$$= +\,392{,}624 \text{ t},$$

$$N_{\text{st}\,\varphi} = 780\left[\frac{12{,}60}{19{,}09365} + \frac{0{,}43705\,(-\,0{,}52170) \cdot 12{,}6}{17{,}5966}\right]$$
$$= +\,387{,}376 \text{ t},$$

$$M_{b\varphi} = 780 \cdot 0{,}43705\,\frac{0{,}021645}{17{,}5966} = +\,0{,}419 \text{ tm},$$

$$M_{\text{st}\,\varphi} = 780 \cdot 0{,}43705\,\frac{7{,}49134}{17{,}5966} = +\,145{,}130 \text{ tm}.$$

σ_b : 1cm = 200 kg/cm²

$t=0$

$t=\infty$

σ_{st} : 1cm = 600 kg/cm²

Abb. 33

Damit ergeben sich für den Zeitpunkt $t = \infty$ die Randspannungen:

$$\sigma_b^o = -\,\frac{392\,624}{6000} - \frac{41\,900}{20\,000} = -\,65{,}44 - 2{,}09 = -\,67{,}53 \text{ kg/cm}^2,$$

$$\sigma_b^u = -\,65{,}44 + 2{,}09 = -\,63{,}35 \text{ kg/cm}^2,$$

$$\sigma_{\text{st}}^u = -\,\frac{387\,376}{600} - \frac{1\,451\,3000}{24\,876} = -\,645{,}6 - 583{,}4 = -\,1229{,}0 \text{ kg/cm}^2,$$

$$\sigma_{\text{st}}^u = -\,645{,}6 + \frac{1\,451\,3000}{55\,221} = -\,645{,}6 + 262{,}8 = -\,382{,}8 \text{ kg/cm}^2.$$

c) Beton-Schwinden mit Kriecheinfluß im Zeitpunkt $t = \infty$

End-Schwindmaß: $\varepsilon_S = 25 \cdot 10^{-5}$.

End-Kriechzahl: $\varphi = 2{,}00$.

Für den in der Abb. 31 dargestellten Verbundquerschnitt erhält man aus der Beziehung Gl. (B.37) mit den schon bekannten Werten

$$\alpha_0 = 0{,}108671, \qquad \alpha_0\,\varphi = 0{,}217342, \qquad e^{x_0\,\varphi} = 1{,}242769,$$

$$\psi' = \frac{1{,}242769}{0{,}242769} - \frac{1}{0{,}217342} = 0{,}518040$$

und über den Ansatz Gl. (B.36) den im Schwindfall maßgebenden fiktiven Formänderungsmodul

$$E_{b\,\varphi'} = \frac{350\,000}{1+0{,}518040 \cdot 2{,}00} = 171\,899 \ \text{kg/cm}^2.$$

Damit errechnet man nun die Hilfswerte

$$K_{b\,\varphi'} = 1\,718\,990 \cdot 0{,}60 \ = 10{,}31394 \cdot 10^5 \ \text{t},$$

$$S_{b\,\varphi'} = 1\,718\,990 \cdot 0{,}002 = \ 0{,}0343779 \cdot 10^5 \ \text{tm}^2,$$

$$K_{v\,\varphi'} = (10{,}31394 + 12{,}60) \cdot 10^5 = 22{,}9139 \cdot 10^5 \ \text{t}$$

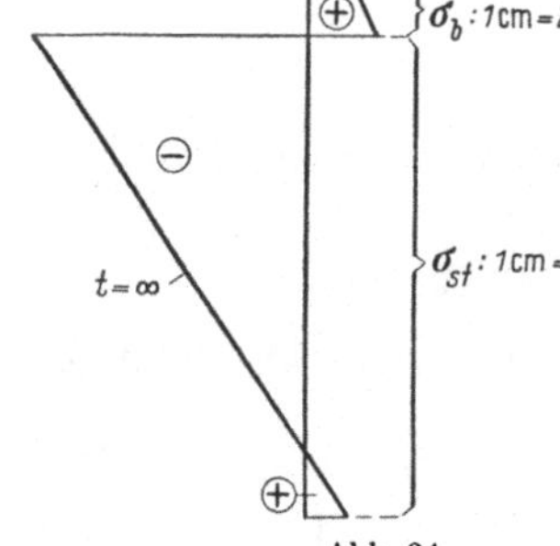

Abb. 34

und mit

$$\eta_{v\,\varphi'} = \frac{218 \cdot 10{,}3139 + 64{,}6 \cdot 12{,}60}{22{,}9139} = 133{,}648 \ \text{cm}$$

die neuen Abstände

$$a_{b\,\varphi'} = 218{,}000 - 133{,}648 = 84{,}352 \ \text{cm},$$

$$a_{\text{st}\,\varphi'} = \ 64{,}600 - 133{,}648 = -69{,}048 \ \text{cm},$$

sowie

$$S_{v\,\varphi'} = [0{,}03438 + 7{,}94134 + 10{,}3139 \cdot 0{,}84352^2 + 12{,}6\,(-0{,}69048)^2] \cdot 10^5$$

$$= 20{,}8715 \cdot 10^5 \ \text{tm}^2.$$

Die Schnittgrößen $N_{b\varphi'}$ und $M_{b\varphi'}$ ergeben sich dann aus den Beziehungen Gln. (C.92) bis (C.97) mit:

$$N_{b\,\varphi'} = 0{,}00025 \cdot 10{,}3139 \left[\frac{10{,}3139}{22{,}9139} + \frac{10{,}3139 \cdot 0{,}84352^2}{20{,}8715} - 1\right] \cdot 10^5$$

$$= -51{,}125 \ \text{t} \ (\text{Zug}),$$

$$N_{\text{st}\,\varphi'} = 0{,}00025 \cdot 10{,}3139 \left[\frac{12{,}60}{22{,}9139} + \frac{12{,}60\,(-0{,}69048)\,0{,}84352}{20{,}8715}\right] \cdot 10^5$$

$$= +51{,}125 \ \text{t}$$

$$M_{b\,\varphi'} = 0{,}00025 \cdot 10{,}3139 \cdot 0{,}84352\,\frac{0{,}03438}{20{,}8715} \cdot 10^5 = +\ 0{,}358 \ \text{tm},$$

$$M_{\text{st}\,\varphi'} = 0{,}00025 \cdot 10{,}3139 \cdot 0{,}84352\,\frac{7{,}49134}{20{,}8715} \cdot 10^5 = +\ 78{,}065 \ \text{tm}.$$

Damit erhält man für den Zeitpunkt $t = \infty$ die Randspannungen:

$$\sigma_b^0 = + \frac{51\,125}{6000} - \frac{35\,800}{20\,000} = + 8,52 - 1,79 = + 6,73 \text{ kg/cm}^2 \qquad (+\,7,01),$$

$$\sigma_b^u = + 8,52 + 1,79 = + 10,31 \text{ kg/cm}^2 \qquad (+\,10,08),$$

$$\sigma_{st}^0 = - \frac{51\,125}{600} - \frac{78\,065\,500}{24\,876} = - 85,21 - 313,82 = - 399,03 \text{ kg/cm}^2 \qquad (-\,401,67),$$

$$\sigma_{st}^u = - 85,21 + \frac{7\,806\,500}{55\,221} = - 85,21 + 141,37 = + 56,16 \text{ kg/cm}^2 \qquad (+\,56,98).$$

Die in Klammern angeschriebenen Werte ergeben sich bei einer Berechnung nach den Ansätzen von Sontag s. S. XIV, Fußnote 1.

2. Verbundquerschnitt ohne F_e mit vorgespannter Betonplatte

Betongüte: B 450 $\qquad\qquad E_{b0} = 350\,000 \text{ kg/cm}^2$,

Stahlgüte: St 37 $\qquad\qquad E_{st} = 2\,100\,000 \text{ kg/cm}^2$,

Spannstahlgüte: St. 160/180 $\quad E_{sp} = 1\,700\,000 \text{ kg/cm}^2$ (Litzen).

Der in Abb. 31 dargestellte Verbundquerschnitt soll durch Spannglieder, die in der Beton-Schwerachse angeordnet sind, vorgespannt werden.

Spannstahlquerschnitt: $F_{sp} = 81,6 \text{ cm}^2$,

Vorspannkraft: $V_0 = 780$ t.

a) Zeitpunkt $t = 0$

α) Fall I (ohne Spannstahl-Verbund, vgl. S. 20)

Es ist $E_{b0} = 350\,000 \text{ kg/cm}^2$ maßgebend.

Die auf S. 55 bereits errechneten Hilfswerte können übernommen werden. Es ist also:

$$K_{b0}^0 = 21,00 \cdot 10^5 \text{ t}, \quad K_{st}^0 = 12,60 \cdot 10^5 \text{ t}, \quad K_{v0}^0 = 33,60 \cdot 10^5 \text{ t},$$

$$\eta_{v0} = 1,60475 \text{ m},$$

$$a_{b0}^0 = 0,57525 \text{ m}, \quad a_{st0}^0 = - 0,95875 \text{ m}, \quad e_0^0 = a_{sp0}^0 = a_{b0}^0 = 0,57525 \text{ m},$$

$$S_{b0}^0 = 0,070 \cdot 10^5 \text{ tm}^2, \quad S_{st}^0 = 7,49134 \cdot 10^5 \text{ tm}^2, \quad S_{v0}^0 = 26,0924 \cdot 10^5 \text{ tm}^2.$$

Aus den Beziehungen Gln. (C.51) bis (C.56) ergeben sich nun die Schnittgrößen

$$N_{b0}^0 = 780 \left[\frac{21,00}{33,60} + \frac{0,57525^2 \cdot 21,00}{26,0924} \right] = + 695,24 \text{ t},$$

$$N_{st0}^0 = 780 \left[\frac{12,60}{33,60} + \frac{0,57525 \, (- 0,95875) \cdot 12,60}{26,0924} \right] = + 84,76 \text{ t},$$

$$N_{sp0}^0 = - 780 \text{ t (Zug)},$$

$$M_{b0}^0 = 780 \cdot 0,57525 \cdot \frac{0,070}{26,0924} = + 1,204 \text{ tm},$$

$$M_{st0}^0 = 780 \cdot 0,57525 \cdot \frac{7,49134}{26,0924} = + 128,824 \text{ tm}.$$

Damit erhält man als Randspannungen σ für den Zeitpunkt $t = 0$:

$$\sigma_b^o = -\frac{695\,240}{6000} - \frac{120\,370}{20\,000} = -115,87 - 6,02 = -121,89 \text{ kg/cm}^2,$$

$$\sigma_b^u = -115,87 + 6,02 = -109,85 \text{ kg/cm}^2,$$

$$\sigma_{st}^o = -\frac{84\,760}{600} - \frac{12\,882\,400}{24\,876} = -141,26 - 517,87 = -659,13 \text{ kg/cm}^2,$$

$$\sigma_{st}^u = -141,26 + \frac{12\,882\,400}{55\,221} = -141,26 + 233,28 = +92,02 \text{ kg/cm}^2,$$

$$\sigma_{sp} = +\frac{780\,000}{81,6} = +9558 \text{ kg/cm}^2.$$

β) Fall II (mit nachträglichem Spannstahl-Verbund)

Mit $E_{b0} = 350\,000$ kg/cm^2 und $K_{sp} = 17\,000\,000 \cdot 0,00816 = 1,3872 \cdot 10^5$ t erhält man aus den Beziehungen Gln. (A.7), (A.14), (A.17) bis (A.20) und Gl. (A.33) die Hilfswerte

$$K_{v0} = (21,00 + 12,60 + 1,3872) \cdot 10^5 = 34,9872 \cdot 10^5 \text{ t},$$

$$\eta_{v0} = 1,58194 \text{ m},$$

$$a_{b0} = 0,55244 \text{ m}, \quad a_{st0} = -0,98156 \text{ m}, \quad e_0 = a_{sp0} = a_{b0} = 0,55244 \text{ m},$$

$$S_{v0} = [26,09244 + 0,57525 \cdot 0,55244 \cdot 1,3872] \cdot 10^5 = 26,53328 \cdot 10^5 \text{ tm}^2.$$

Damit ergibt sich aus den Ansätzen Gln. (C.69) und (C.61) bis (C.67)

$$V_0^* = 780 \cdot \frac{34,9872 \cdot 26,5333}{33,60 \cdot 26,0924} = 825,925 \text{ t},$$

$$\Delta N_{sp0} = 825,925 \left[\frac{1,3872}{34,9872} + \frac{0,55244^2 \cdot 1,3872}{26,5333}\right] = +45,925 \text{ t},$$

$$N_{b0} = 825,925 \left[\frac{21,00}{34,9872} + \frac{0,55244^2 \cdot 21,00}{26,5333}\right] = +695,24 \text{ t},$$

$$N_{st0} = 825,925 \left[\frac{12,60}{34,9872} + \frac{0,55244\,(-0,98156) \cdot 12,6}{26,5333}\right] = +84,76 \text{ t},$$

$$N_{sp0} = -825,925 + 45,925 = -780 \text{ t (Zug)},$$

$$M_{b0} = 825,925 \cdot 0,55244 \frac{0,070}{26,5333} = +1,204 \text{ tm},$$

$$M_{st0} = 825,925 \cdot 0,55244 \frac{7,49134}{26,5333} = +128,824 \text{ tm}.$$

Es ergeben sich somit dieselben Schnittgrößen wie bei einer Berechnung nach Fall I, S. 61.

b) Zeitpunkt $t = \infty$

End-Kriechzahl: $\varphi = 2,00$.

α) Ermittlung des Steifigkeitskennwertes α_0

Es ist zunächst nach Ansatz Gl. (A.16)

$$\eta_{st} = \frac{64,6 \cdot 12,6 + 218 \cdot 1,3872}{12,6 + 1,3872} = 79,814 \text{ cm}$$

und anschließend über die Beziehungen Gln. (A.29), (A.30) und (A.32)

$$e_{st} = 64,6 - 79,814 = -15,214 \text{ cm},$$

$$e_{sp} = 218 - 79,814 = 138,186 \text{ cm},$$

sowie

$$S_{St} = [7,49134 + 12,6\,(-0,15214)^2 + 1,3872 \cdot 1,38186^2] \cdot 10^5 = 10,4319 \cdot 10^5 \text{ tm}^2$$

zu ermitteln.

Damit erhält man dann aus dem Ansatz Gl. (B.24) den Steifigkeitskennwert

$$\alpha_0 = \frac{13,9872\,(0,070 + 10,4319)}{34,9872 \cdot 26,5333} = 0,158233.$$

Mit $\alpha_0\,\varphi = 0,316466$ und $e^{\alpha_0\varphi} = 1,372269$ erhält man jetzt aus der Gl. (B.31)

$$\psi = \frac{1,372269 - 1}{0,316466} = 1,1763$$

und aus dem Ansatz Gl. (B.30) als maßgebenden fiktiven Formänderungsmodul

$$E_{b\varphi} = \frac{350\,000}{1 + 1,1763 \cdot 2,00} = 104\,395 \text{ kg/cm}^2.$$

Damit errechnet man nun die Hilfswerte

$$K_{b\varphi} = 1\,043\,950 \cdot 0,6 = 6,26370 \cdot 10^5 \text{ t},$$

$$K_{v\varphi} = (6,2637 + 12,60 + 1,3872) \cdot 10^5 = 20,2509 \cdot 10^5 \text{ t},$$

sowie

$$\eta_{v\varphi} = \frac{218 \cdot 6,2637 + 64,6 \cdot 12,6 + 218 \cdot 1,3872}{20,2509} = 122,555 \text{ cm}$$

und

$$a_{b\varphi} = a_{sp\varphi} = e_\varphi = 218,000 - 122,555 = 95,445 \text{ cm},$$

$$a_{st\varphi} = 64,6 - 122,555 = -57,955 \text{ cm}.$$

Mit

$$S_{b\varphi} = 1\,043\,950 \cdot 0,002 = 0,020879 \cdot 10^5 \text{ tm}^2$$

erhält man schließlich aus der Beziehung Gl. (A.34)

$$S_{v\varphi} = [0,020879 + 7,49134 + 6,2637 \cdot 0,95445^2 + 12,6 \cdot 0,57955^2$$

$$+ 1,3872 \cdot 0,95445^2] \cdot 10^5 = 18,7141 \cdot 10^5 \text{ tm}^2.$$

β) Ermittlung der Schnittgrößen N_φ und M_φ

Die Einzel-Schnittgrößen N_φ und M_φ ergeben sich aus den Ansätzen Gln. (C.72) bis (C.78) mit:

$$\Delta N_{sp\varphi} = 825,925 \left[\frac{1,3872}{20,2509} + \frac{0,95445^2 \cdot 1,3872}{18,7141}\right] = +112,348 \text{ t},$$

$$N_{b\varphi} = 825,925 \left[\frac{6,2637}{20,2509} + \frac{0,95445^2 \cdot 6,2637}{18,7141}\right] = +507,294 \text{ t},$$

$$N_{st\varphi} = 825,925 \left[\frac{12,60}{20,2509} - \frac{0,95445 \cdot 0,57955 \cdot 12,6}{18,7141}\right] = +206,283 \text{ t},$$

$$N_{sp\varphi} = -825,925 + 112,348 = -713,577 \text{ t (Zug)}.$$

Die Abnahme der Vorspannkraft V_0 durch die Auswirkung des Beton-Kriechens
erhält man aus der Differenz

$$+ 780 - 713{,}577 = 66{,}423 \text{ t}$$

mit 8,51%.

$$M_{b\varphi} = 825{,}925 \cdot 0{,}95445 \, \frac{0{,}020879}{18{,}7141} = + \quad 0{,}87950 \text{ tm},$$

$$M_{\text{st}\,\varphi} = 825{,}925 \cdot 0{,}95445 \, \frac{7{,}49134}{18{,}7141} = + 315{,}561 \text{ tm}.$$

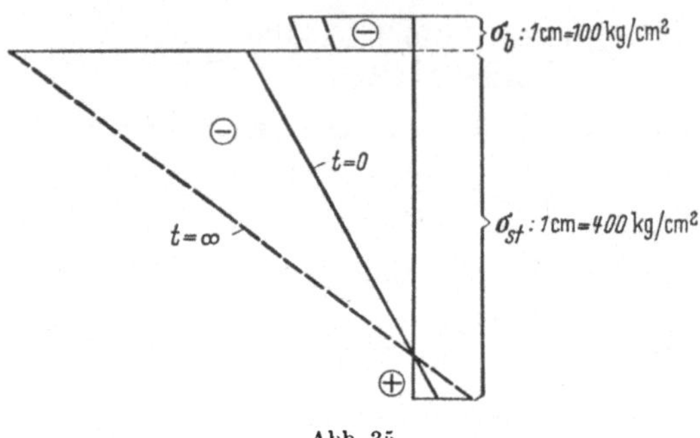

Abb. 35

Damit erhält man für den Zeitpunkt $t = \infty$ die Randspannungen:

$$\sigma_b^o = -\frac{507294}{6000} - \frac{87950}{20000} = -84{,}55 - 4{,}39 = -88{,}94 \text{ kg/cm}^2 \qquad (-88{,}87),$$

$$\sigma_b^u = -84{,}55 + 4{,}39 = -80{,}16 \text{ kg/cm}^2 \qquad (-80{,}05),$$

$$\sigma_{\text{st}}^o = -\frac{206283}{600} - \frac{31556100}{24876} = -343{,}8 - 1268{,}5 = -1612{,}3 \text{ kg/cm}^2 \quad (-1614{,}1),$$

$$\sigma_{\text{st}}^u = -343{,}8 + \frac{31556100}{55221} = -343{,}8 + 571{,}4 = +227{,}6 \text{ kg/cm}^2 \qquad (+227{,}5),$$

$$\sigma_{\text{sp}} = +\frac{713577}{81{,}6} = +8744{,}8 \text{ kg/cm}^2.$$

Die in Klammern angeschriebenen Werte ergeben sich bei einer Berechnung
nach den Ansätzen von SONTAG.

c) Beton-Schwinden *nach* Herstellung des Spannstahl-Verbundes

End-Schwindmaß: $\varepsilon_s = 25 \cdot 10^{-5}$.

End-Kriechzahl: $\varphi = 2{,}00$.

Mit $\alpha_0 = 0{,}158233$ und $e^{\alpha_0 \varphi} = 1{,}372269$ erhält man aus der Beziehung Gl.
(B.37):

$$\psi' = \frac{1{,}372269}{0{,}372269} - \frac{1}{0{,}316466} = 0{,}5263$$

und über den Ansatz Gl. (B.36) dann den jetzt im Schwindfall maßgebenden fiktiven Formänderungsmodul

$$E_{b\varphi'} = \frac{350000}{1 + 0{,}5263 \cdot 2{,}00} = 170505 \text{ kg/cm}^2.$$

Damit erhält man als Hilfswerte

$$K_{b\varphi'} = 1\,705\,050 \cdot 0{,}6 = 10{,}2303 \cdot 10^5 \text{ t},$$

$$K_{v\varphi'} = (10{,}2303 + 12{,}6 + 1{,}3872) \cdot 10^5 = 24{,}2175 \cdot 10^5 \text{ t},$$

$$S_{b\varphi'} = 1\,705\,050 \cdot 0{,}002 = 0{,}034101 \cdot 10^5 \text{ tm}^2,$$

sowie

$$\eta_{v\varphi'} = \frac{218\,(10{,}2303 + 1{,}3872) + 64{,}6 \cdot 12{,}6}{24{,}2175} = 138{,}188 \text{ cm},$$

$$a_{b\varphi'} = a_{\mathrm{sp}\,\varphi'} = 218{,}000 - 138{,}188 = 79{,}812 \text{ cm},$$

$$a_{\mathrm{st}\,\varphi'} = 64{,}6 - 138{,}188 = -73{,}588 \text{ cm}$$

und

$$S_{V\varphi'} = [0{,}034101 + 7{,}49134 + 0{,}79812^2\,(10{,}2303 + 1{,}3872)$$

$$+ (-0{,}73588)^2 \cdot 12{,}6] \cdot 10^5 = 21{,}7489 \cdot 10^5 \text{ tm}^2.$$

Als Einzel-Schnittgrößen $N_{\varphi'}$ und $M_{\varphi'}$ erhält man damit aus den Beziehungen Gln. (C.92) bis (C.97):

$$N_{b\varphi'} = 0{,}00025 \cdot 10{,}2303 \left[\frac{10{,}2303}{24{,}2175} + \frac{10{,}2303 \cdot 0{,}79812^2}{21{,}7489} - 1 \right] \cdot 10^5$$

$$= -71{,}083 \text{ t},$$

$$N_{\mathrm{st}\,\varphi'} = 0{,}00025 \cdot 10{,}2303 \left[\frac{12{,}6}{24{,}2175} - \frac{12{,}6 \cdot 0{,}79812 \cdot 0{,}73588}{21{,}7489} \right] \cdot 10^5$$

$$= +46{,}040 \text{ t},$$

$$N_{\mathrm{sp}\,\varphi'} = 0{,}00025 \cdot 10{,}2303 \left[\frac{1{,}3872}{24{,}2175} + \frac{0{,}79812^2 \cdot 1{,}3872}{21{,}7489} \right] \cdot 10^5 = +25{,}040 \text{ t}$$

$$M_{b\varphi'} = 0{,}00025 \cdot 10{,}2303 \cdot 0{,}79812 \frac{0{,}034101}{21{,}7489} \cdot 10^5 = +0{,}3200 \text{ tm}$$

$$M_{\mathrm{st}\,\varphi'} = 0{,}00025 \cdot 10{,}2303 \cdot 0{,}79812 \frac{7{,}49134}{21{,}7489} \cdot 10^5 = +70{,}310 \text{ tm}.$$

Als Randspannungen für den Zeitpunkt $t = \infty$ ergeben sich dann

$$\sigma_b^o = +\frac{71\,083}{6000} - \frac{32\,000}{20\,000} = +11{,}85 - 1{,}60 = +10{,}25 \text{ kg/cm}^2,$$

$$\sigma_b^u = +11{,}85 + 1{,}60 = +13{,}45 \text{ kg/cm}^2,$$

$$\sigma_{\mathrm{st}}^0 = -\frac{46\,043}{600} - \frac{7\,031\,000}{24\,876} = -76{,}74 - 282{,}64 = -359{,}38 \text{ kg/cm}^2,$$

$$\sigma_{\mathrm{st}}^u = -76{,}74 + \frac{7\,031\,000}{55\,221} = -76{,}74 + 127{,}32 = +50{,}58 \text{ kg/cm}^2,$$

$$\sigma_{\mathrm{sp}} = -\frac{25\,040}{81{,}6} = -306{,}86 \text{ kg/cm}^2.$$

II. Symmetrischer Verbund-Durchlaufträger auf drei Stützen bei konstanten Querschnittsgrößen

1. Auswirkung einer planmäßigen Absenkung $\varDelta$ an der Mittel-Stütze

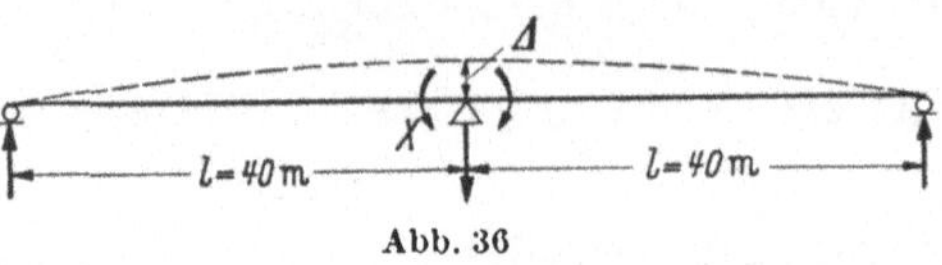

Abb. 36

Für den Querschnitt des Verbund-Durchlaufträgers werden die im Anwendungsbeispiel S. 56 benützten und in der Abb. 31 dargestellten Abmessungen sowie die dort gewählten Baustoffgüten übernommen.

a) Zeitpunkt $t = 0$

Es ist $E_{b0} = 350\,000\ \mathrm{kg/cm^2}$ maßgebend.

Wird durch eine Stützensenkung $\varDelta$ an der Mittelstütze ein Stützenmoment von der Größe

$$X_0 = +\,1105\ \mathrm{tm}$$

erzeugt, so erhält man mit den bekannten Hilfswerten

$$K_{b0} = 21{,}00 \cdot 10^5\ \mathrm{t}, \quad K_{st} = 12{,}6 \cdot 10^5\ \mathrm{t}, \quad K_{r0} = 33{,}60 \cdot 10^5\ \mathrm{t},$$

$$\eta_{v0} = 160{,}475\ \mathrm{cm},$$

$$a_{b0} = 0{,}57525\ \mathrm{m}, \qquad\qquad a_{st0} = -\,0{,}95875\ \mathrm{m},$$

$$S_{st} = 7{,}49134 \cdot 10^5\ \mathrm{tm^2}, \qquad\qquad S_{b0} = 0{,}0700 \cdot 10^5\ \mathrm{tm^2},$$

und

$$S_{v0} = 16{,}0924 \cdot 10^5\ \mathrm{tm^2}$$

wieder die Einzel-Schnittgrößen

$$N_{b0} = +\,511{,}58\ \mathrm{t}, \quad N_{st0} = -\,511{,}58\ \mathrm{t}, \quad M_{b0} = +\,2{,}964\ \mathrm{tm},$$

$$M_{st0} = +\,317{,}254\ \mathrm{tm}.$$

sowie die Randspannungen

$$\sigma_b^0 = -\,100{,}08\ \mathrm{kg/cm^2}, \quad \sigma_b^u = -\,70{,}44\ \mathrm{kg/cm^2},$$

$$\sigma_{st}^0 = -\,422{,}7\ \mathrm{kg/cm^2}, \quad \sigma_{st}^u = +\,1427{,}1\ \mathrm{kg/cm^2}.$$

Die dem zu erzeugenden Stützenmoment $X_0 = +\,1105\ \mathrm{tm}$ entsprechende Stützensenkung $\varDelta$ erhält man mit:

$$\varDelta = X_0 \frac{l^2}{3\,S_{r0}} = 1105\,\frac{40^2}{3 \cdot 26{,}0924} \cdot 10^{-5} = 0{,}2258\ \mathrm{m}.$$

b) Zeitpunkt $t = \infty$ (*nach* abgeschlossenem Beton-Kriechen)

$\varkappa$) *Kriechzahl*: $\varphi = 1{,}00$

Mit $\varkappa_0 = 0{,}108671$ (vgl. S. 57) erhält man in bekannter Weise zunächst

$$\psi = 1{,}05635 \quad \text{und} \quad E_{b,\varphi} = 170\,204\ \mathrm{kg/cm^2}$$

und damit die Hilfswerte

$$K_{b\varphi} = 10{,}2122 \cdot 10^5 \, \text{t}, \quad K_{st} = 12{,}6 \cdot 10^5 \, \text{t}, \quad K_{v\varphi} = 22{,}8122 \cdot 10^5 \, \text{t},$$

$$\eta_{v\varphi} = 133{,}272 \, \text{cm},$$

$$a_{b\varphi} = 0{,}84728 \, \text{m}, \qquad\qquad a_{st\varphi} = -0{,}68672 \, \text{m},$$

$$S_{b\varphi} = 0{,}034041 \cdot 10^5 \, \text{tm}^2, \qquad\qquad S_{v\varphi} = 20{,}7985 \cdot 10^5 \, \text{tm}^2.$$

Dann errechnet man mit $\alpha_0 = 0{,}108761$

$$\psi' = 0{,}509388.$$

Mit

$$\overline{\psi} = \psi \cdot \psi' = 0{,}538093 \quad \text{und} \quad E_{b\overline{\varphi}} = 227555 \, \text{kg/cm}^2$$

erhält man schließlich noch die Hilfswerte

$$K_{b\varphi} = 13{,}6533 \cdot 10^5 \, \text{t}, \quad K_{st} = 12{,}6 \cdot 10^5 \, \text{t}, \quad K_{v\overline{\varphi}} = 26{,}2538 \cdot 10^5 \, \text{t}.$$

$$\eta_{v\overline{\varphi}} = 144{,}377 \, \text{cm},$$

$$a_{b\overline{\varphi}} = 0{,}73623 \, \text{m}, \qquad\qquad a_{st\overline{\varphi}} = -0{,}79777 \, \text{m},$$

$$S_{b\varphi} = 0{,}045511 \cdot 10^5 \, \text{tm}^2, \qquad\qquad S_{v\overline{\varphi}} = 22{,}9565 \cdot 10^5 \, \text{tm}^2$$

Die durch das Beton-Kriechen verursachte Änderung X_φ des ursprünglichen Stützenmomentes X_0 ergibt sich nach S. 36 aus dem Ansatz Gl. (D.63) für $l_2 = 0$ zunächst mit

$$X_\varphi = \frac{\frac{\Delta}{l} S_v^0 - X_0 \, l \, \mu_{1\varphi}}{l \, \mu_{1\varphi}} = X_0 \frac{\frac{S_v^c}{3 \, S_{v0}} - \mu_{1\varphi}}{\mu_{1\varphi}}.$$

Für den hier vorliegenden Sonderfall mit konstanten Querschnittsgrößen erhält man aus den Beziehungen Gln. (D.57) und (D.61) mit

$$n_{k,\varphi} = \frac{S_{v\varphi}}{S_v^c} = \text{konst.}, \qquad n_{k,\overline{\varphi}} = \frac{S_{v\overline{\varphi}}}{S_v^c} = \text{konst.}, \qquad \mu_{1\varphi} = \frac{S_v^c}{3 \, S_{v\varphi}}, \qquad \mu_{1\overline{\varphi}} = \frac{S_v^c}{3 \, S_{v\overline{\varphi}}}$$

über die Beziehung

$$X_\varphi = X_0 \left[\frac{S_{v\overline{\varphi}}}{S_{v0}} - \frac{S_{v\varphi}}{S_{v\varphi}} \right],$$

$$X_\varphi = 1105 \left[\frac{22{,}9565}{26{,}0924} - \frac{22{,}9565}{20{,}7985} \right] = -247{,}457 \, \text{tm}$$

und

$$X = X_0 + X_\varphi = +1105 - 247{,}457 = +857{,}543 \, \text{tm}.$$

Die Ermittlung der Einzel-Schnittgrößen N und M hat aber nach den Beziehungen Gln. (D.68) bis (D.77) zu erfolgen.

Für den Querschnitt über der Mittelstütze erhält man dann aus dem Teil-Belastungsplan $X_0 \, (i_\varphi)$ bei Einführung der mit $E_{b\varphi}$ errechneten Hilfswerte

$$N_{b\varphi} = + \frac{1105}{20{,}7985} \cdot 10{,}2122 \cdot 0{,}84728 = +459{,}704 \, \text{t}, \qquad N_{st\varphi} = -459{,}704 \, \text{t}.$$

$$M_{b\varphi} = +1105 \frac{0{,}034041}{20{,}7985} = +1{,}80855 \, \text{tm},$$

$$M_{st\varphi} = +1105 \frac{7{,}49134}{20{,}7985} = +398{,}006 \, \text{tm}.$$

In ähnlicher Weise erhält man aus dem Teil-Belastungsplan $X_\Phi\,(i_{\bar\varphi})$ bei Benützung der mit $E_{b\,\bar\varphi}$ errechneten Hilfswerte

$$N_{b\varphi} = -\frac{247{,}457}{22{,}9565} \cdot 13{,}6533 \cdot 0{,}73623 = -108{,}354\ \text{t}, \qquad N'_{\text{st}\,\bar\varphi} = +108{,}354\ \text{t},$$

$$M_{b\varphi} = -247{,}457\,\frac{0{,}045511}{22{,}9565} = -0{,}49058\ \text{tm},$$

$$M_{\text{st}\,\varphi} = -247{,}457\,\frac{7{,}49134}{22{,}9565} = -80{,}752\ \text{tm}.$$

Die für den Spannungsnachweis maßgebenden Schnittgrößen N und M ergeben sich dann aus:

$$N_b = +459{,}704 - 108{,}354 = +351{,}350\ \text{t}, \quad N_{\text{st}} = -351{,}350\ \text{t},$$

$$M_b = +1{,}80855 - 0{,}49058 = +1{,}31797\ \text{tm},$$

$$M_{\text{st}} = +398{,}006 - 80{,}752 = +317{,}254\ \text{tm} = M_{\text{st}\,0}.$$

Damit erhält man für den Zeitpunkt $t = \infty$ und $\varphi = 1{,}00$ die Randspannungen:

$$\sigma_b^o = -\ 65{,}15\ \text{kg/cm}^2, \quad \sigma_b^u = -\ 51{,}97\ \text{kg/cm}^2,$$

$$\sigma_{\text{st}}^o = -\ 689{,}7\ \text{kg/cm}^2, \quad \sigma_{\text{st}}^u = +1160{,}1\ \text{kg/cm}^2.$$

$$\beta)\ \textit{Kriechzahl}\ \varphi = 2{,}00\ \textit{(vgl. S. 57)}$$

Mit $\alpha_0 = 0{,}108671$ erhält man jetzt:

$$\psi = 1{,}11699 \quad \text{und} \quad E_{b\varphi} = 108\,226\ \text{kg/cm}^2,$$

$$K_{b\varphi} = 6{,}49356 \cdot 10^5\ \text{t}, \quad K_{\text{st}} = 12{,}60 \cdot 10^5\ \text{t}, \quad K_{v\varphi} = 19{,}09356 \cdot 10^5\ \text{t},$$

$$\eta_{v\varphi} = 116{,}770\ \text{cm},$$

$$a_{b\varphi} = 1{,}01230\ \text{m}, \qquad\qquad a_{\text{st}\,\varphi} = -0{,}52170\ \text{m},$$

$$S_{b\varphi} = 0{,}021645 \cdot 10^5\ \text{tm}^2, \qquad\qquad S_{v\varphi} = 17{,}5966 \cdot 10^5\ \text{tm}^2,$$

sowie

$$\psi' = 0{,}518040$$

und anschließend

$$\overline{\psi} = 1{,}11699 \cdot 0{,}51804 = 0{,}578646, \quad E_{b\bar\varphi} = 162\,240\ \text{kg/cm}^2,$$

$$K_{b\bar\varphi} = 9{,}7344 \cdot 10^5\ \text{t}, \qquad\qquad K_{v\bar\varphi} = 22{,}3344 \cdot 10^5\ \text{t},$$

$$\eta_{v\varphi} = 131{,}459\ \text{cm},$$

$$a_{b\,\varphi} = 0{,}86541\ \text{m}, \qquad\qquad a_{\text{st}\,\bar\varphi} = -0{,}66859\ \text{m},$$

$$S_{b\bar\varphi} = 0{,}032448 \cdot 10^5\ \text{tm}^2, \qquad\qquad S_{v\varphi} = 20{,}4497 \cdot 10^5\ \text{tm}^2.$$

Damit ergibt sich

$$X_\Phi = X_0\left[\frac{S_{v\varphi}}{S_{v\,0}} - \frac{S_{v\bar\varphi}}{S_{v\varphi}}\right] = 1105\left[\frac{20{,}4497}{26{,}0924} - \frac{20{,}4497}{17{,}5966}\right] = -418{,}129\ \text{tm},$$

$$X = +1105 - 418{,}129 = +686{,}871\ \text{tm}.$$

Über die Einzel-Schnittgrößen der Teil-Belastungspläne $X_0\,(i_\varphi)$ und $X_\Phi\,(i_{\bar\varphi})$, d. h.

$$N_{b\varphi} = +\,412{,}786\ \text{t}, \quad N_{\text{st}\varphi} = -\,412{,}786\ \text{t},$$

$$M_{b\varphi} = +\,1{,}3592\ \text{tm}, \quad M_{\text{st}\varphi} = +\,470{,}427\ \text{tm},$$

und

$$N_{b\bar\varphi} = -\,172{,}248\ \text{t}, \quad N_{\text{st}\bar\varphi} = +\,172{,}248\ \text{t},$$

$$M_{b\bar\varphi} = -\,0{,}66345\ \text{tm}, \quad M_{\text{st}\bar\varphi} = -\,153{,}173\ \text{tm}$$

erhält man dann die für den Spannungsnachweis maßgebenden Schnittgrößen N und M mit:

$$N_b = +\,412{,}786 - 172{,}248 = +\,240{,}538\ \text{t}, \quad N_{\text{st}} = -\,240{,}538\ \text{t},$$

$$M_b = +\,1{,}3592 - 0{,}66345 = +\,0{,}6957\ \text{tm},$$

$$M_{\text{st}} = +\,470{,}427 - 153{,}173 = +\,317{,}254\ \text{tm} = M_{\text{st}\,0}$$

und als Randspannungen für den Zeitpunkt $t = \infty$ und $\varphi = 2{,}00$:

$$\sigma_b^o = -\;43{,}57\ \text{kg/cm}^2, \quad \sigma_b^u = -\;36{,}61\ \text{kg/cm}^2,$$

$$\sigma_{\text{st}}^o = -\,874{,}4\ \text{kg/cm}^2, \quad \sigma_{\text{st}}^u = +\,975{,}4\ \text{kg/cm}^2.$$

$$\gamma)\ \textit{Kriechzahl}\ \varphi = 3{,}00$$

Mit $\alpha_0 = 0{,}108671$ ergeben sich:

$$\psi = 1{,}18226, \qquad E_{b\varphi} = 76\,977\ \text{kg/cm}^2,$$

$$K_{b\varphi} = 4{,}61862 \cdot 10^5\ \text{t}, \qquad K_{v\varphi} = 17{,}2186 \cdot 10^5\ \text{t},$$

$$\eta_{v\varphi} = 105{,}747\ \text{cm},$$

$$a_{b\varphi} = 1{,}12253\ \text{m}, \qquad a_{\text{st}\varphi} = -\,0{,}41147\ \text{m},$$

$$S_{b\varphi} = 0{,}01539 \cdot 10^5\ \text{tm}^2, \quad S_{v\varphi} = 15{,}4598 \cdot 10^5\ \text{tm}^2,$$

$$\psi' = 0{,}527114,$$

$$\bar\psi = \psi \cdot \psi' = 0{,}623187, \quad E_{b\bar\varphi} = 121\,970\ \text{kg/cm}^2,$$

$$K_{b\bar\varphi} = 7{,}31820 \cdot 10^5\ \text{t}, \qquad K_{v\bar\varphi} = 19{,}9182 \cdot 10^5\ \text{t},$$

$$\eta_{v\bar\varphi} = 120{,}961\ \text{cm}$$

$$a_{b\bar\varphi} = 0{,}97039\ \text{m}, \qquad a_{\text{st}\bar\varphi} = -\,0{,}56361\ \text{m},$$

$$S_{b\bar\varphi} = 0{,}024394 \cdot 10^5\ \text{tm}^2, \quad S_{v\bar\varphi} = 18{,}4094 \cdot 10^5\ \text{tm}^2.$$

Damit erhält man

$$X_\Phi = X_0\left[\frac{S_{v\bar\varphi}}{S_{v\,0}} - \frac{S_{v\bar\varphi}}{S_{v\varphi}}\right] = 1105\left[\frac{18{,}4094}{26{,}0924} - \frac{18{,}4094}{15{,}4598}\right] = -\,536{,}196\ \text{tm.},$$

$$X = +\,1105 - 536{,}196 = +\,568{,}804\ \text{tm}.$$

Über die Einzel-Schnittgrößen

$$N_{b\varphi} = +\,370{,}564\ \text{t}, \quad N_{\text{st}\varphi} = -\,370{,}564\ \text{t},$$

$$M_{b\varphi} = +\,1{,}1000\ \text{tm}, \quad M_{\text{st}\varphi} = +\,535{,}448\ \text{tm},$$

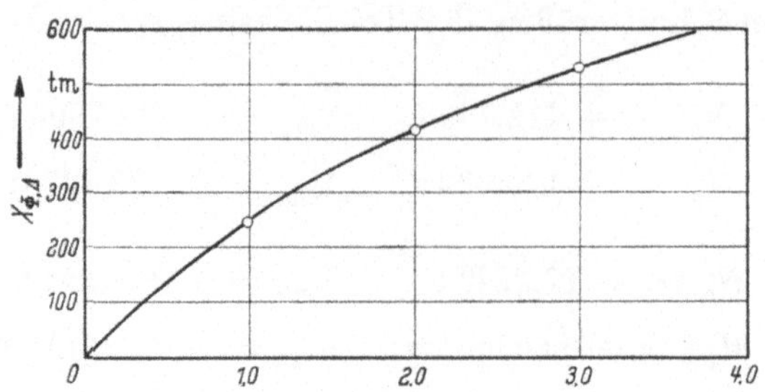

Abb. 37

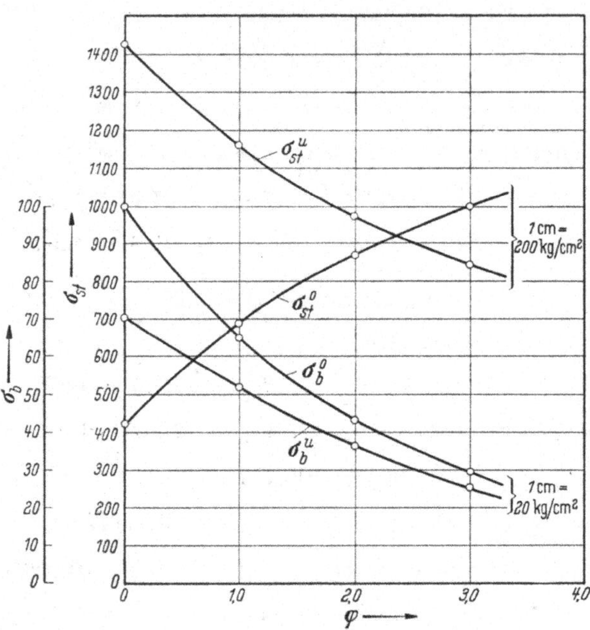

Abb. 38

Tabelle 4

$\varphi =$	0	1,00	2,00	3,00
Stützensenkung:		0.225 m		
$X_{\Phi,\Delta}$ in tm	0	— 247,457 (— 246,34)	— 418,129 (— 415,64)	— 536,196 (— 532,00)
σ_b^o	— 100,08 (— 100,08)	— 65,15 (— 64,05)	— 43,57 (— 42,28)	— 29,23 (— 28,42)
σ_b^u	— 70,44 (— 70,44)	— 51,91 (— 53,15)	— 36,61 (— 38,27)	— 25,34 (— 26,94)
σ_{st}^o	— 422,7 (— 422,7)	— 689,7 (— 689,3)	— 874,4 (— 872,6)	— 1002,5 (— 998,5)
σ_{st}^u	— 1427,1 (— 1427,1)	— 1160,1 (— 1160,5)	— 975,4 (— 977,3)	— 847,4 (— 851,3)

kg/cm²

sowie

$$N_{b\bar{\varphi}} = -206{,}840 \text{ t}, \qquad N_{\mathrm{st}\bar{\varphi}} = +206{,}840 \text{ t},$$

$$M_{b\bar{\varphi}} = -0{,}71050 \text{ tm}, \qquad M_{\mathrm{st}\,\varphi} = -218{,}194 \text{ tm}$$

erhält man schließlich:

$$N_b = +370{,}564 - 206{,}840 = +163{,}724 \text{ t}, \qquad N_{\mathrm{st}} = -163{,}724 \text{ t},$$

$$M_b = +1{,}1000 - 0{,}7105 = +0{,}3895 \text{ tm},$$

$$M_{\mathrm{st}} = +535{,}448 - 218{,}194 = +317{,}254 \text{ tm} = M_{\mathrm{st}\,0}$$

und als Randspannungen für den Zeitpunkt $t = \infty$ und $\varphi = 3{,}00$:

$$\sigma_b^o = -29{,}23 \text{ kg/cm}^2, \qquad \sigma_b^u = -25{,}34 \text{ kg/cm}^2,$$

$$\sigma_{\mathrm{st}}^o = -1002{,}5 \text{ kg/cm}^2, \qquad \sigma_{\mathrm{st}}^u = +847{,}4 \text{ kg/cm}^2.$$

In der Tab. 4 sind den Zahlenergebnissen nach dem vorgeschlagenen neuen Berechnungsverfahren die sich nach der Berechnungstheorie von SONTAG ergebenden Zahlenwerte in Klammern gegenübergestellt.

Den tabellarischen Zusammenstellungen entsprechen die Abb. 37 und Abb. 38.

2. Auswirkung eines Beton-Schwindens bei Berücksichtigung des Kriecheinflusses

a) Schwindmaß: $\varepsilon_s = 0{,}000125$, Kriechzahl: $\varphi = 1{,}00$

Mit $\alpha_0 = 0{,}108671$ erhält man in bekannter Weise zunächst

$$\psi' = 0{,}509388 \quad \text{und} \quad E_{b\varphi'} = 231882 \text{ kg/cm}^2$$

und damit die Hilfswerte

$$K_{b\varphi'} = 13{,}9129 \cdot 10^5 \text{ t}, \quad K_{\mathrm{st}} = 12{,}60 \cdot 10^5 \text{ t}, \quad K_{v\varphi'} = 26{,}5129 \cdot 10^5 \text{ t},$$

$$\eta_{r\varphi'} = 145{,}098 \text{ cm},$$

$$a_{b\varphi'} = 0{,}72902 \text{ m}, \qquad\qquad a_{\mathrm{st}\,\varphi'} = -0{,}80498 \text{ m},$$

$$S_{b\varphi'} = 0{,}046376 \cdot 10^5 \text{ tm}^2, \qquad\qquad S_{r\varphi'} = 23{,}0967 \cdot 10^5 \text{ tm}^2.$$

Dann errechnet man ebenfalls mit $\alpha_0 = 0{,}108671$

$$\psi = 1{,}05635.$$

Mit

$$\overline{\psi} = \psi \cdot \psi' = 1{,}05635 \cdot 0{,}509388 = 0{,}538093$$

und

$$E_{b\bar{\varphi}} = 227555 \text{ kg/cm}^2$$

kann man auf die bereits auf S. 67 errechneten Hilfswerte

$$K_{b\bar{\varphi}} = 13{,}6533 \cdot 10^5 \text{ t}, \quad K_{\mathrm{st}} = 12{,}60 \cdot 10^5 \text{ t}, \quad K_{v\bar{\varphi}} = 26{,}2538 \cdot 10^5 \text{ t},$$

$$\eta_{r\bar{\varphi}} = 144{,}377 \text{ cm},$$

$$a_{b\bar{\varphi}} = 0{,}73623 \text{ m}, \qquad\qquad a_{\mathrm{st}\bar{\varphi}} = -0{,}79777 \text{ m},$$

$$S_{b\bar{\varphi}} = 0{,}045511 \cdot 10^5 \text{ tm}^2. \qquad\qquad S_{v\bar{\varphi}} = 22{,}9565 \cdot 10^5 \text{ tm}^2$$

zurückgreifen.

Das durch ein Schwinden und Kriechen des Betons geweckte Stützenmoment X_Φ ergibt sich nach S. 39 aus dem Ansatz Gl. (D.88) für $l_2 = 0$ zunächst mit

$$X_\Phi = - \varepsilon_s \frac{\nu_{1\varphi'}}{\mu_{1\bar\varphi}} .$$

Für den vorliegenden Sonderfall mit konstanten Querschnittsgrößen erhält man aus den Beziehungen Gln. (D.83), (D.84) und (D.61) mit

$$n_{k.\varphi'} = \frac{S_{v\varphi'}}{S_v^c} = \text{konst.}, \qquad n_{k,\bar p} = \frac{S_{v\bar\varphi}}{S_v^c} = \text{konst.}$$

schließlich

$$\nu_{1\varphi'} = \frac{a_{b\varphi'} K_{b\varphi'} S_v^c}{2 S_{v\varphi'}}, \qquad \mu_{1\bar\varphi} = \frac{S_v^c}{3 S_{v\bar\varphi}}$$

und somit über die Gleichung

$$X_\Phi = - \varepsilon_s \frac{3 a_{b\varphi'} K_{b\varphi'} S_{v\bar\varphi}}{2 S_{v\varphi'}},$$

$$X_\Phi = - 0,000125 \frac{1,5 \cdot 0,72902 \cdot 13,9129 \cdot 22,9565 \cdot 10^5}{23,0967} = - 189,023 \text{ tm}.$$

Für den Querschnitt über der Mittelstütze erhält man dann aus dem Teil-Belastungsplan $(0_{\varphi'})$ mit den Beziehungen Gln. (D.95) bis (D.100):

$$N_{b\varphi'} = 0,000125 \cdot 13,9129 \cdot 10^5 \left[\frac{13,9129}{26,5129} + \frac{13,9129}{23,0967} \cdot 0,72902^2 - 1 \right]$$

$$= - 26,973 \text{ t (Zug)},$$

$$N_{st\,\varphi'} = + 26,973 \text{ t},$$

$$M_{b\varphi'} = 0,000125 \cdot 13,9129 \cdot 10^5 \cdot 0,72902 \frac{0,046376}{23,0967} = + 0,25457 \text{ tm},$$

$$M_{st\,\varphi'} = 0,000125 \cdot 13,9129 \cdot 10^5 \cdot 0,72902 \frac{7,49134}{23,0967} = + 44,122 \text{ tm}.$$

In ähnlicher Weise erhält man aus dem Teil-Belastungsplan $X_\Phi \cdot (i_{\bar\varphi})$:

$$N_{b\bar\varphi} = - \frac{189,023}{22,9565} \cdot 13,6533 \cdot 0,73623 = - 82,766 \text{ t}, \qquad N_{st\bar\varphi} = + 82,766 \text{ t},$$

$$M_{b\bar\varphi} = - 189,023 \frac{0,045511}{22,9565} = - 0,37473 \text{ tm},$$

$$M_{st\bar\varphi} = - 189,023 \frac{7,49134}{22,9565} = - 61,682 \text{ tm}.$$

Die für den Spannungsnachweis maßgebenden Schnittgrößen N und M ergeben sich dann aus:

$$N_b = - 26,973 - 82,766 = - 109,739 \text{ t}, \quad N_{st} = + 109,739 \text{ t},$$

$$M_b = + 0,25457 - 0,37473 = - 0,12016 \text{ tm},$$

$$M_{st} = + 41,122 - 61,682 = - 20,560 \text{ tm}.$$

Damit erhält man die Randspannungen:

$$\sigma_b^o = + 18,89 \text{ kg/cm}^2, \quad \sigma_b^u = + 17,69 \text{ kg/cm}^2,$$

$$\sigma_{st}^o = - 100,3 \text{ kg/cm}^2, \quad \sigma_{st}^u = - 220,1 \text{ kg/cm}^2.$$

b) **Schwindmaß:** $\varepsilon_s = 0{,}00025$, **Kriechmaß:** $\varphi = 2{,}00$

Mit $\alpha_0 = 0{,}108671$ erhält man jetzt

$$\psi' = 0{,}518040, \qquad\qquad E_{b\varphi'} = 171\,899\ \text{kg/cm}^2,$$

$$K_{b\varphi'} = 10{,}3139 \cdot 10^5\ \text{t}, \quad K_{st} = 12{,}6 \cdot 10^5\ \text{t}, \quad K_{v\varphi'} = 22{,}9139 \cdot 10^5\ \text{t},$$

$$\eta_{v\varphi'} = 133{,}648\ \text{cm},$$

$$a_{b\varphi'} = 0{,}84352\ \text{m}, \qquad\qquad a_{st\,\varphi'} = -\,0{,}69048\ \text{m},$$

$$S_{b\varphi'} = 0{,}034380 \cdot 10^5\ \text{tm}^2, \qquad\qquad S_{v\varphi'} = 20{,}8715 \cdot 10^5\ \text{tm}^2.$$

Dann errechnet man ebenfalls wieder mit $\alpha_0 = 0{,}108671$

$$\psi = 1{,}11699.$$

Mit

$$\overline{\psi} = \psi \cdot \psi' = 1{,}11699 \cdot 0{,}518040 = 0{,}578646$$

und

$$E_{b\overline{\varphi}} = 162\,240\ \text{kg/cm}^2$$

kann man wieder auf die bereits errechneten Hilfswerte

$$K_{b\overline{\varphi}} = 9{,}7344 \cdot 10^5\ \text{t}, \qquad K_{v\overline{\varphi}} = 22{,}3344 \cdot 10^5\ \text{t},$$

$$\eta_{v\overline{\varphi}} = 131{,}459\ \text{cm},$$

$$a_{b\overline{\varphi}} = 0{,}86541\ \text{m}, \qquad a_{st\overline{\varphi}} = -\,0{,}66859\ \text{m},$$

$$S_{b\overline{\varphi}} = 0{,}032448 \cdot 10^5\ \text{tm}^2, \quad S_{v\overline{\varphi}} = 20{,}4497 \cdot 10^5\ \text{tm}^2$$

zurückgreifen.

Damit ergibt sich

$$X_{\Phi} = -\,0{,}00025\,\frac{1{,}5 \cdot 0{,}84352 \cdot 10{,}3139 \cdot 20{,}4497 \cdot 10^5}{20{,}8715} = -\,319{,}657\ \text{tm}.$$

Aus dem Teil-Belastungsplan $(0_{\varphi'})$ erhält man jetzt wie auf S. 60:

$$N_{b\varphi'} = 0{,}00025 \cdot 10{,}3139\left[\frac{10{,}3139}{22{,}9139} + \frac{10{,}3139 \cdot 0{,}84352^2}{20{,}8715} - 1\right] \cdot 10^5$$

$$= -\,51{,}125\ \text{t (Zug)},$$

$$N_{st\,\varphi'} = +\,51{,}125\ \text{t},$$

$$M_{b\varphi'} = +\,0{,}35827\ \text{tm}, \quad M_{st\,\varphi'} = +\,78{,}065\ \text{tm}.$$

Aus dem Teil-Belastungsplan X_{Φ} $(i_{\overline{\varphi}})$ ergibt sich:

$$N_{b\overline{\varphi}} = -\,319{,}657\,\frac{9{,}7344 \cdot 0{,}86541}{20{,}4497} = -\,131{,}683\ \text{t}, \quad N_{st\overline{\varphi}} = +\,131{,}683\ \text{t},$$

$$M_{b\overline{\varphi}} = -\,319{,}657\,\frac{0{,}032448}{20{,}4497} = -\,0{,}50721\ \text{tm},$$

$$M_{st\overline{\varphi}} = -\,319{,}657\,\frac{7{,}49134}{20{,}4497} = -\,117{,}100\ \text{tm}.$$

Die für den Spannungsnachweis maßgebenden Schnittgrößen N und M ergeben sich dann aus:

$$N_b = -51{,}125 - 131{,}683 = -182{,}808 \text{ t}, \quad N_{st} = +182{,}808 \text{ t},$$

$$M_b = -0{,}35827 - 0{,}50721 = -0{,}14894 \text{ tm},$$

$$M_{st} = +78{,}065 - 117{,}100 = -39{,}033 \text{ tm}.$$

Damit erhält man die Randspannungen:

$$\sigma_b^0 = +31{,}21 \text{ kg/cm}^2, \quad \sigma_b'' = +29{,}72 \text{ kg/cm}^2,$$

$$\sigma_{st}^0 = -147{,}8 \text{ kg/cm}^2, \quad \sigma_{st}'' = -375{,}4 \text{ kg/cm}^2.$$

c) Schwindmaß: $\varepsilon_s = 0{,}000375$. Kriechmaß: $\varphi = 3{,}00$

Mit $\alpha_0 = 0{,}108671$ errechnet man

$$\psi' = 0{,}52711, \qquad E_{b\varphi'} = 135\,588 \text{ kg/cm}^2,$$

$$K_{b\varphi'} = 8{,}13528 \cdot 10^5 \text{ t}, \quad K_{v\varphi'} = 20{,}7353 \cdot 10^5 \text{ t},$$

$$\eta_{v\varphi'} = 124{,}785 \text{ cm},$$

$$a_{b\varphi'} = 0{,}93215 \text{ m}, \qquad a_{st\varphi'} = -0{,}60185 \text{ m},$$

$$S_{b\varphi'} = 0{,}027117 \cdot 10^5 \text{ tm}^2, \quad S_{v\varphi'} = 19{,}1512 \cdot 10^5 \text{ tm}^2.$$

Jetzt errechnet man ebenfalls wieder mit $\alpha_0 = 0{,}108671$

$$\psi = 1{,}18226.$$

Mit

$$\overline{\psi} = \psi \cdot \psi' = 1{,}18226 \cdot 0{,}52711 = 0{,}623187$$

und

$$E_{b\overline{\varphi}} = 121\,970 \text{ kg/cm}^2$$

ergeben sich wieder die bereits früher ermittelten Hilfswerte

$$K_{b\overline{\varphi}} = 7{,}31820 \cdot 10^5 \text{ t}, \qquad K_{v\overline{\varphi}} = 19{,}9182 \cdot 10^5 \text{ t},$$

$$\eta_{v\overline{\varphi}} = 120{,}961 \text{ cm},$$

$$a_{b\overline{\varphi}} = 0{,}97039 \text{ m}, \qquad a_{st\overline{\varphi}} = -0{,}56361 \text{ m},$$

$$S_{b\overline{\varphi}} = 0{,}024394 \cdot 10^5 \text{ tm}^2, \quad S_{v\overline{\varphi}} = 18{,}4094 \cdot 10^5 \text{ tm}^2.$$

Damit erhält man jetzt:

$$X_\Phi = -0{,}000375 \,\frac{1{,}5 \cdot 0{,}93215 \cdot 8{,}13528 \cdot 18{,}4094 \cdot 10^5}{19{,}1512} = -410{,}038 \text{ tm}.$$

Aus dem Teil-Belastungsplan $(0_{\varphi'})$ erhält man nun:

$$N_{b\varphi'} = -72{,}777 \text{ t (Zug)}, \quad N_{st\varphi'} = +72{,}777 \text{ t},$$

$$M_{b\varphi'} = +0{,}40266 \text{ tm}, \qquad M_{st\varphi'} = +111{,}238 \text{ tm}.$$

und aus dem Teil-Belastungsplan $X_\Phi \cdot (i_{\overline{\varphi}})$:

$$N_{b\overline{\varphi}} = -158{,}174 \text{ t (Zug)}, \quad N_{st\overline{\varphi}} = +158{,}174 \text{ t},$$

$$M_{b\overline{\varphi}} = -0{,}54333 \text{ tm}, \qquad M_{st\overline{\varphi}} = -166{,}857 \text{ tm}.$$

Die für den Spannungsnachweis maßgebenden Schnittgrößen N und M ergeben sich dann mit:

$$N_b = -72,777 - 158,174 = -230,951 \text{ t}, \quad N_{st} = -230,951 \text{ t},$$

$$M_b = +0,40266 - 0,54333 = -0,14940 \text{ tm},$$

$$M_{st} = +111,238 - 166,857 = -55,619 \text{ tm}.$$

Damit erhält man die Randspannungen:

$$\sigma_b^o = +39,24 \text{ kg/cm}^2, \quad \sigma_b^u = +37,74 \text{ kg/cm}^2,$$

$$\sigma_{st}^o = -161,3 \text{ kg/cm}^2, \quad \sigma_{st}^u = -485,6 \text{ kg/cm}^2.$$

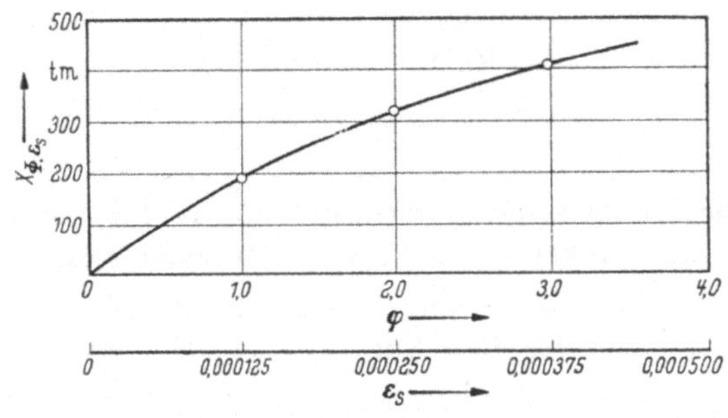

Abb. 39

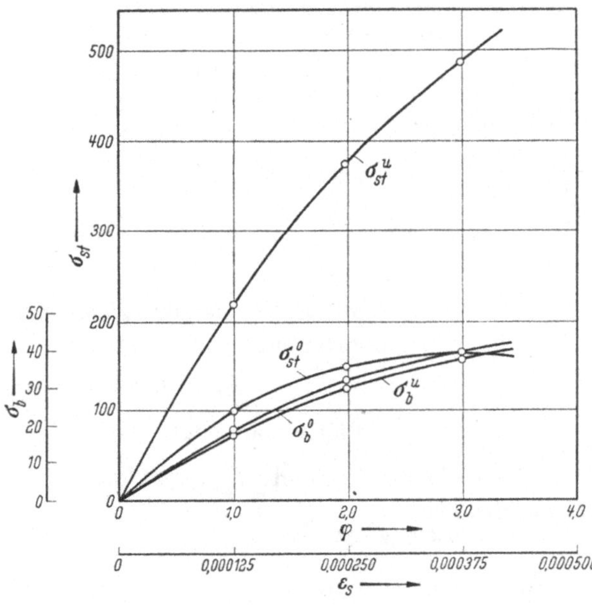

Abb. 40

In der Tab. 5 sind die auf diesem Weg erhaltenen Zahlenwerte den sich nach der Berechnungstheorie von Sontag ergebenden Einzelwerten gegenübergestellt. Den tabellarischen Zusammenstellungen entsprechen die Abb. 39 und Abb. 40.

Tabelle 5

		Schwind-Kriechen		
$\varepsilon_s =$	0	0,000125	0,000250	0,000375
$\varphi =$	0	1,00	2,00	3,00
$X_{\varphi,\,\varepsilon_s} =$ in tm	0	$-189,023$ $(-188,88)$	$-319,657$ $(-318,70)$	$-410,038$ $(-407,92)$
σ_b^o	0	$+18,89$ $(+18,88)$	$+31,21$ $(+31,12)$	$+39,24$ $(+39,00)$
σ_b''	0	$+17,69$ $(+17,66)$	$+29,72$ $(+29,59)$	$+37,74$ $(+37,46)$
σ_{st}^o	0	$-100,3$ $(-99,4)$	$-147,7$ $(-145,4)$	$-161,3$ $(-157,2)$
σ_{st}^u	0	$-220,1$ $(-220,2)$	$-375,3$ $(-374,8)$	$-485,6$ $(-483,7)$

(Spalte der Einheit $\mathrm{kg/cm^2}$ gilt für σ_b^o, σ_b'', σ_{st}^o, σ_{st}^u.)

3. Auswirkung eines Temperaturunterschiedes $\Delta t^\circ = +10^\circ$ zwischen Unterkante und Oberkante des Verbund-Durchlaufträgers

Für den vorliegenden Sonderfall mit konstanten Querschnittsgrößen erhält man nach S. 40 für $l_2 = 0$ aus der Beziehung Gl. (D.108) zunächst

$$X_{\Delta t^\circ} = -\alpha_T \cdot \Delta t^\circ \, S_v^c \frac{\nu_{1,\,\Delta t}}{\mu_{10}}$$

und mit

$$S_v^c = S_{v0} = \text{konst.}, \quad H_k = \text{konst.} = H_v \quad \text{sowie} \quad n_{k,0} = \text{konst.} = 1$$

dann aus den Ansätzen Gl. (D.109) und (D.111)

$$\nu_{1,\,\Delta t} = \frac{1}{2\,H_v}, \qquad \mu_{10} = \frac{1}{3},$$

womit sich

$$X_{\Delta t^\circ} = -\frac{3\,\alpha_T\,S_{v0}}{2\,H_v} \cdot \Delta t^\circ$$

ergibt.

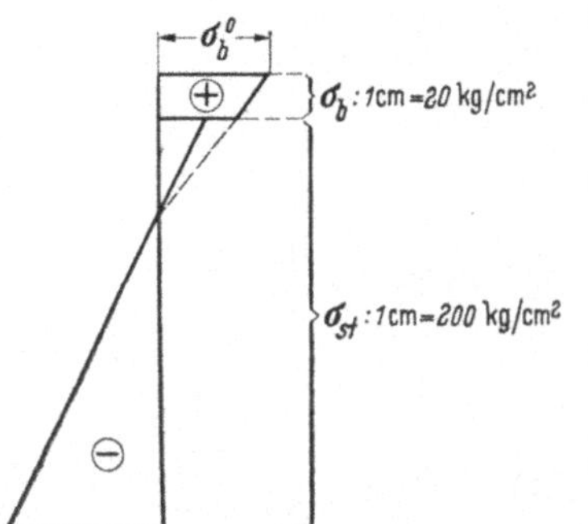

Abb. 41

Mit $E_{b0} = 350\,000\ \mathrm{kg/cm^2}$ war nach früherer Berechnung

$$S_{v0} = 26,0924 \cdot 10^5\ \mathrm{tm^2}.$$

Führt man jetzt

$$\alpha_T = 0,000012 \quad \text{und} \quad H_v = 2,28\ \mathrm{m}$$

ein, so erhält man schließlich

$$X_{\Delta t^\circ} = -\frac{1,5 \cdot 0,000012 \cdot 26,0924 \cdot 10^5}{2,28} \cdot 10 = -205,992\ \mathrm{tm}.$$

Für den Querschnitt über der Mittelstütze ergeben sich dann mit den bekannten Hilfswerten

$$K_{b0} = 21,00 \cdot 10^5\ \mathrm{t}, \qquad K_{st} = 12,60 \cdot 10^5\ \mathrm{t}, \qquad K_{v0} = 33,60 \cdot 10^5\ \mathrm{t},$$

$$\eta_{r0} = 160,475\ \mathrm{cm}, \qquad a_{b0} = 0,57525\ \mathrm{m}, \qquad a_{st0} = -0,95875\ \mathrm{m},$$

$$S_{b0} = 0,0700 \cdot 10^5\ \mathrm{tm^2}, \qquad S_{st} = 7,49134 \cdot 10^5\ \mathrm{tm^2}, \qquad S_{v0} = 26,0924 \cdot 10^5\ \mathrm{tm^2}$$

die Einzel-Schnittgrößen:

$$N_b = -\,205{,}992\,\frac{0{,}57525 \cdot 21{,}00}{26{,}0924} = -\,95{,}372\ \text{t}\,, \qquad N_{\text{st}} = +\,95{,}372\ \text{t}\,,$$

$$M_b = -\,205{,}992\,\frac{0{,}0700}{26{,}0924} = -\,0{,}55264\ \text{tm}\,,$$

$$M_{\text{st}} = -\,205{,}992\,\frac{7{,}49134}{26{,}0924} = -\,59{,}143\ \text{tm}\,,$$

und die Randspannungen:

$$\sigma_b^0 = +\,18{,}66\ \text{kg/cm}^2\,, \qquad \sigma_b'' = +\,13{,}13\ \text{kg/cm}^2\,,$$

$$\sigma_{\text{st}}^0 = +\,87{,}80\ \text{kg/cm}^2\,, \qquad \sigma_{\text{st}}'' = -\,266{,}05\ \text{kg/cm}^2\,.$$

III. Symmetrischer Verbund-Durchlaufträger auf vier Stützen mit stark veränderlichen Querschnittsgrößen und gestufter Spannstahl-Vorspannung im Bereich der negativen Stützenmomente

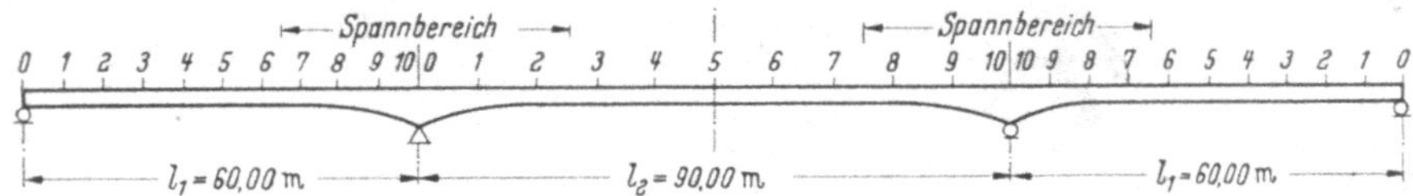

Abb. 42. System und Stützweiten

Belastungsannahmen:

Ständige Lasten:	g	$= 3{,}30\ \text{t/m}$
Verkehrsbelastungen:	p	$= 2{,}50\ \text{t/m}$
Temperaturunterschied:	Δt°	$= \pm\,10^\circ$
Schwinden:	ε_s	$= 0{,}00020$
Kriechen:	φ	$= 2{,}00$
Stützenhebungen des Stahlträgers:	Δ_{st}	$= 0{,}84\ \text{m}$
Stützensenkungen des Verbundträgers:	Δ_v	$= 0{,}55\ \text{m}$

Baustoffe:

Betonplatte:	B 450	mit E_{b0}	$= 350\,000\ \text{kg/cm}^2$
Stahlträger:	St. 37	mit E_{st}	$= 2\,100\,000\ \text{kg/cm}^2$
Schlaffe Bewehrung:	Betonstahl I	mit E_e	$= 2\,100\,000\ \text{kg/cm}^2$
Spannstahl:	St. 80/105	mit E_{sp}	$= 2\,100\,000\ \text{kg/cm}^2$

Vorspannkräfte im Bereich der negativen Stützenmomente:

Spanngliedgruppe I: $\quad 17\ \varnothing\ 26,\ F_{\text{sp}}^{\text{I}} = 90{,}27\ \text{cm}^2 \quad s^{\text{I}} = 43{,}5\ \text{m}$
$\qquad\qquad\qquad\qquad\qquad\qquad\qquad\qquad\qquad\quad V^{\text{I}} = 500\ \text{t}$

Spanngliedgruppe II: $\quad 17\ \varnothing\ 26,\ F_{\text{sp}}^{\text{II}} = 90{,}27\ \text{cm}^2 \quad s^{\text{II}} = 28{,}5\ \text{m}$
$\qquad\qquad\qquad\qquad\qquad\qquad\qquad\qquad\qquad\quad V^{\text{II}} = 500\ \text{t}$

Spanngliedgruppe III: $17\ \varnothing\ 26,\ F_{\text{sp}}^{\text{III}} = 90{,}27\ \text{cm}^2 \quad s^{\text{III}} = 13{,}5\ \text{m}$
$\qquad\qquad\qquad\qquad\qquad\qquad\qquad\qquad\qquad\quad V^{\text{III}} = 500\ \text{t}$

Die Anordnung der einzelnen Spanngliedgruppen entspricht der Abb. 25 auf S. 42.

Querschnitt an der Stelle 5 des Mittelfeldes (Brückenmitte):

Querschnittswerte der Betonplatte:

$$b_m = 384{,}61\ \text{cm}, \quad d = 26{,}00\ \text{cm}, \quad F_b = 10\,000\ \text{cm}^2, \quad J_b = 563\,325\ \text{cm}^4,$$
$$W_b = 43\,333\ \text{cm}^3.$$

Schlaffe Bewehrung der Betonplatte:

Felder 1:

Von der Teilungsstelle 0 bis 7: $F_e = 100$ cm²

Von der Teilungsstelle 8 bis 10: $F_e = 200$ cm²

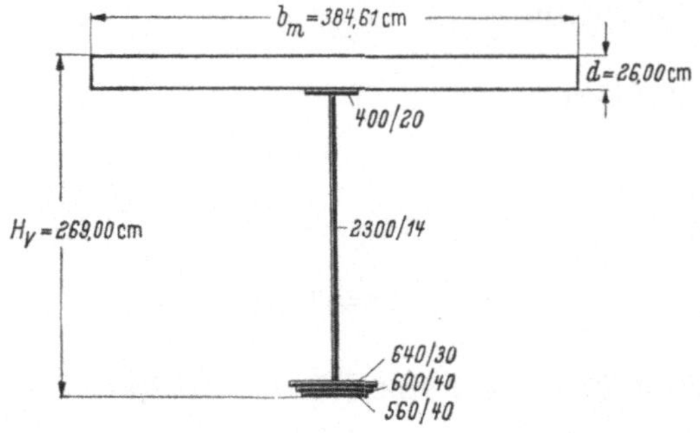

Abb. 43

Feld 2:

Von der Stelle 0 bis 1: $F_e = 200$ cm²

Von der Stelle 2 bis 5: $F_e = 100$ cm²

Stahlträger-Querschnittswerte: vgl. Tab. 6 und 7

Zusammengefaßte Querschnittswerte aller Stahlteile: vgl. Tab. 8

Hilfswerte für $E_{b0} = 350000$ kg/cm²: vgl. Tab. 9

Tabelle 6. Stahlträger-Querschnittswerte des Feldes 1

Querschnittsstelle k	StahlträgerEinzelteile	F_{st} cm²	J_{st} cm⁴	r^u_{st} cm	r^o_{st} cm	$n_k = \dfrac{J_{st,k}}{J^c_{st}}$ mit $J^c_{st} = 0,1$ m⁴
0 = 1	400/20 2100/14 640/20	502	3366038	96,864	117,136	0,336604
2 = 6 = 7	400/20 2100/14 640/20 600/20	622	4293646	79,984	136,016	0,429365
3 = 4 = 5	400/20 2100/14 640/20 600/20 560/30	790	5172018	65,655	153,345	0,517202
8	400/20 2180/14 640/30 600/20	697	5085748	76,743	148,257	0,508575
9	400/20 2850/14 640/30 600/20 560/20	903	10564196	93,707	200,293	1,056419
10	400/20 4200/15 640/30 600/20 560/20 520/30	1290	30591059	136,527	295,473	3,059106

Tabelle 7. *Stahlträger-Querschnittswerte des Feldes 2*

Querschnittsstelle k	StahlträgerEinzelteile	F_{st} cm²	J_{st} cm⁴	r_{st}^u cm	r_{st}^o cm	$n_k = \dfrac{J_{st,k}}{J_{st}^c}$ mit $J_{st}^c = 0.1\,\text{m}^4$
0	400/20 4200/15 640/30 600/20 560/20 520/30	1290	30 591 059	136,527	295,473	3,059106
1	400/20 2980/14 640/30 600/20 560/20	921	11 731 119	98,883	208,117	1.173112
2	400/20 2370/14 640/30 600/20	724	6 164 107	84,566	159,434	0,616411
3	400/20 2300/14 640/30 600/40	834	6 429 224	71,774	167,226	0,642922
4 = 5	400/20 2300/14 640/30 600/40 560/40	1058	7 415 818	60,155	182,845	0,741582

Steifigkeits-Kennwerte α_0 bei Berücksichtigung aller im Verbund mitwirkenden Stahl-Einzelteile: vgl. Tab. 10.

Hilfswerte für $E_{b\,\varphi}$ mit $\varphi = 2{,}00$, x_0 und ψ: vgl. Tab. 11
Hilfswerte für $E_{b\,\varphi'}$ mit $\varphi = 2{,}00$, x_0 und ψ': vgl. Tab. 12
Hilfswerte für $E_{b\bar{\varphi}}$ mit $\varphi = 2{,}00$, x_0 und $\bar{\psi} = \psi \cdot \psi'$: vgl. Tab. 13.

1. Stahlträger-Anheben an den beiden Mittelstützen

a) Stützenmomente X_{st}

Da zusätzlich zu einer *Spannstahl-Vorspannung* im Bereich der negativen Momente auch durch ein *Verbundträger-Absenken* an den beiden Mittelstützen in der Betonplatte eine *Druck-Vorspannung* erzeugt werden soll, ist es zweckmäßig, den Stahl-Durchlaufträger *vor* dem Betonieren der Fahrbahnplatte an den beiden Mittelstützen anzuheben, um dadurch zunächst Stahlträger-Randspannungen σ_{st} mit umgekehrten Vorzeichen zu erhalten.

Im vorliegenden Zahlenbeispiel wird als Anhebemaß $A_{st} = 0{,}84$ m gewählt. Mit den in den Tab. 6 und 7 zusammengestellten Verhältniswerten

$$ n_k = \frac{J_{st,k}}{J_{st}^c} $$

Tabelle 8. Zusammengefaßte Querschnittswerte aller Stahlteile

Querschnitts-stelle	F_{st} cm²	F_e cm²	F_{sp} cm²	F_{St} cm²	e_{st} cm	$e_e = e_{sp}$ cm	J_{St} cm⁴
				Feld 1			
$0 = 1$	502	100	—	602	21,617	108,519	4778257
$2 = 6$	622	100	—	722	20,639	128,377	6206663
$3 = 4 = 5$	790	100	—	890	18,690	147,655	7628177
7	622	100	— 90,27	722 812,27	20,639 34,906	128,377 114,110	6206663 7528944
8	697	200	— 180,54	897 1077,54	35,946 56,929	125,311 104,328	9127180 11487234
9	903	200	— 270,81	1103 1373,81	38,674 73,096	174,619 140,197	18013153 24642813
10	1290	200	— 270,81	1490 1760,81	41,406 82,479	267,067 225,994	47067668 63412466
				Feld 2			
0	1290	200	— 270,81	1490 1760,81	41,406 82,479	267,067 225,994	47067668 63412466
1	921	200	— 180,54	1121 1301,54	39,443 64,640	181,674 156,477	19765364 24897738
2	724	100	— 90,27	824 914,27	20,932 35,893	151,502 136,541	8776524 10643874
3	834	100	—	934	19,296	160,930	9329597
$4 = 5$	1058	100	—	1158	16,912	178,933	10920125

für $J_{st}^c = 0,1$ m⁴ errechnet man durch sinngemäße Anwendung der Beziehungen Gln. (D.25) bzw. (F.7) und (D.27) bzw. (F.43) zunächst die Beiwerte

$$\mu_{1,0} = \mu_{1,st} = 0,5252598 \quad \text{und} \quad \mu_{2,0} = \mu_{2,st} = 0,6216290.$$

Damit erhält man dann mit

$$S_{st}^c = E_{st}\, J_{st}^c = 21\,000\,000 \cdot 0,1 = 2\,100\,000 \text{ tm}^2$$

aus dem Ansatz Gl. (D.64):

$$X_{st} = -\frac{\Delta_{st} \cdot S_{st}^c}{l_1(l_1\,\mu_{1,st} + l_2\,\mu_{2,st})} = -\frac{0,84 \cdot 2\,100\,000}{60(60 \cdot 0,5252598 + 90 \cdot 0,6216290)} = -\frac{1\,764\,000}{5247,732}$$

$$= -336,146 \text{ tm}.$$

b) Stahlträger-Randspannungen σ_{st}^o, σ_{st}^u

α) *Querschnitt über den Mittelstützen (vgl. Tab. 6 und 7)*

$$J_{st} = 30\,591\,059 \text{ cm}^4, \quad r_{st}^o = 295,473 \text{ cm}, \quad r_{st}^u = 136,527 \text{ cm},$$

$$W_{st}^o = \frac{J_{st}}{r_{st}^o} = 103\,533 \text{ cm}^3, \quad W_{st}^u = \frac{J_{st}}{r_{st}^u} = 224\,066 \text{ cm}^3,$$

$$\sigma_{st}^o = +\frac{33\,614\,600}{103\,533} = +324,67 \text{ kg/cm}^2, \quad \sigma_{st}^u = -\frac{33\,614\,600}{224\,066} = -150,02 \text{ kg/cm}^2.$$

Tabelle 9. Hilfswerte für $E_{b0} = 350000$ kg/cm²

Stelle k	Π_v	$\dfrac{K_{st}}{10^5}$	$\dfrac{K_e}{10^5}$	$\dfrac{K_{sp}}{10^5}$	$\dfrac{K_{b0}}{10^5}$	$a_{b0} = a_{e0}$ ($= a_{sp0}$)	a_{st0}	$\dfrac{S_{st}}{10^5}$	$\dfrac{S_{b0}}{10^5}$	$\dfrac{K_{v0}}{10^5}$	$\dfrac{S_{v0}}{10^5}$	$n_{k,0} = \dfrac{S_{(v0)k}}{S_v^c}$
	cm	t	t	t	t	cm	cm	tm²	tm²	t	tm²	$S_v^c = 106$ tm²
0 = 1	240	10,542	2,10	—	35,0	28,796	— 101,340	7,06868	0,1971	47,642	21,1686	2,11686
2 = 6	242	13,062	2,10	--	35,0	38,804	— 110,212	9,01666	0,1971	50,162	30,6661	3,06661
3 = 4 = 5	245	16,590	2,10	—	35,0	51,400	— 114,945	10,86120	0,1971	53,690	42,7793	4,27793
7	242	13,062	2,10	— 1,8957	35,0	38,804 / 37,392	— 110,212 / — 111,624	9,01666	0,1971	50,162 / 52,058	30,6661 / 30,9411	3,06661 / 3,09411
8	251	14,641	4,20	— 3,7913	35,0	43,851 / 40,966	— 117,406 / — 120,291	10,68001	0,1971	53,841 / 57,632	38,5963 / 39,3774	3,85963 / 3,93774
9	320	18,963	4,20	— 5,6871	35,0	69,542 / 63,348	— 143,751 / — 149,945	22,18480	0,1971	58,163 / 63,850	80,5252 / 83,0304	8,05252 / 8,30304
10 = 0	458	27,090	4,20	— 5,6871	35,0	126,061 / 116,100	— 182,412 / — 192,373	64,24120	0,1971	66,290 / 71,977	216,8721 / 225,1954	21,68721 / 22,51954
1	333	19,345	4,20	— 3,7913	35,0	73,064 / 68,619	— 148,053 / — 152,498	24,63530	0,1971	58,545 / 62,336	88,1628 / 90,0636	8,81628 / 9,00636
2	270	15,200	2,10	— 1,8957	35,0	50,115 / 48,363	— 122,319 / — 124,071	12,94460	0,1971	52,300 / 54,196	45,2016 / 45,6607	4,52016 / 4,56607
3	265	17,514	2,10	—	35,0	57,797	— 122,429	13,50140	0,1971	54,614	52,3432	5,23432
4 = 5	269	22,218	2,10	—	35,0	73,356	— 122,489	15,57320	0,1971	59,318	68,8720	6,88720

Tabelle 10. Steifigkeitskennwerte α_0 bei Berücksichtigung aller im Verbund mitwirkenden Stahl-Einzelteile

Querschnitts-stelle k	$\dfrac{K_{st}}{10^5}$ t	$\dfrac{K_{v0}}{10^5}$ t	$\dfrac{S_{b0}}{10^5}$ tm²	$\dfrac{S_{st}}{10^5}$ tm²	$\dfrac{S_{v0}}{10^5}$ tm²	α_0
			Feld 1			
0 = 1	12,642	47,642	0,1971	10,0343	21,1686	0,125435
2 = 6	15,162	50,162	0,1971	13,0340	30,6661	0,130412
3 = 4 = 5	18,690	53,690	0,1971	16,0192	42,7793	0,131956
7	17,058	52,058	0,1971	15,8108	30,9411	0,169527
8	22,633	57,632	0,1971	24,1232	39,3774	0,243142
9	28,850	63,850	0,1971	51,7499	83,0304	0,282689
10	36,977	71,977	0,1971	133,1662	225,1954	0,304236
			Feld 2			
0	36,977	71,977	0,1971	133,1662	225,1954	0,304236
1	27,336	62,337	0,1971	52,2852	90,0636	0,255544
2	19,195	54,195	0,1971	22,3521	45,6607	0,174914
3	19,614	54,614	0,1971	19,5922	52,3432	0,135778
4 = 5	24,318	59,318	0,1971	22,9323	68,8720	0,137284

β) *Querschnitt an der Stelle 5 des Mittelfeldes* $(0,5\,l_2)$

$$J_{st} = 7\,415\,818 \text{ cm}^4, \quad r_{st}^o = 182,845 \text{ cm}, \quad r_{st}^u = 60,155 \text{ cm},$$

$$W_{st}^o = 40\,558 \text{ cm}^3, \quad W_{st}^u = 123\,278 \text{ cm}^3,$$

$$\sigma_{st}^o = + \frac{33\,614\,600}{40\,558} = + 828,80 \text{ kg/cm}^2,$$

$$\sigma_{st}^u = - \frac{33\,614\,600}{123\,278} = - 272,67 \text{ kg/cm}^2.$$

γ) *Querschnitt an der Stelle 4 der beiden Endfelder* $(0,4\,l_1)$

$$J_{st} = 5\,172\,018 \text{ cm}^4, \quad r_{st}^o = 153,345 \text{ cm}, \quad r_{st}^u = 65,655 \text{ cm},$$

$$W_{st}^o = 33\,728 \text{ cm}^3, \quad W_{st}^u = 78\,776 \text{ cm}^3,$$

$$\sigma_{st}^o = + \frac{0,4 \cdot 33\,614\,600}{33\,728} = + 398,65 \text{ kg/cm}^2,$$

$$\sigma_{st}^u = - \frac{0,4 \cdot 33\,614\,600}{78\,776} = - 170,68 \text{ kg/cm}^2.$$

2. Zustand unmittelbar nach einem Verbundträger-Absenken an den beiden Mittelstützen (t = 0)

a) Stützenmomente X_0

Als Absenkungsmaß wird $\varDelta_v = 0,55$ m gewählt. Dem Zeitpunkt $t = 0$ entsprechend, für den stets $E_{b0} = 350\,000$ kg/cm² maßgebend ist, gelten jetzt alle Hilfswerte der Tab. 9.

Mit den dort zusammengestellten Verhältniswerten $n_{k,0}$ ergibt sich aus den Beziehungen Gln. (D.25) und (D.27) für den Fall, daß noch *kein* Spannstahl-Ver-

Tabelle 11. Hilfswerte für $E_{b\varphi}$ mit $\varphi = 2{,}00$, α_0 und ψ

Stelle k	$\dfrac{K_{st}}{10^5}$	$\dfrac{K_e}{10^5}$	$\dfrac{K_{sp}}{10^5}$	ψ	$E_{b\varphi}$	$\dfrac{K_{b\varphi}}{10^5}$	$a_{b\varphi} \cdot a_{e\varphi}$ $(-a_{sp\varphi})$	$a_{st\varphi}$	$\dfrac{S_{st}}{10^5}$	$\dfrac{S_{b\varphi}}{10^5}$	$\dfrac{K_{r\varphi}}{10^5}$	$\dfrac{S_{r\varphi}}{10^5}$	$n_{k,\varphi} = \dfrac{S_{(v\varphi)k}}{S_v^c}$ $S_v^c = 10^6\,\text{tm}^2$
	t	t	t		kg/cm²	t	cm	cm	tm²	tm²	t	tm²	
0 = 1	10,542	2,1	—	1,13662	106928	10,693	58,791	− 71,344	7,06868	0,0602	22,335	16,9166	1,69166
2 = 6	13,062	2,1	—	1,14253	106543	10,654	75,399	− 73,617	9,01666	0,0600	25,816	23,4064	2,34064
3 = 4 = 5	16,590	2,1	—	1,14437	106424	10,642	94,084	− 72,261	10,86120	0,0600	29,332	30,8632	3,08632
7	13,062	2,1	1,8957	1,19043	103524	10,352	71,014	−− 78,002	9,01666	0,0583	27,410	24,2580	2,42580
8	14,641	4,2	3,7913	1,28785	97883	9,788	72,823	− 88,434	10,68001	0,0551	32,421	31,6140	3,16140
9	18,963	4,2	5,6871	1,34443	94882	9,488	105,501	−107,792	22,18480	0,0534	38,338	65,8371	6,58371
10 = 0	27,090	4,2	5,6871	1,37660	93254	9,325	180,476	−127,997	64,24120	0,0525	46,302	171,2537	17,12537
1	19,345	4,2	3,7913	1,30526	96939	9,694	115,514	−−105,603	24,63530	0,0546	37,030	69,8618	6,98618
2	15,200	2,1	1,8957	1,19722	103109	10,311	88,826	− 83,608	12,94460	0,0581	29,506	34,9158	3,49158
3	17,514	2,1	—	1,14895	106128	10,613	104,429	− 75,797	13,50140	0,0599	30,227	37,4872	3,74872
4 = 5	22,218	2,1	—	1,15076	106012	10,601	124,611	− 71,234	15,57320	0,0597	34,919	46,6292	4,66292

Tabelle 12. Hilfswerte für $E_{b\varphi'}$ mit $\varphi = 2{,}00$, α_0 und ψ'

Stelle k	$\dfrac{K_{st}}{10^5}$	$\dfrac{K_e}{10^5}$	$\dfrac{K_{sp}}{10^5}$	ψ'	$E_{b\varphi'}$	$\dfrac{K_{b\varphi'}}{10^5}$	$a_{b\varphi'} \cdot a_{e\varphi'}$ $(-a_{sp\varphi'})$	$a_{st\varphi'}$	$\dfrac{S_{st}}{10^5}$	$\dfrac{S_{b\varphi'}}{10^5}$	$\dfrac{K_{v\varphi'}}{10^5}$	$\dfrac{S_{v\varphi'}}{10^5}$	$n_{k\varphi'} = \dfrac{a_{b\varphi'} \cdot K_{b\varphi'}}{S_{v\varphi'}} \cdot S_v^c$ $(S_v^c = 10^6\,\text{tm}^2)$
	t	t	t		kg/cm²	t	cm	cm	tm²	tm²	t	tm²	t²
0 = 1	10,542	2,1	—	0,520921	171414	17,141	46,063	− 84,073	7,06868	0,09656	29,7834	18,6992	4,22253
2 = 6	13,062	2,1	—	0,521644	171292	17,129	60,279	− 88,737	9,01666	0,09650	32,2912	26,3855	3,91332
3 = 4 = 5	16,590	2,1	—	0,521869	171255	17,125	77,053	− 89,292	10,86120	0,09650	35,8155	35,5995	3,70676
7	13,062	2,1	1,8957	0,528160	170207	17,021	57,118	− 91,898	9,01666	0,09588	34,0784	27,0002	3,60067
8	14,641	4,2	3,7913	0,540353	168212	16,821	59,841	−−101,416	10,68001	0,09470	39,4535	34,7184	2,89936
9	18,963	4,2	5,6871	0,546877	167164	16,716	88,767	−124,526	22,18480	0,09411	45,5664	72,6466	2,04256
10 = 0	27,090	4,2	5,6871	0,550392	166605	16,660	155,793	−152,680	64,24120	0,09382	53,6375	191,9196	1,35244
1	19,345	4,2	3,7913	0,542423	167877	16,788	96,944	−124,173	24,63530	0,09453	44,1242	77,8457	2,09063
2	15,200	2,1	1,8957	0,529129	170046	17,004	72,403	−100,031	12,94460	0,09584	36,2003	39,2586	3,13605
3	17,514	2,1	−−	0,522701	171115	17,111	85,949	− 94,277	13,50140	0,09642	36,7255	43,3565	3,39219
4 = 5	22,218	2,1	−−	0,522899	171082	17,108	105,038	− 90,807	15,57320	0,09640	41,4262	55,1827	3,25645

Tabelle 13. Hilfswerte für $E_{b\bar\varphi}$ mit $\varphi = 2{,}00$, α_0 und $\bar\psi = \psi \cdot \psi'$

Stelle k	$\dfrac{K_{st}}{10^5}$	$\dfrac{K_e}{10^5}$	$\dfrac{K_{sp}}{10^5}$	$\bar\psi$	$E_{b\bar\varphi}$	$\dfrac{K_{b\bar\varphi}}{10^5}$	$a_{b\bar\varphi} = a_{s\bar\varphi}$ $(= a_{sp\bar\varphi})$	$a_{st\bar\varphi}$	$\dfrac{S_{st}}{10^5}$	$\dfrac{S_{b\bar\varphi}}{10^5}$	$\dfrac{K_{v\bar\varphi}}{10^5}$	$\dfrac{S_{v\bar\varphi}}{10^5}$	$n_{k,\bar\varphi} = \dfrac{S_{(v\bar\varphi)k}}{S_v^c}$
	t	t	t		kg/cm²	t	cm	cm	tm²	tm²	t	tm²	$S_v^c = 10^6$ tm²
0 = 1	10,542	2,1	—	0,592087	160244	16,024	47,857	— 82,279	7,06868	0,0903	28,6664	18,4467	1,84467
2 = 6	13,062	2,1	—	0,595993	159673	15,967	62,530	— 86,486	9,01666	0,0899	31,1293	25,9411	2,59411
3 = 4 = 5	16,590	2,1	—	0,597212	159495	15,950	79,668	— 86,677	10,86120	0,0898	34,6395	34,8709	3,48709
7	13,062	2,1	1,8957	0,628735	155041	15,504	59,777	— 89,239	9,01666	0,0873	32,5618	26,4740	2,64740
8	14,641	4,2	3,7913	0,695895	146334	14,633	63,355	— 97,902	10,68001	0,0824	37,2657	33,8767	3,38767
9	18,963	4,2	5,6871	0,735239	141673	14,167	94,026	— 119,267	22,18480	0,0798	43,0173	70,5048	7,05048
10 = 0	27,090	4,2	5,6871	0,757668	139146	13,915	164,205	— 144,268	64,24120	0,0784	50,8916	184,8797	18,48797
1	19,345	4,2	3,7913	0,708004	144867	14,487	102,277	— 118,840	24,63530	0,0816	41,8232	75,5513	7,55513
2	15,200	2,1	1,8957	0,633486	154391	15,439	75,674	— 96,760	12,94460	0,0870	34,6346	38,3918	3,83918
3	17,514	2,1	—	0,600557	159011	15,901	88,878	— 91,348	13,50140	0,0896	35,5151	42,4251	4,24251
4 = 5	22.218	2,1	—	0,601731	158841	15,884	108,236	— 87,609	15,57320	0,0895	40,2021	53,7842	5.37842

bund besteht

$$\mu_{1,0} = 0,07005208 \quad \text{und} \quad \mu_{2,0} = 0,07665535$$

und damit aus dem Ansatz Gl. (D.64) mit $S_v^c = 10^6 \text{ tm}^2$

$$X_0 = + \frac{\varDelta_v\, S_v^c}{l_1(l_1\,\mu_{10} + l_2\,\mu_{20})} = + \frac{0,55 \cdot 1\,000\,000}{60(60 \cdot 0,07005208 + 90 \cdot 0,07665535)} = + 825,664 \text{ tm}.$$

Für ein Verbundträger-Absenken *nach* Herstellung des Spannstahl-Verbundes erhält man

$$\mu_{1,0} = 0,06919536 \quad \text{und} \quad \mu_{2,0} = 0,07610838,$$

sowie

$$X_0 = + \frac{0,55 \cdot 1\,000\,000}{60(60 \cdot 0,06919536 + 90 \cdot 0,07610838)} = + 833,219 \text{ tm}.$$

b) Einzel-Schnittgrößen und Randspannungen

α) *Querschnitt über den Mittelstützen*

Mit den Hilfswerten der Tab. 9 (*ohne* Spannstahl-Verbund) erhält man aus den Beziehungen Gln. (C.18) bis (C.23)

$$N_{b0} = + 825,664 \cdot \frac{1,26061 \cdot 35,0}{216,8721} = + 167,976 \text{ t},$$

$$N_{e0} = + 825,664 \cdot \frac{1,26061 \cdot 4,2}{216,8721} = + 20,157 \text{ t},$$

$$N_{st0} = + 825,664 \cdot \frac{(-1,82412) \cdot 27,09}{216,8721} = - 188,132 \text{ t (Zug)},$$

$$M_{b0} = + 825,664 \cdot \frac{0,1971}{216,8721} = + 0,7504 \text{ tm},$$

$$M_{st0} = + 825,664 \cdot \frac{64,2412}{216,8721} = + 244,576 \text{ tm}.$$

Mit den Querschnittswerten

$$F_b = 10\,000 \text{ cm}^2, \quad W_b = 43\,333 \text{ cm}^3, \quad F_e = 200 \text{ cm}^2,$$

$$F_{st} = 1290 \text{ cm}^2, \quad W_{st}^o = 103\,533 \text{ cm}^3, \quad W_{st}^u = 224\,066 \text{ cm}^3,$$

ergeben sich nun die Randspannungen

$$\sigma_b^o = - \frac{167\,976}{10\,000} - \frac{75\,040}{43\,333} = - 16,80 - 1,73 = - 18,53 \text{ kg/cm}^2,$$

$$\sigma_b^u = - 15,07 \text{ kg/cm}^2,$$

$$\sigma_{st}^o = + \frac{188\,132}{1290} - \frac{24\,457\,600}{103\,533} = + 145,84 - 236,23 = - 90,39 \text{ kg/cm}^2,$$

$$\sigma_{st}^u = + 145,84 + \frac{24\,457\,600}{224\,066} = + 145,84 + 109,15 = + 254,99 \text{ kg/cm}^2,$$

$$\sigma_{e0} = - \frac{20\,157}{200} = - 100,76 \text{ kg/cm}^2.$$

Mit den Hilfswerten der Tab. 9, die einen Spannstahl-Verbund berücksichtigen, ergeben sich die Schnittgrößen

$$N_{b\,0} = +\,833{,}219\,\frac{1{,}161\cdot 35{,}0}{225{,}1954} = +\,150{,}349\text{ t}\,,$$

$$N_{e\,0} = +\,833{,}219\,\frac{1{,}161\cdot 4{,}2}{225{,}1954} = +\,18{,}042\text{ t}\,,$$

$$N_{sp\,0} = +\,833{,}219\,\frac{1{,}161\cdot 5{,}6871}{225{,}1954} = +\,24{,}430\text{ t}\,,$$

$$N_{st\,0} = +\,833{,}219\,\frac{(-\,1{,}92373)\cdot 27{,}09}{225{,}1954} = -\,192{,}820\text{ t (Zug)},$$

$$M_{b\,0} = +\,833{,}219\,\frac{0{,}1971}{225{,}1954} = +\,0{,}72927\text{ tm}\,,$$

$$M_{st\,0} = +\,833{,}219\,\frac{64{,}2412}{225{,}1954} = +\,237{,}692\text{ tm}$$

und die Randspannungen

$$\sigma_b^o = -\,\frac{150\,349}{10\,000} - \frac{72\,927}{43\,333} = -\,15{,}03 - 1{,}68 = -\,16{,}71\text{ kg/cm}^2\,,$$

$$\sigma_b'' = -\,13{,}35\text{ kg/cm}^2\,.$$

$$\sigma_{st}^o = +\,\frac{192\,820}{1290} - \frac{237\,769\,200}{103\,533} = +\,149{,}47 - 229{,}58 = -\,80{,}11\text{ kg/cm}^2\,,$$

$$\sigma_{st}'' = +\,149{,}47 + \frac{23\,769\,200}{224\,066} = +\,149{,}47 + 106{,}08 = +\,255{,}55\text{ kg/cm}^2\,.$$

$$\sigma_{e\,0} = -\,\frac{18\,042}{200} = -\,90{,}21\text{ kg/cm}^2\,,\qquad \sigma_{sp\,0} = -\,\frac{24\,430}{270{,}81} = -\,90{,}21\text{ kg/cm}^2\,.$$

β) Querschnitt an der Stelle 5 des Mittelfeldes $(0{,}5\,l_2)$

Mit den Hilfswerten der Tab. 9 (*ohne* Spannstahl-Verbund) ergeben sich die Schnittgrößen:

$$N_{b\,0} = +\,825{,}664\,\frac{0{,}73356\cdot 35{,}0}{68{,}8720} = +\,307{,}797\text{ t}\,.$$

$$N_{e\,0} = +\,825{,}664\,\frac{0{,}73356\cdot 2{,}1}{68{,}8720} = +\,18{,}468\text{ t}\,,$$

$$N_{st\,0} = +\,825{,}664\,\frac{(-\,1{,}22489)\cdot 22{,}218}{68{,}8720} = -\,326{,}259\text{ t}\,.$$

$$M_{b\,0} = +\,825{,}664\,\frac{0{,}1971}{68{,}8720} = +\,2{,}3629\text{ tm}\,.$$

$$M_{st\,0} = +\,825{,}664\,\frac{15{,}5732}{68{,}8720} = +\,186{,}697\text{ tm}\,.$$

Querschnittswerte:

$$F_b = 10\,000\text{ cm}^2\,,\qquad W_b = 43\,333\text{ cm}^3\,.\qquad F_e = 100\text{ cm}^2\,,$$

$$F_{st} = 1058\text{ cm}^2\,,\qquad W_{st}^o = 40\,558\text{ cm}^3\,.\qquad W_{st}'' = 123\,278\text{ cm}^3\,.$$

Randspannungen:

$$\sigma_b^o = -\,36{,}23\text{ kg/cm}^2\,.\qquad \sigma_b'' = -\,25{,}33\text{ kg/cm}^2\,.$$

$$\sigma_{st}^o = -\,151{,}95\text{ kg/cm}^2\,.\qquad \sigma_{st}'' = +\,459{,}81\text{ kg/cm}^2\,.$$

$$\sigma_e = -\,184{,}68\text{ kg/cm}^2\,.$$

Die Schnittkräfte beim Vorhandensein eines Spannstahl-Verbundes erhält man durch Multiplikation der obigen Zahlenwerte mit dem Faktor

$$\frac{833{,}219}{825{.}664} = 1{.}009150$$

mit

$$N_{b0} = + 310{,}613 \text{ t}, \quad N_{e0} = + 18{,}637 \text{ t}, \quad N_{st0} = - 329{,}244 \text{ t},$$

$$M_{b0} = + 2{,}3845 \text{ tm}, \quad M_{st0} = + 188{,}405 \text{ tm}$$

und die Randspannungen mit

$$\sigma_b^o = - 36{,}56 \text{ kg/cm}^2, \quad \sigma_b^u = - 25{,}56 \text{ kg/cm}^2,$$

$$\sigma_{st}^o = - 153{,}34 \text{ kg/cm}^2, \quad \sigma_{st}^u = + 464{,}02 \text{ kg/cm}^2,$$

$$\sigma_e = - 186{,}37 \text{ kg/cm}^2.$$

γ) Querschnitt an der Stelle 4 der beiden Endfelder (0,4 l_1)

Mit den Hilfswerten der Tab. 9 (*ohne* Spannstahl-Verbund) erhält man für $(M) = + 0{,}4 \cdot 825{.}664 = + 330{,}266 \text{ tm}$

$$N_{b0} = + 330{,}266 \, \frac{0{,}5140 \cdot 35{,}0}{42{,}7793} = + 138{,}888 \text{ t}.$$

$$N_{e0} = + 330{,}266 \, \frac{0{,}5140 \cdot 2{,}1}{42{,}7793} = + 8{,}333 \text{ t},$$

$$N_{st0} = - 330{,}266 \, \frac{1{,}14945 \cdot 16{,}59}{42{,}7793} = - 147{,}221 \text{ t},$$

$$M_{b0} = + 330{,}266 \, \frac{0{,}1971}{42{,}7793} = + 1{,}5217 \text{ tm}.$$

$$M_{st0} = + 330{,}266 \, \frac{10{,}8612}{42{,}7793} = + 83{,}851 \text{ tm}$$

und dann mit den Querschnittswerten:

$$F_b = 10000 \text{ cm}^2, \qquad W_b = 43333 \text{ cm}^3, \qquad F_e = 100 \text{ cm}^2,$$

$$F_{st} = 790 \text{ cm}^2, \qquad W_{st}^o = 33728 \text{ cm}^3, \qquad W_{st}^u = 78776 \text{ cm}^3$$

die Randspannungen:

$$\sigma_b^o = - 17{,}40 \text{ kg/cm}^2, \qquad\qquad \sigma_b^u = - 10{,}37 \text{ kg/cm}^2,$$

$$\sigma_{st}^o = - 62{,}26 \text{ kg/cm}^2, \qquad\qquad \sigma_{st}^u = + 292{,}80 \text{ kg/cm}^2,$$

$$\sigma_e = - 83{,}33 \text{ kg/cm}^2.$$

Beim Vorhandensein eines Spannstahl-Verbundes erhält man die Schnittkräfte und Randspannungen wieder durch Multiplikation der obigen Zahlenwerte mit dem Faktor 1,00915.

Es ist dann

$$N_{b0} = + 140{,}159 \text{ t}, \quad N_{e0} = + 8{,}409 \text{ t}, \quad N_{st0} = - 148{,}568 \text{ t}.$$

$$M_{b0} = + 1{,}5356 \text{ tm}, \qquad\qquad M_{st0} = + 84{,}619 \text{ tm},$$

$$\sigma_b^o = - 17{,}56 \text{ kg/cm}^2. \qquad\qquad \sigma_b^u = - 10{,}46 \text{ kg/cm}^2,$$

$$\sigma_{st}^o = - 62{,}83 \text{ kg/cm}^2, \qquad\qquad \sigma_{st}^u = + 295{,}48 \text{ kg/cm}^2,$$

$$\sigma_e = - 84{,}10 \text{ kg/cm}^2.$$

3. Temperaturunterschied Δt° zwischen Unterkante und Oberkante des Verbund-Durchlaufträgers

a) Stützenmomente $X_{\Delta t^\circ}$

Es wird Spannstahl-Verbund vorausgesetzt und mit $E_{b0} = 350\,000\ \text{kg/cm}^2$ gerechnet. Daher gelten wieder alle Hilfswerte der Tab. 9.

Mit den früher schon errechneten Beiwerten

$$\mu_{10} = 0{,}06919536 \quad \text{und} \quad \mu_{20} = 0{,}07610838,$$

die den Beziehungen Gln. (D.111) und (D.112) entsprechen, sowie

$$v_{1,\Delta t} = 0{,}1863750 \quad \text{und} \quad v_{2,\Delta t} = 0{,}1714820$$

aus den Ansätzen Gln. (D.109) und (D.110) erhält man für

$$\Delta t^\circ = +10^\circ, \quad \alpha_T = 0{,}000012 \quad \text{und} \quad S_v^c = 10^6\ \text{tm}^2$$

aus der Gl. (D.108) in der Form:

$$X_{\Delta t^\circ} = -\frac{(l_1 v_{1,\Delta t} + l_2 v_{2,\Delta t})}{(l_1 \mu_{10} + l_2 \mu_{20})} \cdot S_v^c \cdot \alpha_T \cdot \Delta t^\circ,$$

$$X_{\Delta t^\circ} = -\frac{60 \cdot 0{,}186375 + 90 \cdot 0{,}171482}{60 \cdot 0{,}0691953 + 90 \cdot 0{,}0761084} \cdot 10^6 \cdot 0{,}000012 \cdot 10 = -290{,}316\ \text{tm}.$$

b) Einzel-Schnittgrößen und Randspannungen

α) Querschnitt über den Mittelstützen

Die Einzel-Schnittgrößen erhält man mit den Hilfswerten der Tab. 9 über die Beziehungen Gln. (D.114) bis (D.120) oder durch Multiplikation der Zahlenwerte auf S. 86 mit dem Umrechnungsfaktor

$$-\frac{290{,}316}{833{,}219} = -0{,}3484265.$$

Es ergibt sich dann:

$$N_{b0} = -52{,}385\ \text{t (Zug)}, \qquad N_{e0} = -6{,}286\ \text{t}, \qquad N_{sp0} = -8{,}512\ \text{t},$$
$$N_{st0} = +67{,}183\ \text{t},$$

$$M_{b0} = -0{,}2541\ \text{tm}, \quad M_{st0} = -82{,}818\ \text{tm},$$

sowie

$$\sigma_b^o = +5{,}82\ \text{kg/cm}^2, \qquad\qquad \sigma_b^u = +4{,}65\ \text{kg/cm}^2,$$
$$\sigma_{st}^o = +27{,}91\ \text{kg/cm}^2, \qquad\qquad \sigma_{st}^u = -89{,}04\ \text{kg/cm}^2,$$
$$\sigma_e = +31{,}43\ \text{kg/cm}^2, \qquad\qquad \sigma_{sp} = +31{,}43\ \text{kg/cm}^2.$$

β) Querschnitt an der Stelle 5 des Mittelfeldes $(0{,}5\ l_2)$

Mit dem Umrechnungsfaktor $-0{,}3484265$ erhält man

$$N_{b0} = -108{,}226\ \text{t (Zug)}, \quad N_{e0} = -6{,}494\ \text{t}, \quad N_{st0} = +114{,}717\ \text{t},$$
$$M_{b0} = -0{,}8308\ \text{tm}, \quad M_{st0} = -65{,}645\ \text{tm},$$

sowie

$$\sigma_b^o = +12{,}74\ \text{kg/cm}^2, \qquad\qquad \sigma_b^u = +8{,}91\ \text{kg/cm}^2,$$
$$\sigma_{st}^o = +53{,}43\ \text{kg/cm}^2, \qquad\qquad \sigma_{st}^u = -161{,}68\ \text{kg/cm}^2,$$
$$\sigma_e = +64{,}94\ \text{kg/cm}^2.$$

γ) Querschnitt an der Stelle 4 der beiden Endfelder $(0,4\,l_1)$

Mit dem Umrechnungsfaktor $-0,3484265$ erhält man:

$$N_{b0} = -48,835\text{ t (Zug)}, \qquad N_{e0} = -2,930\text{ t}, \qquad N_{st0} = -51,765\text{ t},$$

$$M_{b0} = -0,5350\text{ tm}, \qquad M_{st0} = -29,484\text{ tm},$$

sowie

$$\sigma_b^o = +6,12\text{ kg/cm}^2, \qquad \sigma_b^u = +3,64\text{ kg/cm}^2,$$

$$\sigma_{st}^o = +21,89\text{ kg/cm}^2, \qquad \sigma_{st}^u = -102,95\text{ kg/cm}^2,$$

$$\sigma_e = +29,30\text{ kg/cm}^2.$$

4. Ständige Lasten g im Zeitpunkt $t = 0$

Es wird Spannstahl-Verbund vorausgesetzt und mit $E_{b0} = 350\,000\text{ kg/cm}^2$ gerechnet. Es gelten daher wieder alle Hilfswerte der Tab. 9.

a) Momente $(\mathfrak{M})$ der freiaufliegend angenommenen Einzelfelder

Endfelder 1:

$$(\mathfrak{M})_{0,5\,l_1} = {}_{\max}(\mathfrak{M}) = \frac{g\,l_1^2}{8} = +\frac{3,30 \cdot 60^2}{8} = +1485,000\text{ tm},$$

$$(\mathfrak{M})_{0,4\,l_1} = 0,96\,(\mathfrak{M})_{0,5\,l_1} = +0,96 \cdot 1485 = +1425,600\text{ tm}.$$

Mittelfeld 2:

$$(\mathfrak{M})_{05,\,l_2} = {}_{\max}(\mathfrak{M}) = \frac{g\,l_2^2}{8} = +\frac{3,30 \cdot 90^2}{8} = +3341,250\text{ tm}.$$

b) Stützenmomente X_0 des Verbund-Durchlaufträgers

Es wird der Ansatz Gl. (D.22) in der Form

$$X_0 = -g\,\frac{l_1^3\,v_{10} + l_2^3\,v_{20}}{l_1\,\mu_{10} + l_2\,\mu_{20}}$$

benützt.

Aus den Beziehungen Gln. (D.23) bis (D.27) ergeben sich mit den Verhältniszahlen $n_{k,0}$ der Tab. 9 zunächst die schon bekannten Beiwerte

$$\mu_{10} = 0,06919536 \quad\text{und}\quad \mu_{20} = 0,07610838$$

und dann die bisher noch nicht benötigten Sonderbeiwerte

$$v_{10} = 0,01100679 \quad\text{und}\quad v_{20} = 0,006975875.$$

Damit erhält man schließlich

$$X_0 = -3,30\,\frac{60^3 \cdot 0,01100679 + 90^3 \cdot 0,00697587}{60 \cdot 0,06919536 + 90 \cdot 0,07610838} = -2238,558\text{ tm}.$$

c) Einzel-Schnittgrößen und Randspannungen

α) Querschnitt über den Mittelstützen

$$(M) = (X_0) = -2238,558\text{ tm}.$$

Mit den Hilfswerten der Tab. 9 (*mit* Spannstahl-Verbund) erhält man:

$$N_{b0} = -\frac{2238,558}{225,1954} \cdot 1,161 \cdot 35,0 = -9,94076 \cdot 1,161 \cdot 35,0 = -403,943 \text{ t (Zug)}.$$

$$N_{e0} = -9,94076 \cdot 1,161 \cdot 4,2 = -48,473 \text{ t}.$$

$$N_{sp0} = -9,94076 \cdot 1,161 \cdot 5,6871 = -65,635 \text{ t}.$$

$$N_{st0} = +9,94076 \cdot 1,92373 \cdot 27,090 = +518,051 \text{ t (Druck)}.$$

$$M_{b0} = -9,94076 \cdot 0,1971 = -1,9593 \text{ tm}.$$

$$M_{st0} = -9,94076 \cdot 64,2412 = -638,606 \text{ tm}$$

und mit den Querschnittswerten

$$F_b = 10000 \text{ cm}^2, \qquad W_b = 43333 \text{ cm}^3,$$

$$F_{st} = 1290 \text{ cm}^2, \qquad W_{st}^o = 103533 \text{ cm}^3, \qquad W_{st}^u = 224066 \text{ cm}^3,$$

$$F_e = 200 \text{ cm}^2, \qquad F_{sp} = 270,81 \text{ cm}^2,$$

d   Randspannungen

$$\sigma_b^o = +44,92 \text{ kg/cm}^2, \qquad \sigma_b^u = +35,87 \text{ kg/cm}^2,$$

$$\sigma_{st}^o = +215,22 \text{ kg/cm}^2, \qquad \sigma_{st}^u = -686,60 \text{ kg/cm}^2,$$

$$\sigma_e = +242,36 \text{ kg/cm}^2, \qquad \sigma_{sp} = +242,36 \text{ kg/cm}^2.$$

β) *Querschnitt an der Stelle 5 des Mittelfeldes* $(0,5\,l_2)$

$$(M) = {}_{\max}(\mathfrak{M}) + X_0 = +3341,250 - 2238,558 = +1102,692 \text{ tm}.$$

Mit den Hilfswerten der Tab. 9 erhält man

$$N_{b0} = +\frac{1102,692}{68,872} \cdot 0,73356 \cdot 35,0 = +16,010715 \cdot 0,73356 \cdot 35,0 = +411,068 \text{ t},$$

$$N_{e0} = +16,010715 \cdot 0,73356 \cdot 2,1 = +24,664 \text{ t}.$$

$$N_{st0} = -16,010715 \cdot 1,22489 \cdot 22,218 = -435,725 \text{ t},$$

$$M_{b0} = +16,01071 \cdot 0,1971 = +3,1557 \text{ tm},$$

$$M_{st0} = +16,01071 \cdot 15,5732 = +249,338 \text{ tm}$$

und mit den Querschnittswerten

$$F_b = 10000 \text{ cm}^2, \qquad W_b = 43333 \text{ cm}^3,$$

$$F_{st} = 1058 \text{ cm}^2, \qquad W_{st}^o = 40558 \text{ cm}^3, \qquad W_{st}^u = 123278 \text{ cm}^3,$$

$$F_e = 100 \text{ cm}^2.$$

die Randspannungen

$$\sigma_b^o = -48,39 \text{ kg/cm}^2, \qquad \sigma_b^u = -33,83 \text{ kg/cm}^2,$$

$$\sigma_{st}^o = -202,93 \text{ kg/cm}^2, \qquad \sigma_{st}^u = +614,09 \text{ kg/cm}^2,$$

$$\sigma_e = -246,64 \text{ kg/cm}^2.$$

γ) Querschnitt an der Stelle 4 der beiden Endfelder $(0{,}4\,l_1)$

$$(M) = (\mathfrak{M})_{0{,}4\,l_1} + 0{,}4\,(X_0) = +\,1425{,}600 - 0{,}4 \cdot 2238{,}558 = +\,530{,}177 \text{ tm}.$$

Mit den Hilfswerten der Tab. 9 ergeben sich die Einzel-Schnittgrößen

$$N_{b0} = +\,\frac{530{,}177}{42{,}7793} \cdot 0{,}514 \cdot 35{,}0 = +\,12{,}39331 \cdot 0{,}514 \cdot 35{,}0 = +\,222{,}955 \text{ t},$$

$$N_{e0} = +\,12{,}39331 \cdot 0{,}514 \cdot 2{,}1 = +\,13{,}377 \text{ t},$$

$$N_{st\,0} = -\,12{,}39331 \cdot 1{,}14945 \cdot 16{,}59 = -\,236{,}333 \text{ t}.$$

$$M_{b0} = +\,12{,}39331 \cdot 0{,}1971 = +\,2{,}4427 \text{ tm},$$

$$M_{st\,0} = +\,12{,}39331 \cdot 10{,}8612 = +\,134{,}606 \text{ tm},$$

und mit den Querschnittswerten

$$F_b = 10\,000 \text{ cm}^2, \qquad W_b = 43\,333 \text{ cm}^3,$$

$$F_{st} = 790 \text{ cm}^2, \qquad W_{st}^o = 33\,728 \text{ cm}^3, \qquad W_{st}^u = 78\,776 \text{ cm}^3,$$

$$F_e = 100 \text{ cm}^2,$$

die Randspannungen:

$$\sigma_b^o = -\,27{,}93 \text{ kg/cm}^2, \qquad \sigma_b'' = -\,16{,}66 \text{ kg/cm}^2,$$

$$\sigma_{st}^o = -\,99{,}95 \text{ kg/cm}^2, \qquad \sigma_{st}'' = +\,470{,}03 \text{ kg/cm}^2,$$

$$\sigma_e = -\,133{,}77 \text{ kg/cm}^2.$$

5. Verkehrsbelastungen p (Zeitpunkt $t = 0$)

Es muß Spannstahl-Verbund vorausgesetzt und mit $E_{b0} = 350\,000 \text{ kg/cm}^2$ gerechnet werden. Daher sind auch jetzt die Hilfswerte der Tab. 9 wieder maßgebend.

a) Querschnitt über einer Mittelstütze

α) Stützenmoment $X_{1,2}$.

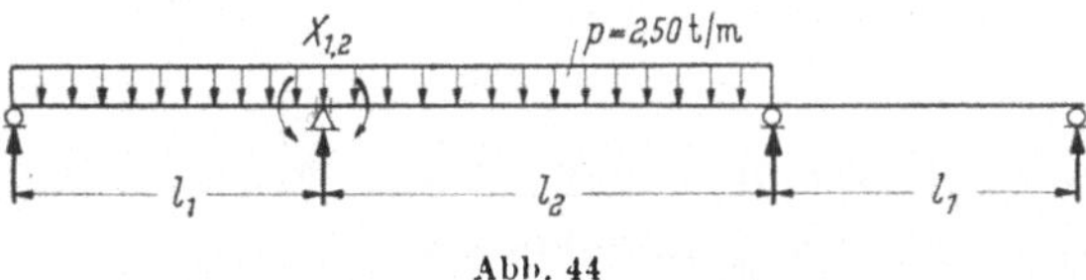

Abb. 44

Für den in Abb. 44 dargestellten, maßgebenden Belastungsfall erhält man nach der Beziehung Gl. (F.87) das Stützenmoment $X_{1,2}$ aus:

$$X_{1,2} = \frac{(l_1\,\mu_{10} + l_2\,\mu_{20}'')\,(l_1^3\,\nu_{10} + l_2^3\,\nu_{20}) - l_2^4\,\mu_{20}'\,\nu_{20}}{(l_1\,\mu_{10} + l_2\,\mu_{20}'')^2 - (l_2\,\mu_{20}')^2} \cdot p.$$

Mit den Beiwerten

$$\nu_{10} = 0{,}01100679 \quad \text{nach Gl. (D.24) oder (F.21)}$$

$$\nu_{20} = 0{,}006975875 \quad \text{nach Gl. (D.26) oder (F.45)}$$

$$\mu_{10} = 0{,}06919536 \quad \text{nach Gl. (D.25) oder (F.7)}$$

$$\mu_{20}' = 0{,}02770413 \quad \text{nach Gl. (F.40)}$$

$$\mu_{20}'' = 0{,}04840427 \quad \text{nach Gl. (F.41)}$$

ergibt sich

$$X_{1,2} = -\frac{8{,}508106 \cdot 7462{,}88 - 12679{,}82}{66{,}1710} \cdot 2{,}5 = -\frac{127037{,}87}{66{,}1710} = -1919{,}84 \text{ tm}.$$

β) Einzel-Schnittgrößen und Randspannungen

$$(M) = (X_{1,2}) = -1919{,}84 \text{ tm}.$$

Die Einzel-Schnittgrößen und Randspannungen erhält man nun am einfachsten durch Multiplikation der Zahlenwerte nach S. 90 mit dem Umrechnungsfaktor

$$\frac{1919{,}84}{2238{,}56} = 0{,}857645.$$

Es ergeben sich dann:

$$N_{b0} = -0{,}857645 \cdot 403{,}94 = -346{,}44 \text{ t (Zug)},$$

$$N_{e0} = -0{,}857645 \cdot 48{,}47 = -41{,}57 \text{ t},$$

$$N_{sp0} = -56{,}29 \text{ t}, \qquad N_{st0} = +444{,}30 \text{ t},$$

$$M_{b0} = -1{,}6804 \text{ tm}, \qquad M_{st0} = -547{,}69 \text{ tm}$$

und

$$\sigma_b^o = +38{,}52 \text{ kg/cm}^2, \qquad \sigma_b^u = +30{,}76 \text{ kg/cm}^2,$$

$$\sigma_{st}^o = +184{,}58 \text{ kg/cm}^2, \qquad \sigma_{st}^u = -588{,}86 \text{ kg/cm}^2,$$

$$\sigma_e = +207{,}86 \text{ kg/cm}^2, \qquad \sigma_{sp} = +207{,}86 \text{ kg/cm}^2.$$

b) Querschnitt an der Stelle $0{,}5\,l_2$ des Mittelfeldes

α) *Stützenmomente* $X_{1,2} = X_{2,1}$

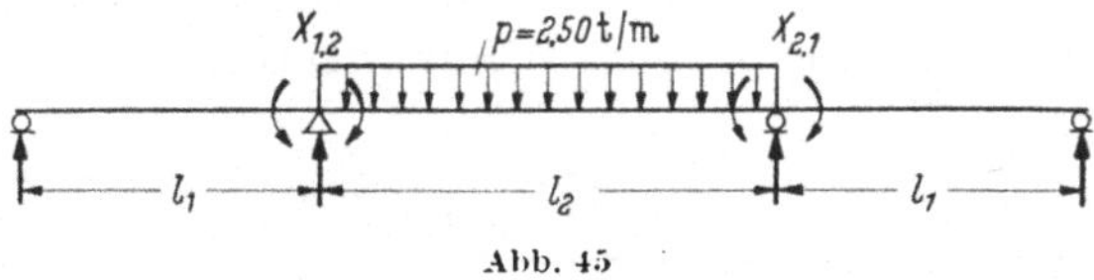

Abb. 45

Für den in Abb. 45 dargestellten, maßgebenden Belastungsfall erhält man nach der Beziehung Gl. (F.86) das Stützenmoment $X_{1,2} = X_{2,1}$ aus

$$X_{1,2} = X_{2,1} = X_0 = -\frac{p\,l_2^3\,\nu_{20}}{l_1\,\mu_{10} + l_2\,\mu_{20}}.$$

Mit den Beiwerten

$$\nu_{20} = 0{,}006975875, \quad \mu_{10} = 0{,}06919536, \quad \mu_{20} = 0{,}07610838$$

ergibt sich

$$X_{1,2} = X_{2,1} = X_0 = -\frac{2{,}5 \cdot 729000 \cdot 0{,}006975875}{60 \cdot 0{,}06919536 + 90 \cdot 0{,}07610838} = -\frac{12713{,}5}{11{,}00147}$$

$$= -1155{,}615 \text{ tm}.$$

Moment (M) an der Stelle 5 des Mittelfeldes:

$$(M) = (\mathfrak{M})_{0{,}5\,l_2} + (X_0) = +\frac{2{,}5 \cdot 90^2}{8} - 1155{,}615 = +1375{,}635 \text{ tm}.$$

β) Einzel-Schnittgrößen und Randspannungen

Die Einzel-Schnittgrößen und Randspannungen erhält man durch Multiplikation der Zahlenwerte auf S. 90 mit dem Umrechnungsfaktor

$$\frac{1375,635}{1102,692} = 1,24752.$$

Es ergeben sich dann

$$N_{b0} = +\,1,24752 \cdot 411,068 = +\,512,81\ \mathrm{t},$$

$$N_{e0} = +\,1,24752 \cdot 24,664 = +\,30,77\ \mathrm{t},$$

$$N_{\mathrm{st}0} = -\,543,58\ \mathrm{t},$$

$$M_{b0} = +\,3,9368\ \mathrm{tm}, \qquad M_{\mathrm{st}0} = +\,311,054\ \mathrm{tm}$$

und

$$\sigma_b^o = -\,60,36\ \mathrm{kg/cm^2}, \qquad \sigma_b^u = -\,42,20\ \mathrm{kg/cm^2},$$

$$\sigma_{\mathrm{st}}^o = -\,253,16\ \mathrm{kg/cm^2}, \qquad \sigma_{\mathrm{st}}^u = +\,766,09\ \mathrm{kg/cm^2},$$

$$\sigma_e = -\,307,69\ \mathrm{kg/cm^2}.$$

c) Querschnitt an der Stelle $0{,}4\,l_1$ des Endfeldes

α) Stützenmomente $X_{1,2} = X_{2,1}$

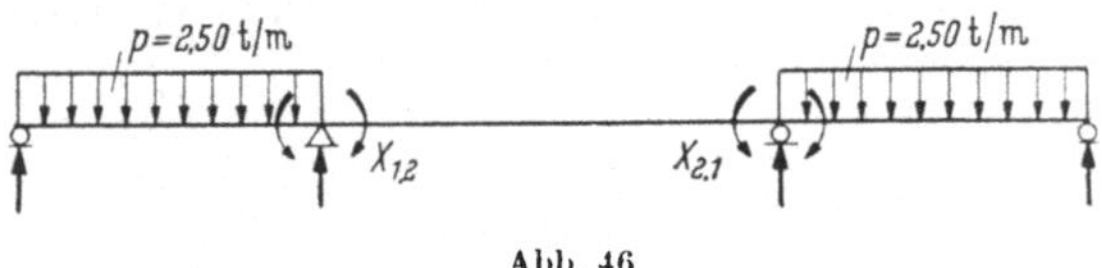

Abb. 46

Für den in Abb. 46 dargestellten Belastungsfall erhält man nach der Beziehung Gl. (F.89) das Stützenmoment $X_{1,2} = X_{2,1}$ aus

$$X_{1,2} = X_{2,1} = X_0 = -\,\frac{p\,l_1^3\,v_{10}}{l_1\,\mu_{10} + l_2\,\mu_{20}}.$$

Mit den Beiwerten

$$v_{10} = 0{,}01100679, \quad \mu_{10} = 0{,}06919536, \quad \mu_{20} = 0{,}07610838$$

ergibt sich

$$X_{1,2} = X_{2,1} = X_0 = -\,\frac{2,5 \cdot 216000 \cdot 0,01100679}{11,00147} = -\,\frac{5943,66}{11,0014} = -\,540,264\ \mathrm{tm}.$$

Moment (M) an der Stelle 4 des Endfeldes:

$$(M) = (\mathfrak{M})_{0,4\,l_1} + 0{,}4\,(X_0) = 0{,}96\,\frac{2,5 \cdot 60^2}{8} - 0{,}4 \cdot 540{,}264 = +\,863{,}895\ \mathrm{tm}.$$

β) Einzel-Schnittgrößen und Randspannungen

Aus den Zahlenwerten auf S. 91 und dem Umrechnungsfaktor

$$\frac{863,895}{530,177} = 1,629446$$

erhält man dann

$$N_{b0} = \mp 1,629446 \cdot 222,955 = \mp 363,29 \text{ t},$$

$$N_{v0} = \mp 21,80 \text{ t}, \qquad N_{st0} = -385,09 \text{ t},$$

$$M_{b0} = +3,9802 \text{ tm}, \qquad M_{st0} = \mp 219,33 \text{ tm}$$

und

$$\sigma_b'' = -45,51 \text{ kg/cm}^2, \qquad \sigma_b'' = -27,15 \text{ kg/cm}^2,$$

$$\sigma_{st}'' = -162,85 \text{ kg/cm}^2, \qquad \sigma_{st}'' = +765,89 \text{ kg/cm}^2,$$

$$\sigma_v = -218,00 \text{ kg/cm}^2.$$

6. Zustand unmittelbar nach beendetem Vorspannen der Spanngliedgruppen (Zeitpunkt $t = 0$)

Dem Zeitpunkt $t = 0$ entsprechend ist $E_{b0} = 350\,000$ kg/cm² maßgebend.

a) Ermittlung der V^*-Kräfte

Aus der Tab. 9 können sowohl die Hilfswerte K_v^o, S_v^o entnommen werden, die bei fehlendem Spannstahl-Verbund gelten, als auch die Hilfswerte K_v, S_v abgelesen werden, die einen Spannstahl-Verbund berücksichtigen.

Über die Beziehungen Gln. (D.123) bis (D.129) erhält man dann mit den planmäßigen Spannkräften $V^{\mathrm{I}} = V^{\mathrm{II}} = V^{\mathrm{III}} = 500$ t

$$V_7^* = 500 \frac{52,058 \cdot 30,9411}{50,162 \cdot 30,6661} = 523,553 \text{ t},$$

$$V_8^* = 1000 \frac{57,632 \cdot 39,3774}{53,841 \cdot 38,5963} = 1092,076 \text{ t},$$

$$V_9^* = 1500 \frac{63,85 \cdot 83,0304}{58,163 \cdot 80,5252} = 1697,892 \text{ t},$$

$$V_{10}^* = 1500 \frac{71,977 \cdot 225,1954}{66,290 \cdot 216,8721} = 1691,187 \text{ t},$$

$$V_0^* = 1691,187 \text{ t}, \qquad V_1^* = 1000 \frac{62,3365 \cdot 90,0636}{58,5452 \cdot 88,1628} = 1087,714 \text{ t},$$

$$V_2^* = 500 \frac{54,1955 \cdot 45,6607}{52,300 \cdot 45,2016} = 523,384 \text{ t}.$$

Damit ergeben sich als Momente $(\mathfrak{M})_k = V_k^* \cdot e_k$ im Spannbereich

$$(\mathfrak{M})_7 = 523,553 \cdot 0,37392 = +195,767 \text{ tm},$$

$$(\mathfrak{M})_8 = 1092,076 \cdot 0,40966 = +447,380 \text{ tm},$$

$$(\mathfrak{M})_9 = 1697,892 \cdot 0,63348 = +1075,580 \text{ tm},$$

$$(\mathfrak{M})_{10} = (\mathfrak{M})_0 = 1691,187 \cdot 1,1610 = +1963,468 \text{ tm},$$

$$(\mathfrak{M})_1 = 1087,714 \cdot 0,68619 = +746,378 \text{ tm},$$

$$(\mathfrak{M})_2 = 523,384 \cdot 0,48363 = +253,124 \text{ tm}.$$

b) Stützenmoment $X_{1,2} = X_{2,1} = X_0$

Für die Gl. (D.122) erhält man über die Beziehungen Gln. (D.137) bis (D.140)
bei Beachtung der früheren Ansätze Gl. (D.25) und (D.27), die Endendrehwinkel

$$S_v^c \cdot \gamma_{10} = \frac{60}{200}\left[14\,\frac{195,767}{3,09411} + 16\,\frac{447,380}{3,93774} + 18\,\frac{1075,58}{8,30304} + 9,75\,\frac{1963,47}{22,5195}\right]$$

$$= 1765,637 \text{ tm}^2,$$

$$S_v^c \cdot \gamma_{20} = \frac{90}{20}\left[\frac{1963,47}{22,5195} + 2\,\frac{746,378}{9,00636} + 2\,\frac{253,124}{4,56607}\right] = 1637,135 \text{ tm}^2$$

und mit

$$\mu_{10} = 0,06919536 \quad \text{und} \quad \mu_{20} = 0,07610838,$$

$$S_v^c\beta_{10} = l_1\mu_{10} = 60 \cdot 0,06919536 = 4,1517216 \text{ m},$$

$$S_v^c\beta_{20} = l_2\mu_{20} = 90 \cdot 0,07610838 = 6,8497542 \text{ m}.$$

Damit ergibt sich als Stützenmoment

$$X_0 = -\frac{\gamma_{10} + \gamma_{20}}{\beta_{10} + \beta_{20}} = -\frac{1765,637 + 1637,135}{4,1517216 + 6,8497542} = -\frac{3402,77}{11,0015} = -309,301 \text{ tm}.$$

c) Querschnitt über den Mittelstützen

$$(M) = (\mathfrak{M})_{10} + (X_0) = +1963,468 - 309,301 = +1654,167 \text{ tm},$$

$$(N) = (\mathfrak{N})_{10} = (V_{10}^*) = +1691,187 \text{ t}.$$

Einzel-Schnittgrößen und Randspannungen:
Hilfswerte:

$$K_{b0} = 35,0 \cdot 10^5 \text{ t}, \qquad K_{st} = 27,090 \cdot 10^5 \text{ t}, \qquad K_e = 4,20 \cdot 10^5 \text{ t},$$

$$S_{b0} = 0,1971 \cdot 10^5 \text{ tm}^2, \qquad S_{st} = 64,2412 \cdot 10^5 \text{ tm}^2, \qquad K_{sp} = 5,6871 \cdot 10^5 \text{ t},$$

$$a_{b0} = a_{sp0} = a_{e0} = +1,1610 \text{ m}. \qquad a_{st0} = -1,92373 \text{ m},$$

$$K_{v0} = 71,977 \cdot 10^5 \text{ t}. \qquad S_{v0} = 225,1954 \cdot 10^5 \text{ tm}^2,$$

$$F_b = 10000 \text{ cm}^2, \qquad W_b = 43333 \text{ cm}^3,$$

$$F_e = 200 \text{ cm}^2, \qquad F_{sp} = 270,81 \text{ cm}^2,$$

$$F_{st} = 1290 \text{ cm}^2, \qquad W_{st}^o = 103533 \text{ cm}^3, \qquad W_{st}^u = 224066 \text{ cm}^3.$$

Aus den Beziehungen Gln. (D.143) bis (D.148) erhält man

$$N_b = +\frac{1654,167}{225,195} \cdot 1,161 \cdot 35,0 + \frac{1691,19}{71,977} \cdot 35,0$$

$$= +7,345663 \cdot 40,635 + 23,49625 \cdot 35,0$$

$$= +298,4910 + 822,3687 = +1120,86 \text{ t},$$

$$N_e = +7,345663 \cdot 1,161 \cdot 4,2 + 23,49625 \cdot 4,2 = +35,8189 + 98,6842$$

$$= +135,50 \text{ t},$$

$$N_{st} = -7{,}345663 \cdot 1{,}92373 \cdot 27{,}09 + 23{,}49625 \cdot 27{,}09$$

$$= -382{,}8107 + 636{,}5134 = +253{,}70 \text{ t},$$

$$N_{sp} = -1691{,}187 + 7{,}345663 \cdot 1{,}161 \cdot 5{,}6871 + 23{,}49625 \cdot 5{,}6871$$

$$= -1691{,}187 + 48{,}501 + 133{,}625 = -1509{,}06 \text{ t (Zug)},$$

$$M_b = +7{,}345663 \cdot 0{,}1971 = +1{,}4478 \text{ tm},$$

$$M_{st} = +7{,}345663 \cdot 64{,}2412 = +471{,}894 \text{ tm}.$$

Die unmittelbar nach beendetem Vorspannen auftretende Spannstahl-Zug-kraft $N_{sp} = -1509{,}06$ t ist um den Betrag größer als die planmäßige Spann-kraftsumme $V^I + V^{II} + V^{III} = -1500$ t, der bei dem vorgeschlagenen Berechnungsverfahren den gleichzeitig erfaßbaren Zugbandwirkungen der Spannglieder-gruppen entspricht.

Als Randspannungen ergeben sich:

$$\sigma_b^o = -115{,}40 \text{ kg/cm}^2, \qquad \sigma_b^u = -108{,}78 \text{ kg/cm}^2,$$

$$\sigma_{st}^o = -652{,}46 \text{ kg/cm}^2, \qquad \sigma_{st}^u = +13{,}94 \text{ kg/cm}^2,$$

$$\sigma_e = -672{,}51 \text{ kg/cm}^2, \qquad \sigma_{sp} = +5572{,}40 \text{ kg/cm}^2.$$

d) Querschnitt an der Stelle $0{,}5\,l_2$ des Mittelfeldes

$$(M) = (X_0) = -309{,}301 \text{ t}, \quad (N) = 0.$$

Einzel-Schnittgrößen und Randspannungen:
Hilfswerte:

$$K_{b0} = 35{,}0 \cdot 10^5 \text{ t}, \qquad K_{st} = 22{,}218 \cdot 10^5 \text{ t}, \qquad K_e = 2{,}10 \cdot 10^5 \text{ t},$$

$$S_{b0} = 0{,}1971 \cdot 10^5 \text{ tm}^2, \qquad S_{st} = 15{,}5732 \cdot 10^5 \text{ tm}^2,$$

$$a_{b0} = a_{e0} = 0{,}73356 \text{ m}, \qquad a_{st0} = -1{,}22489 \text{ m},$$

$$K_{v0} = 59{,}318 \cdot 10^5 \text{ t}, \qquad S_{v0} = 68{,}8720 \cdot 10^5 \text{ tm}^2,$$

$$F_b = 10000 \text{ cm}^2, \qquad W_b = 43333 \text{ cm}^3,$$

$$F_e = 100 \text{ cm}^2,$$

$$F_{st} = 1058 \text{ cm}^2, \qquad W_{st}^o = 40558 \text{ cm}^3, \qquad W_{st}^u = 123278 \text{ cm}^3.$$

Es ergeben sich als Einzel-Schnittgrößen:

$$N_b = -\frac{309{,}301}{68{,}872} \cdot 0{,}73356 \cdot 35{,}0 = -4{,}49095 \cdot 25{,}6746 = -115{,}30 \text{ t (Zug)},$$

$$N_e = -4{,}49095 \cdot 0{,}73356 \cdot 2{,}1 = -6{,}92 \text{ t},$$

$$N_{st} = +4{,}49095 \cdot 1{,}22489 \cdot 22{,}218 = +122{,}22 \text{ t},$$

$$M_b = -4{,}49095 \cdot 0{,}1971 = -0{,}8852 \text{ tm},$$

$$M_{st} = -4{,}49095 \cdot 15{,}5732 = -69{,}938 \text{ tm}$$

und die Randspannungen:

$$\sigma_b^o = + 13{,}57 \text{ kg/cm}^2, \qquad \sigma_b^u = + 9{,}49 \text{ kg/cm}^2,$$

$$\sigma_{\mathrm{st}}^o = + 56{,}92 \text{ kg/cm}^2, \qquad \sigma_{\mathrm{st}}^u = - 172{,}25 \text{ kg/cm}^2,$$

$$\sigma_e = + 69{,}20 \text{ kg/cm}^2.$$

e) Querschnitt an der Stelle $0{,}4\,l_1$ der beiden Endfelder

$$(M) = 0{,}4\,(X_0) = - 0{,}4 \cdot 309{,}301 = - 123{,}720 \text{ tm},$$

$$(N) = 0.$$

Einzel-Schnittgrößen und Randspannungen:

Hilfswerte:

$$K_{b0} = 35{,}0 \cdot 10^5 \text{ t}, \qquad K_{\mathrm{st}} = 16{,}590 \cdot 10^5 \text{ t}, \qquad K_e = 2{,}10 \cdot 10^5 \text{ t},$$

$$S_{b0} = 0{,}1971 \cdot 10^5 \text{ tm}^2, \qquad S_{\mathrm{st}} = 10{,}8612 \cdot 10^5 \text{ tm}^2,$$

$$a_{b0} = a_{e0} = 0{,}5140 \text{ m}, \qquad a_{\mathrm{st}0} = - 1{,}14945 \text{ m},$$

$$K_{v0} = 53{,}690 \cdot 10^5 \text{ t}, \qquad S_{v0} = 42{,}7793 \cdot 10^5 \text{ tm}^2,$$

$$F_b = 10\,000 \text{ cm}^2, \qquad W_b = 43\,333 \text{ cm}^3,$$

$$F_e = 100 \text{ cm}^2,$$

$$F_{\mathrm{st}} = 790 \text{ cm}^2, \qquad W_{\mathrm{st}}^o = 33\,728 \text{ cm}^3, \qquad W_{\mathrm{st}}^u = 78\,776 \text{ cm}^3.$$

Es ergeben sich als Einzel-Schnittgrößen:

$$N_b = - \frac{123{,}720}{42{,}7793} \cdot 0{,}514 \cdot 35{,}0 = - 2{,}892073 \cdot 17{,}990 = - 52{,}03 \text{ t (Zug)},$$

$$N_e = - 2{,}89207 \cdot 0{,}514 \cdot 2{,}1 = - 3{,}12 \text{ t},$$

$$N_{\mathrm{st}} = + 2{,}89207 \cdot 1{,}14945 \cdot 16{,}59 = + 55{,}15 \text{ t},$$

$$M_b = - 2{,}89207 \cdot 0{,}1971 = - 0{,}5700 \text{ tm},$$

$$M_{\mathrm{st}} = - 2{,}89207 \cdot 10{,}8612 = - 31{,}411 \text{ tm}$$

und als Randspannungen:

$$\sigma_b^o = + 6{,}52 \text{ kg/cm}^2, \qquad \sigma_b^u = + 3{,}89 \text{ kg/cm}^2,$$

$$\sigma_{\mathrm{st}}^o = + 23{,}32 \text{ kg/cm}^2, \qquad \sigma_{\mathrm{st}}^u = - 109{,}68 \text{ kg/cm}^2,$$

$$\sigma_e = - 31{,}20 \text{ kg/cm}^2.$$

7. Zusammenstellung der Randspannungen für den Zeitpunkt $t = 0$
a) Querschnitt über den Mittelstützen

Tabelle 14. Querschnitt über den Mittelstützen im Zeitpunkt $t = 0$

Randspannungen in kg/cm²	σ_b^o	σ_b^u	σ_{st}^o	σ_{st}^u	σ_{sp}
1. Stahlträger-Anheben $\Delta_{st} = 0,84$ m	—	—	$+ 324,67$	$- 150,02$	—
2. Verbundträger-Absenken $\Delta_v = 0,55$ m	$- 16,71$	$- 13,35$	$- 80,11$	$+ 255,55$	$- 90,21$
3. Vorspannen	$- 115,40$	$- 108,78$	$- 652,45$	$+ 13,94$	$+ 5572,40$
4. Ständige Lasten $g = 3,30$ t/m	$+ 44,92$	$+ 35,87$	$+ 215,22$	$- 686,60$	$+ 242,36$
5. Verkehrsbelastungen $p = 2,50$ t/m	$+ 38,52$	$+ 30,76$	$+ 184,58$	$- 588,86$	$+ 207,86$
6. Temperaturunterschied $\Delta t° = \pm 10°$	$\pm 5,82$	$\pm 4,65$	$\pm 27,91$	$\mp 89,04$	$\pm 31,43$
ständig bestehende Lastfälle: $1) + 2) + 3) + 4) = a$	$- 87,19$	$- 86,26$	$- 192,68$	$- 567,13$	$+ 5724,55$
$_{max}$Druck	$- 93,01$ $a + 6)$	$- 90,91$ $a + 6)$	$- 220,59$ $a + 6)$	$- 1245,03$ $a + 5) + 6)$	$(+ 5693,12)$ $a + 6)$
$_{max}$Zug	$(- 42,85)$ $a + 5) + 6)$	$(- 50,85)$ $a + 5) + 6)$	$+ 19,81$ $a + 5) + 6)$	$(- 478,09)$ $a + 6)$	$+ 5963,84$ $a + 5) + 6)$

b) Querschnitt an der Stelle $0,5\, l_2$ des Mittelfeldes

Tabelle 15. Querschnitt an der Stelle $0,5\, l_2$ des Mittelfeldes im Zeitpunkt $t = 0$

Randspannungen in kg/cm²	σ_b^o	σ_b^u	σ_{st}^o	σ_{st}^u
1. Stahlträger-Anheben $\Delta_{st} = 0,84$ m	—	—	$+ 828,80$	$- 272,67$
2. Verbundträger-Absenken $\Delta_v = 0,55$ m	$- 36,56$	$- 25,56$	$- 153,34$	$- 464,02$
3. Vorspannen	$+ 13,57$	$+ 9,49$	$+ 56,92$	$- 172,25$
4. Ständige Lasten $g = 3,30$ t/m	$- 48,39$	$- 33,83$	$- 202,93$	$+ 614,09$
5. Verkehrsbelastungen $p = 2,50$ t/m	$- 60,36$	$- 42,20$	$- 253,16$	$+ 766,09$
6. Temperaturunterschied $\Delta t° = \pm 10°$	$\pm 12,74$	$\pm 8,91$	$\pm 53,43$	$\mp 161,68$
ständig bestehende Lastfälle: $1) + 2) + 3) + 4) = a$	$- 71,38$	$- 49,90$	$+ 529,45$	$+ 633,19$
$_{max}$Druck	$- 144,48$ $a + 5) + 6)$	$- 101,01$ $a + 5) + 6)$	$(+ 222,86)$ $a + 5) + 6)$	$(+ 471,51)$ $a + 6)$
$_{max}$Zug	$(- 58,64)$ $a + 6)$	$(- 40,99)$ $a + 6)$	$+ 582,88$ $a + 6)$	$+ 1560,96$ $a + 5) + 6)$

c) Querschnitt an der Stelle $0{,}4\,l_1$ der Endfelder

Tabelle 16. Querschnitt an der Stelle $0{,}4\,l_1$ der Endfelder im Zeitpunkt $t = 0$

Randspannungen in kg/cm²	σ_b^o	σ_b^u	σ_{st}^o	σ_{st}^u
1. Stahlträger-Anheben $\varDelta_{st} = 0{,}84$ m	—	—	$+\,398{,}65$	$-\,170{,}68$
2. Verbundträger-Absenken $\varLambda_v = 0{,}55$ m	$-\,17{,}56$	$-\,10{,}46$	$-\,62{,}83$	$+\,295{,}48$
3. Vorspannen	$+\,6{,}52$	$+\,3{,}89$	$+\,23{,}32$	$-\,109{,}68$
4. Ständige Lasten $g = 3{,}30$ t/m	$-\,27{,}93$	$-\,16{,}66$	$-\,99{,}95$	$+\,470{,}03$
5. Verkehrsbelastungen $p = 2{,}50$ t/m	$-\,45{,}51$	$-\,27{,}15$	$-\,162{,}85$	$+\,765{,}89$
6. Temperaturunterschied $\varDelta t^\circ = \pm 10^\circ$	$\pm\,6{,}12$	$\pm\,3{,}64$	$\pm\,21{,}89$	$\mp\,102{,}95$
ständig bestehende Lastfälle: 1) + 2) + 3) + 4) = a	$-\,38{,}97$	$-\,23{,}24$	$+\,259{,}19$	$+\,485{,}15$
ₘₐₓDruck	$-\,90{,}60$ $a + 5) + 6)$	$-\,54{,}03$ $a + 5) + 6)$	$(+\,74{,}45)$ $a + 5) + 6)$	$(+\,382{,}20)$ $a + 6)$
ₘₐₓZug	$(-\,32{,}85)$ $a + 6)$	$(-\,19{,}60)$ $a + 6)$	$(+\,281{,}08)$ $a + 6)$	$+\,1353{,}99$ $a + 5) + 6)$

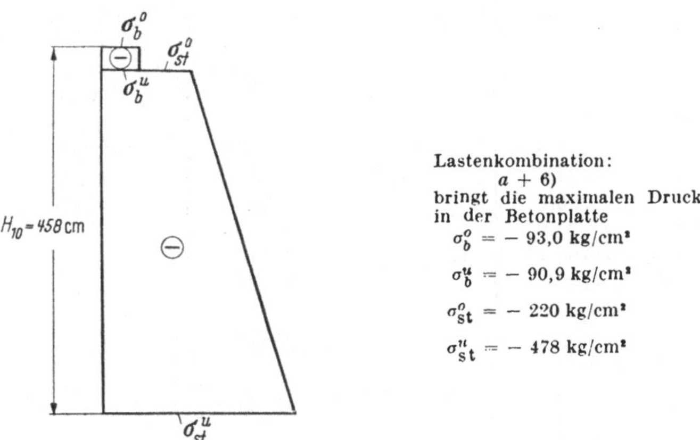

Abb. 47a. Querschnitt über den Mittelstützen ($t = 0$)

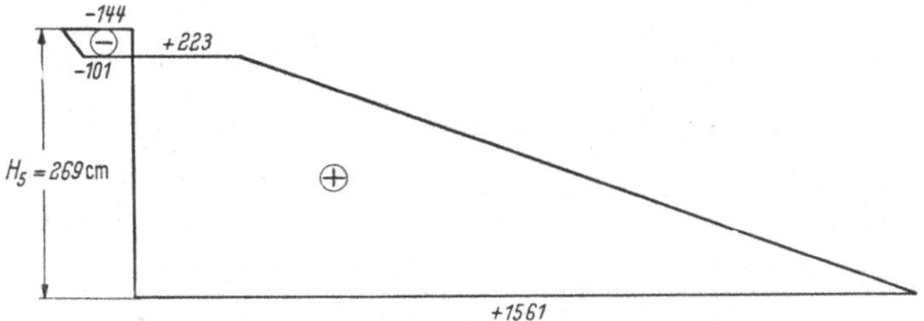

Abb. 47b. Querschnitt an der Stelle $0{,}5\,l_2$ im Mittelfeld ($t = 0$)

Lastenkombination: $a + 5) + 6)$ bringt $_{max}\sigma_b$(Druck) und $_{max}\sigma_{st}^u$ (Zug)

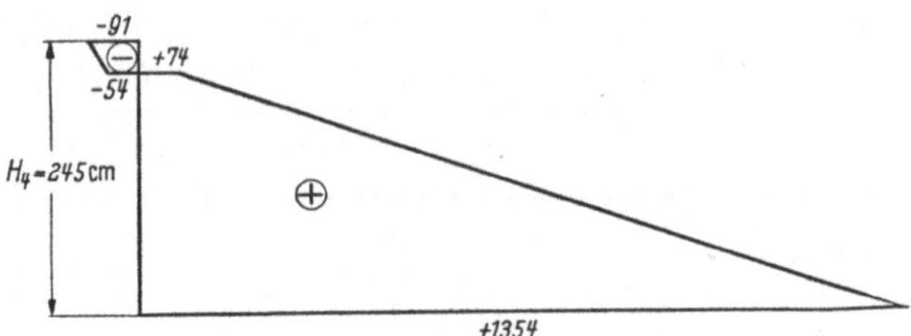

Abb. 47c. Querschnitt an der Stelle $0{,}4\,l_1$ der Endfelder ($t = 0$)
Lastenkombination: $a + 5) + 6)$ bringt $\max\sigma_b$(Druck) und $\max\sigma_{st}^{ou}$(Zug)

8. Sonderbetrachtungen zu den Vorspannungsmaßnahmen im Zeitpunkt $t = 0$

Tabelle 17. Verbundträgermomente und Stahlträgermomente infolge Verbundträger-Absenkens und Spannglieder-Vorspannung

| | Zeitpunkt $t = 0$ | | | | | |
| | I Verbundträger-Absenken $\Delta v = 0{,}55$ m | | II Spannglieder-Vorspannung | | I + II $(M) = (M)_{\Delta v} + (M)_V$ | I + II $M_{st} = M_{st}^{I} + M_{st}^{II}$ |
Stelle k	$(M)_{\Delta v}$	M_{st}^{I}	$(M)_V$	M_{st}^{II}	tm	tm
1	+ 83,31	+ 27,82	− 30,93	− 10,33	+ 52,38	+ 17,49
2	+ 166,64	+ 48,99	− 61,86	− 18,19	+ 104,78	+ 30,80
3	+ 249,97	+ 63,46	− 92,79	− 23,56	+ 157,18	+ 39,90
4	+ 333,28	+ 84,62	− 123,72	− 31,41	+ 209,56	+ 53,21
5	+ 416,61	+ 105,77	− 154,65	− 39,26	+ 261,96	+ 66,51
6	+ 499,93	+ 146,99	− 185,58	− 54,56	+ 314,35	+ 92,43
7	+ 583,25	+ 169,97	− 20,74	− 6,04	+ 562,51	+ 163,93
8	+ 666,57	+ 180,79	+ 199,94	+ 54,23	+ 866,51	+ 235,02
9	+ 749,90	+ 200,36	+ 797,21	+ 213,01	+ 1547,11	+ 413,37
10	+ 833,22	+ 237,69	+ 1654,17	+ 471,88	+ 2487,39	+ 709,57
1	+ 833,22	+ 227,91	+ 437,08	+ 119,55	+ 1270,30	+ 347,46
2	+ 833,22	+ 236,21	− 56,18	− 15,93	+ 777,04	+ 220,28
3	+ 833,22	+ 214,92	− 309,30	− 79,78	+ 523,92	+ 135,14
4	+ 833,22	+ 188,41	− 309,30	− 69,94	+ 523,92	+ 118,47
5	+ 833,22	+ 188,41	− 309,30	− 69,94	+ 523,92	+ 118,47

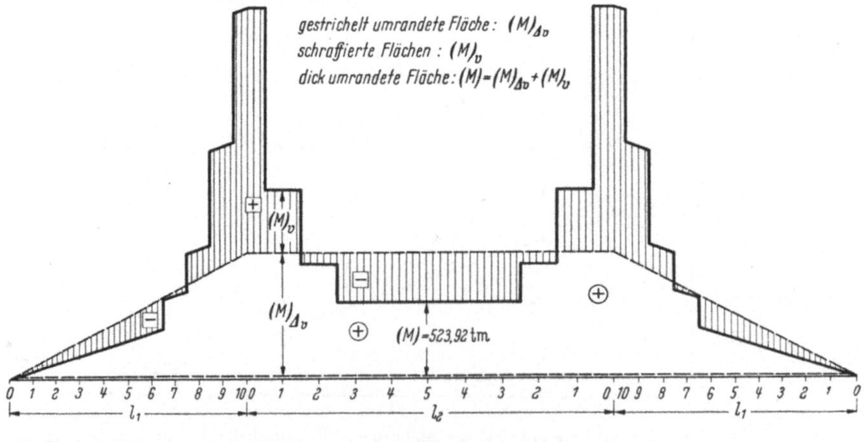

Abb. 48. Verbundträgermomente (M) infolge Verbundträger-Absenkung + Spannglieder-Vorspannung im Zeitpunkt $t = 0$

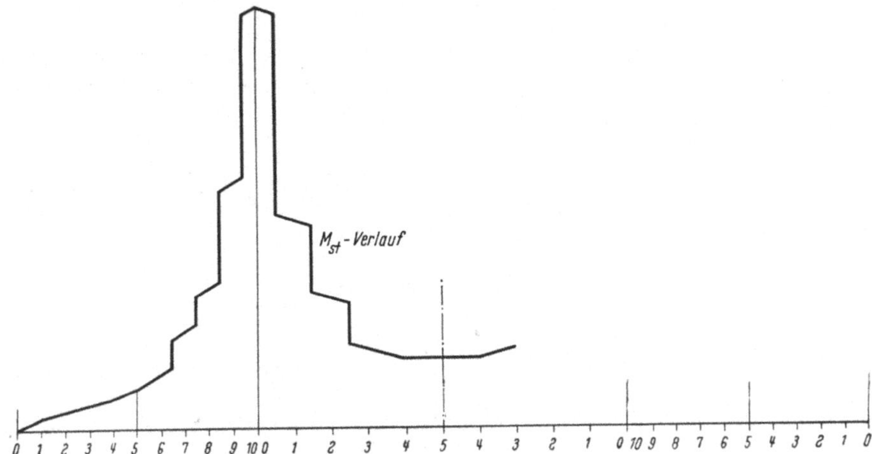

Abb. 49. Stahlträgermomente M_{st} infolge Verbundträger-Absenkung + Spannglieder-Vorspannung im Zeitpunkt $t = 0$

9. Einfluß des Beton-Kriechens auf die durch das Verbundträger-Absenken erzeugten Momente (Zeitpunkt $t = \infty$)

a) Ermittlung des durch das Beton-Kriechen geweckten Stützenmomentes X_Φ

Es gilt die Beziehung Gl. (D.63), d. h.

$$X_\Phi = \frac{\dfrac{\Delta_v}{l_1} S_v^c - X_0(l_1\mu_{1\,\varphi} + l_2\mu_{2\,\varphi})}{(l_1\mu_{1\,\overline{\varphi}} + l_2\mu_{2\,\overline{\varphi}})}.$$

Die Größen $\Delta_v = 0{,}55$ m, $S_v^c = 10^6$ tm^2 und $X_0 = +833{,}219$ tm ($t = 0$) sind bekannt oder bereits errechnet.

Die Beiwerte

$$\mu_{1\,\varphi} = 0{,}08945012 \quad \text{und} \quad \mu_{2\,\varphi} = 0{,}1047185$$

ergeben sich mit den Verhältniszahlen $n_{k,\,\varphi}$ der Tab. 11 aus den Ansätzen Gln. (D.57) und (D.58).

Die Beiwerte

$$\mu_{1\,\overline{\varphi}} = 0{,}08180389 \quad \text{und} \quad \mu_{2\,\overline{\varphi}} = 0{,}09344798$$

erhält man mit den Verhältniszahlen $n_{k,\,\overline{\varphi}}$ der Tab. 13 aus den Beziehungen Gln. (D.61) und (D.62).

Damit ergibt sich dann:

$$X_\Phi = \frac{\dfrac{0{,}55}{60} \cdot 1\,000\,000 - 833{,}219\,(60 \cdot 0{,}08945012 + 90 \cdot 0{,}1047185)}{(60 \cdot 0{,}08180389 + 90 \cdot 0{,}09344798)}$$

$$= \frac{9166{,}666 - 833{,}219 \cdot 14{,}79167}{13{,}31855} = -\frac{3158{,}034}{13{,}31855} = -237{,}116 \text{ tm}.$$

Das im Zeitpunkt $t = \infty$ noch vorhandene Stützensenkungsmoment X ergibt sich daher mit:

$$X = X_0 + X_\Phi = +833{,}219 - 237{,}116 = +596{,}103 \text{ tm}.$$

b) Einzel-Schnittgrößen N und M

Die Einzel-Schnittgrößen sind nach den Ansätzen Gln. (D.68) bis (D.73), d. h. aus den Teilbelastungsplänen X_0 (i_φ) und X_Φ $(i_{\bar\varphi})$ je getrennt zu ermitteln und dann zu addieren.

α) Querschnitt über den Mittelstützen

Mit den Hilfswerten der Tab. 11 sowie

$$(M) = (X_0) = + 833{,}219 \text{ tm}$$

erhält man zunächst:

$$N_{b\,\varphi} = + \frac{833{,}219}{171{,}2537} \cdot 1{,}80476 \cdot 9{,}325 = + 4{,}865398 \cdot 1{,}80476 \cdot 9{,}325 = + 81{,}879\,\text{t},$$

$$N_{e\,\varphi} = + 4{,}865398 \cdot 1{,}80476 \cdot 4{,}2 = + 36{,}878 \text{ t},$$

$$N_{\text{st}\,\varphi} = - 4{,}865398 \cdot 1{,}27997 \cdot 27{,}09 = - 168{,}708 \text{ t},$$

$$N_{\text{sp}\,\varphi} = + 4{,}865398 \cdot 1{,}80476 \cdot 5{,}6871 = + 49{,}935 \text{ t},$$

$$M_{b\,\varphi} = + 4{,}865398 \cdot 0{,}0525 = + 0{,}2554 \text{ tm},$$

$$M_{\text{st}\,\varphi} = + 4{,}865398 \cdot 64{,}2412 = + 312{,}559 \text{ tm}.$$

Mit den Hilfswerten der Tab. 13 sowie

$$(M) = (X_\Phi) = - 237{,}116 \text{ tm}$$

ergibt sich dann

$$N_{b\,\bar\varphi} = - \frac{237{,}116}{184{,}8797} \cdot 1{,}64205 \cdot 13{,}915 = - 1{,}28254 \cdot 1{,}64205 \cdot 13{,}915$$

$$= - 29{,}304 \text{ t (Zug)},$$

$$N_{e\,\bar\varphi} = - 1{,}28254 \cdot 1{,}64205 \cdot 4{,}2 = - 8{,}845 \text{ t},$$

$$N_{\text{st}\,\bar\varphi} = + 1{,}28254 \cdot 1{,}44268 \cdot 27{,}09 = + 50{,}124 \text{ t},$$

$$N_{\text{sp}\,\bar\varphi} = - 1{,}28254 \cdot 1{,}64205 \cdot 5{,}6871 = - 11{,}977 \text{ t},$$

$$M_{b\,\bar\varphi} = - 1{,}28254 \cdot 0{,}0784 = - 0{,}1005 \text{ tm},$$

$$M_{\text{st}\,\bar\varphi} = - 1{,}28254 \cdot 64{,}2412 = - 82{,}392 \text{ tm}$$

und als für die Bemessung maßgebende Schnittgrößen:

$$N_b = + 81{,}879 - 29{,}304 = + 52{,}575 \text{ t}, \quad N_e = + 36{,}878 - 8{,}845 = + 28{,}033 \text{ t},$$

$$N_{\text{st}} = - 118{,}584 \text{ t}, \quad N_{\text{sp}} = + 37{,}958 \text{ t},$$

$$M_b = + 0{,}1549 \text{ tm}, \quad M_{\text{st}} = + 230{,}167 \text{ tm}.$$

Damit erhält man die Randspannungen:

$$\sigma_b^o = - 5{,}62 \text{ kg/cm}^2, \quad \sigma_b^u = - 4{,}90 \text{ kg/cm}^2,$$

$$\sigma_{\text{st}}^o = - 130{,}38 \text{ kg/cm}^2, \quad \sigma_{\text{st}}^u = + 194{,}65 \text{ kg/cm}^2,$$

$$\sigma_e = - 140{,}16 \text{ kg/cm}^2, \quad \sigma_{\text{sp}} = - 140{,}16 \text{ kg/cm}^2.$$

β) Querschnitt an der Stelle 0,5 l_2 des Mittelfeldes

Mit den Hilfswerten der Tab. 11 sowie

$$(M) = (X_0) = + 833,219 \text{ tm}$$

erhält man

$$N_{b\varphi} = + \frac{833,219}{46,6292} \cdot 1,24611 \cdot 10,601 = + 17,8690 \cdot 1,24611 \cdot 10,(\,$$

$$= + 236,048 \text{ t},$$

$$N_{e\varphi} = + 17,869 \cdot 1,24611 \cdot 2,1 = + 46,760 \text{ t},$$

$$N_{\text{st}\,\varphi} = - 17,869 \cdot 0,71234 \cdot 22,218 = - 282,793 \text{ t},$$

$$M_{b\varphi} = + 17,869 \cdot 0,0597 = + 1,0668 \text{ tm},$$

$$M_{\text{st}\,\varphi} = + 17,869 \cdot 15,5732 = + 278,278 \text{ tm}.$$

Mit den Hilfswerten der Tab. 13 sowie

$$(M) = (X_\varPhi) = - 237,116 \text{ tm}$$

ergibt sich anschließend

$$N_{b\bar{\varphi}} = - \frac{237,116}{53,7842} \cdot 1,08236 \cdot 15,884 = - 4,40867 \cdot 1,08236 \cdot 15,884$$

$$= - 75,795 \text{ t},$$

$$N_{e\bar{\varphi}} = - 4,40867 \cdot 1,08236 \cdot 2,1 = - 10,021 \text{ t},$$

$$N_{\text{st}\bar{\varphi}} = + 4,40867 \cdot 0,87609 \cdot 22,218 = + 85,814 \text{ t},$$

$$M_{b\bar{\varphi}} = - 4,40867 \cdot 0,0895 = - 0,3946 \text{ tm},$$

$$M_{\text{st}\bar{\varphi}} = - 4,40867 \cdot 15,5732 = - 68,657 \text{ t}.$$

Die endgültigen Einzel-Schnittgrößen erhält man damit aus

$$N_b = + 236,048 - 75,795 = + 160,253 \text{ t}, \quad N_e = + 46,760 - 10,021 = + 36,740 \text{ t},$$

$$N_{\text{st}} = - 282,793 + 85,814 = - 196,979 \text{ t},$$

$$M_b = + 0,6722 \text{ tm}, \quad M_{\text{st}} = + 209,621 \text{ tm}.$$

Sie ergeben die Randspannungen:

$$\sigma_b^o = - 17,57 \text{ kg/cm}^2, \quad \sigma_b^u = - 14,47 \text{ kg/cm}^2,$$

$$\sigma_{\text{st}}^o = - 330,66 \text{ kg/cm}^2, \quad \sigma_{\text{st}}^u = + 356,22 \text{ kg/cm}^2,$$

$$\sigma_e = - 367,40 \text{ kg/cm}^2.$$

γ) Querschnitt an der Stelle 0,4 l_1 der Endfelder

Mit den Hilfswerten der Tab. 11 und

$$(M) = 0,4 (X_0) = + 0,4 \cdot 833,219 = + 333,287 \text{ tm}$$

erhält man zunächst

$$N_{b\varphi} = + \frac{333{,}287}{30{,}8632} \cdot 0{,}94084 \cdot 10{,}642 = + 10{,}79884 \cdot 0{,}94084 \cdot 10{,}642$$

$$= + 108{,}126 \text{ t},$$

$$N_{e\varphi} = + 10{,}79884 \cdot 0{,}94084 \cdot 2{,}1 = + 21{,}335 \text{ t},$$

$$N_{st\,\varphi} = - 10{,}79884 \cdot 0{,}72261 \cdot 16{,}59 = - 129{,}457 \text{ t},$$

$$M_{b\varphi} = + 10{,}7988 \cdot 0{,}06 = + 0{,}6479 \text{ tm},$$

$$M_{st\,\varphi} = + 10{,}7988 \cdot 10{,}8612 = + 117{,}288 \text{ tm}.$$

Mit den Hilfswerten der Tab. 13 sowie

$$(M) = 0{,}4\,(X_\Phi) = - 0{,}4 \cdot 237{,}116 = - 94{,}846 \text{ tm}$$

ergeben sich anschließend

$$N_{b\bar{\varphi}} = - \frac{94{,}846}{34{,}8709} \cdot 0{,}79668 \cdot 15{,}950 = - 2{,}71993 \cdot 0{,}79668 \cdot 15{,}950$$

$$= - 34{,}561 \text{ t},$$

$$N_{e\bar{\varphi}} = - 2{,}71993 \cdot 0{,}79668 \cdot 2{,}1 = - 4{,}551 \text{ t},$$

$$N_{st\,\bar{\varphi}} = + 2{,}71993 \cdot 0{,}86677 \cdot 16{,}59 = + 39{,}112 \text{ t},$$

$$M_{b\bar{\varphi}} = - 2{,}71993 \cdot 0{,}0898 = - 0{,}2443 \text{ tm},$$

$$M_{st\,\bar{\varphi}} = - 2{,}71993 \cdot 10{,}8612 = - 29{,}542 \text{ tm}$$

und als endgültige Einzel-Schnittgrößen

$$N_b = + 108{,}126 - 35{,}561 = + 73{,}565 \text{ t},$$

$$N_e = + 21{,}335 - 4{,}551 = + 16{,}784 \text{ t},$$

$$N_{st} = - 129{,}457 + 39{,}112 = - 90{,}345 \text{ t},$$

$$M_b = + 0{,}6479 - 0{,}2443 = + 0{,}4036 \text{ tm},$$

$$M_{st} = + 117{,}288 - 29{,}542 = + 87{,}746 \text{ tm}.$$

Damit erhält man die Randspannungen:

$$\sigma_b^o = - 8{,}29 \text{ kg/cm}^2, \qquad \sigma_b^u = - 6{,}42 \text{ kg/cm}^2,$$

$$\sigma_{st}^o = - 145{,}80 \text{ kg/cm}^2, \qquad \sigma_{st}^u = + 225{,}75 \text{ kg/cm}^2,$$

$$\sigma_e = - 167{,}84 \text{ kg/cm}^2.$$

10. Ständige Lasten g im Zeitpunkt $t = \infty$

a) Ermittlung des durch das Beton-Kriechen geweckten Stützenmomentes X_Φ

Es wird von der Beziehung Gl. (D.21) ausgegangen, d. h.

$$X_\Phi = - \frac{g(l_1^3\, \nu_{1\,\varphi} + l_2^3\, \nu_{2\,\varphi}) + X_0(l_1\, \mu_{1\,\varphi} + l_2\, \mu_{2\,\varphi})}{l_1\, \mu_{1\,\bar{\varphi}} + l_2\, \mu_{2\,\bar{\varphi}}}.$$

Die Beiwerte

$$\nu_{1\,\varphi} = 0{,}0144487 \quad \text{und} \quad \nu_{2\,\varphi} = 0{,}00974437$$

ergeben sich mit den Verhältniszahlen $n_{k,\varphi}$ der Tab. 11 aus den Ansätzen Gln. (D.10) und (D.11).

Die Beiwerte und Ausdrücke

$$\mu_{1\,\varphi} = 0{,}08945012, \quad \mu_{2\,\varphi} = 0{,}1047185, \quad (l_1\,\mu_{1\,\varphi} + l_2\,\mu_{2\,\varphi}) = 14{,}79167,$$

sowie

$$\mu_{1\,\bar{\varphi}} = 0{,}08180389, \quad \mu_{2\,\bar{\varphi}} = 0{,}09344798, \quad (l_1\,\mu_{1\,\bar{\varphi}} + l_2\,\mu_{2\,\bar{\varphi}}) = 13{,}31855$$

wurden schon im vorausgegangenen Abschn. 9 benötigt und ermittelt.

Ebenso ist

$$X_0 = -\,2238{,}558 \ \text{tm}$$

aus Abschn. 4 schon bekannt.

Damit erhält man dann:

$$X_\Phi = -\,\frac{3{,}30\,(60^3 \cdot 0{,}0144487 + 90^3 \cdot 0{,}00974437) - 2238{,}558 \cdot 14{,}79167}{13{,}31855}$$

$$= -\,\frac{33741{,}051 - 33112{,}011}{13{,}31855} = -\,47{,}231 \ \text{tm}.$$

Es sei darauf hingewiesen, daß bei Verbund-Durchlaufträgern mit konstanten Querschnittsgrößen der *Kriechzuwachs* X_Φ der Stützenmomente stets Null wird.

Wie das Zahlenbeispiel zeigt, ist X_Φ aber auch bei Verbund-Durchlaufträgern mit sehr stark veränderlichen Querschnittsgrößen nur von untergeordneter Bedeutung, so daß man den Einfluß des Beton-Kriechens auf die Stützenmomente infolge ständiger Lasten in der Regel vernachlässigen könnte.

b) Einzel-Schnittgrößen N und M

Die Einzel-Schnittgrößen sind nach den Ansätzen Gln. (D.44) bis (D.49) bzw. (D.68) bis (D.73) zusammenzustellen. Sie ergeben sich aus den Anteilen der Teil-Belastungspläne $(0_\varphi) + X_0\,(i_\varphi)$ und $X_\Phi \cdot (i_{\bar{\varphi}})$ (vgl. Abb. 18).

α) *Querschnitt über den Mittelstützen*

Mit den Hilfswerten der Tab. 11 und

$$(M) = (X_0) = -\,2238{,}558 \ \text{tm}$$

erhält man zunächst

$$N_{b\varphi} = -\,\frac{2238{,}558}{171{,}2537} \cdot 1{,}80476 \cdot 9{,}325 = -\,13{,}07157 \cdot 16{,}8288 = -\,219{,}979 \ \text{t},$$

$$N_{e\varphi} = -\,13{,}07157 \cdot 1{,}80476 \cdot 4{,}2 = -\,99{,}079 \ \text{t},$$

$$N_{\text{st}\,\varphi} = +\,13{,}07157 \cdot 1{,}27997 \cdot 27{,}09 = +\,453{,}259 \ \text{t},$$

$$N_{\text{sp}\,\varphi} = -\,13{,}07157 \cdot 1{,}80476 \cdot 5{,}6871 = -\,134{,}157 \ \text{t},$$

$$M_{b\varphi} = -\,13{,}07157 \cdot 0{,}0525 = -\,0{,}6863 \ \text{tm},$$

$$M_{\text{st}\,\varphi} = -\,13{,}07157 \cdot 64{,}2412 = -\,839{,}733 \ \text{tm}.$$

Mit den Hilfswerten der Tab. 13 und

$$(M) = (X_\Phi) = -\,47{,}231 \ \text{tm}$$

ergeben sich dann

$$N_{b\bar{\varphi}} = -\frac{47{,}231}{184{,}880} \cdot 1{,}64205 \cdot 13{,}915 = -0{,}255466 \cdot 22{,}8485 = -5{,}837 \text{ t},$$

$$N_{e\bar{\varphi}} = -0{,}255466 \cdot 1{,}64205 \cdot 4{,}2 = -1{,}762 \text{ t},$$

$$N_{\text{st}\bar{\varphi}} = +0{,}255466 \cdot 1{,}44268 \cdot 27{,}09 = +9{,}984 \text{ t},$$

$$N_{\text{sp}\bar{\varphi}} = -0{,}255466 \cdot 1{,}64205 \cdot 5{,}6871 = -2{,}386 \text{ t},$$

$$M_{b\bar{\varphi}} = -0{,}255466 \cdot 0{,}0784 = -0{,}0200 \text{ tm},$$

$$M_{\text{st}\bar{\varphi}} = -0{,}255466 \cdot 64{,}2412 = -16{,}411 \text{ tm}$$

und als endgültige Einzel-Schnittgrößen

$$N_b = -219{,}979 - 5{,}837 = -225{,}816 \text{ t},$$

$$N_e = -99{,}079 - 1{,}762 = -100{,}841 \text{ t},$$

$$N_{\text{st}} = +463{,}243 \text{ t}, \qquad N_{\text{sp}} = -136{,}543 \text{ t},$$

$$M_b = -0{,}7063 \text{ tm}, \qquad M_{\text{st}} = -856{,}144 \text{ tm},$$

sowie die Randspannungen:

$$\sigma_b^o = +24{,}21 \text{ kg/cm}^2, \qquad \sigma_b^u = +20{,}95 \text{ kg/cm}^2,$$

$$\sigma_{\text{st}}^o = +467{,}83 \text{ kg/cm}^2, \qquad \sigma_{\text{st}}^u = -741{,}20 \text{ kg/cm}^2,$$

$$\sigma_e = +504{,}20 \text{ kg/cm}^2, \qquad \sigma_{\text{sp}} = +504{,}20 \text{ kg/cm}^2.$$

β) Querschnitt an der Stelle 0,5 l_2 des Mittelfeldes

Mit den Hilfswerten der Tab. 11 sowie

$$(M) = {}_{\max}(\mathfrak{M}) + X_0 = +3341{,}250 - 2238{,}558 = +1102{,}692 \text{ tm}$$

erhält man jetzt

$$N_{b\varphi} = +\frac{1102{,}692}{46{,}6292} \cdot 1{,}24611 \cdot 10{,}601 = +23{,}6482 \cdot 13{,}2099 = +312{,}390 \text{ t},$$

$$N_{e\varphi} = +23{,}6482 \cdot 1{,}24611 \cdot 2{,}1 = +61{,}883 \text{ t},$$

$$N_{\text{st}\varphi} = -23{,}6482 \cdot 0{,}71234 \cdot 22{,}218 = -374{,}253 \text{ t},$$

$$M_{b\varphi} = +23{,}6482 \cdot 0{,}0597 = +1{,}4118 \text{ tm},$$

$$M_{\text{st}\varphi} = +23{,}6482 \cdot 15{,}5732 = +368{,}277 \text{ t}.$$

Mit den Hilfswerten der Tab. 13 sowie

$$(M) = (X_\varPhi) = -47{,}231 \text{ tm}$$

ergeben sich

$$N_{b\bar{\varphi}} = -\frac{47{,}231}{53{,}7842} \cdot 1{,}08236 \cdot 15{,}884 = -0{,}878153 \cdot 17{,}1923 = -15{,}097 \text{ t},$$

$$N_{e\bar{\varphi}} = -0{,}878153 \cdot 1{,}08236 \cdot 2{,}1 = -1{,}996 \text{ t},$$

$$N_{\text{st}\bar{\varphi}} = +0{,}878153 \cdot 0{,}87609 \cdot 22{,}218 = +17{,}093 \text{ t},$$

$$M_{b\bar{\varphi}} = -0{,}878153 \cdot 0{,}0895 = -0{,}0786 \text{ tm},$$

$$M_{\text{st}\bar{\varphi}} = -0{,}878153 \cdot 15{,}5732 = -13{,}675 \text{ tm}$$

und als Summen-Schnittgrößen:

$$N_b = + 312,390 - 15,097 = + 297,293 \text{ t},$$

$$N_e = + 61,883 - 1,996 = + 59,887 \text{t},$$

$$N_{\mathrm{st}} = - 374,253 + 17,093 = - 357,160 \text{ t},$$

$$M_b = + 1,3332 \text{ tm}, \quad M_{\mathrm{st}} = + 354,602 \text{ tm},$$

sowie die Randspannungen:

$$\sigma_b^o = - 32,81 \text{ kg/cm}^2, \quad \sigma_b^u = - 26,65 \text{ kg/cm}^2,$$

$$\sigma_{\mathrm{st}}^o = - 536,73 \text{ kg/cm}^2, \quad \sigma_{\mathrm{st}}^u = + 625,22 \text{ kg/cm}^2,$$

$$\sigma_e = - 598,87 \text{ kg/cm}^2.$$

γ) Querschnitt an der Stelle $0,4\,l_1$ der Endfelder

Mit den Hilfswerten der Tab. 11 und

$$(M) = (\mathfrak{M})_{0,4 l_1} + 0,4\,(X_0) = + 1425,600 - 0,4 \cdot 2238,558$$

$$= + 1425,600 - 895,423 = + 530,177 \text{ tm}$$

errechnet man zunächst

$$N_{b\varphi} = + \frac{530,177}{30,8632} \cdot 0,94084 \cdot 10,642 = + 17,1783 \cdot 10,0128 = + 172,003 \text{ t},$$

$$N_{e\varphi} = + 17,1783 \cdot 0,94084 \cdot 2,1 = + 33,940 \text{ t},$$

$$N_{\mathrm{st}\,\varphi} = - 17,1783 \cdot 0,72261 \cdot 16,59 = - 205,935 \text{ t},$$

$$M_{b\varphi} = + 17,1783 \cdot 0,0600 = + 1,0307 \text{ tm},$$

$$M_{\mathrm{st}\,\varphi} = + 17,1783 \cdot 10,8612 = + 186,577 \text{ tm}.$$

Mit den Hilfswerten der Tab. 13 und

$$(M) = 0,4\,(X_\varphi) = - 0,4 \cdot 47,231 = - 18,892 \text{ tm}$$

ergeben sich

$$N_{b\bar\varphi} = - \frac{18,892}{34,8709} \cdot 0,79668 \cdot 15,95 = - 0,541774 \cdot 12,7066 = - 6,884 \text{ t},$$

$$N_{e\bar\varphi} = - 0,541774 \cdot 0,79668 \cdot 2,1 = - 0,906 \text{ t},$$

$$N_{\mathrm{st}\bar\varphi} = + 0,541774 \cdot 0,86677 \cdot 16,59 = + 7,791 \text{ t},$$

$$M_{b\bar\varphi} = - 0,541774 \cdot 0,0898 = - 0,0486 \text{ tm},$$

$$M_{\mathrm{st}\bar\varphi} = - 0,541774 \cdot 10,8612 = - 5,884 \text{ tm},$$

sowie die Summen-Schnittgrößen:

$$N_b = + 172,003 - 6,884 = + 165,119 \text{ t},$$

$$N_e = + 33,940 - 0,906 = + 33,304 \text{ t},$$

$$N_{\mathrm{st}} = - 205,935 + 7,791 = - 198,144 \text{ t},$$

$$M_b = + 1,0307 - 0,0486 = + 0,9821 \text{ tm},$$

$$M_{\mathrm{st}} = + 186,577 - 5,884 = + 180,693 \text{ tm}$$

und als Randspannungen im Zeitpunkt $t = \infty$

$$\sigma_b^o = -\,18{,}78\ \text{kg/cm}^2, \qquad \sigma_b^u = -\,14{,}25\ \text{kg/cm}^2,$$

$$\sigma_{\text{st}}^o = -\,284{,}92\ \text{kg/cm}^2, \qquad \sigma_{\text{st}}^u = +\,480{,}19\ \text{kg/cm}^2,$$

$$\sigma_e = -\,330{,}34\ \text{kg/cm}^2.$$

11. Auswirkung des Beton-Schwindens bei Berücksichtigung des Kriecheinflusses

a) Ermittlung des durch das Schwind-Kriechen geweckten Stützen-momentes $X_\varPhi$

Es gilt die Beziehung Gl. (D.88), d. h.

$$X_\varPhi = -\,\varepsilon_s\, \frac{(l_1\, \nu_{1\,\varphi'} + l_2\, \nu_{2\,\varphi'})}{l_1\, \mu_{1\bar\varphi} + l_2\, \mu_{2\bar\varphi}}.$$

Die Beiwerte

$$\nu_{1\,\varphi'} = 154033{,}3 \quad \text{und} \quad \nu_{2\,\varphi'} = 141797{,}7$$

ergeben sich mit den $\eta_{k,\,\varphi'}$-Werten der Tab. 12 aus den Ansätzen Gln. (D.84) und (D.85).

Die Beiwerte

$$\mu_{1\bar\varphi} = 0{,}08180389, \quad \mu_{2\bar\varphi} = 0{,}09344798$$

und der Ausdruck

$$(l_1\, \mu_{1\bar\varphi} + l_2\, \mu_{2\bar\varphi}) = 13{,}31855$$

wurden schon auf den S. 101 und 105 benötigt und errechnet.

Damit erhält man nun:

$$X_\varPhi = -\,0{,}0002 \cdot \frac{60 \cdot 154033{,}3 + 90 \cdot 141797{,}7}{13{,}31855} = -\,\frac{4400{,}758}{13{,}31855} = -\,330{,}422\ \text{tm}.$$

b) Einzel-Schnittgrößen N und M

Die Summen-Schnittgrößen sind nach den Ansätzen Gln. (D.89) bis (D.94) zusammenzustellen. Sie ergeben sich aus den Anteilen der Teil-Belastungspläne $(0_{\varphi'})$ und $X_\varPhi \cdot (i_{\bar\varphi})$ (vgl. Abb. 23).

α) Querschnitt über den Mittelstützen

Mit den Hilfswerten der Tab. 12 erhält man aus den Beziehungen Gln. (D.95) bis (D.100):

$$N_{b\varphi'} = 0{,}0002 \cdot 16{,}660 \cdot 10^5 \left[\frac{16{,}660}{53{,}6375} + \frac{16{,}660 \cdot 1{,}55793^2}{191{,}9196} - 1 \right]$$

$$= -\,159{,}504\ \text{t (Zug)},$$

$$N_{e\varphi'} = 333{,}2 \left[\frac{4{,}2}{53{,}6375} + \frac{4{,}2 \cdot 1{,}55793^2}{191{,}9196} \right] = +\,43{,}789\ \text{t},$$

$$N_{\text{st}\,\varphi'} = 333{,}2 \left[\frac{27{,}09}{53{,}6375} - \frac{27{,}09 \cdot 1{,}55793 \cdot 1{,}5268}{191{,}9196} \right] = +\,56{,}416\ \text{t},$$

$$N_{\text{sp}\,\varphi'} = 333{,}2 \left[\frac{5{,}6871}{53{,}6375} + \frac{5{,}6871 \cdot 1{,}55793^2}{191{,}9196} \right] = +\,59{,}295\ \text{t},$$

$$M_{b\varphi'} = 333{,}2 \cdot 1{,}55793\, \frac{0{,}09382}{191{,}9196} = +\,0{,}2537\ \text{tm},$$

$$M_{\text{st}\,\varphi'} = 333{,}2 \cdot 1{,}55793\, \frac{64{,}2412}{191{,}9196} = +\,173{,}765\ \text{tm}.$$

Mit den Hilfswerten der Tab. 13 und

$$(M) = (X_\Phi) = -\,330{,}422 \text{ tm}$$

ergeben sich:

$$N_{b\bar{\varphi}} = -\,\frac{330{,}422}{184{,}8797}\cdot 1{,}64205 \cdot 13{,}915 = -\,40{,}835 \text{ t},$$

$$N_{e\bar{\varphi}} = -\,12{,}326 \text{ t}, \quad N_{st\bar{\varphi}} = +\,69{,}848 \text{ t}, \quad N_{sp\bar{\varphi}} = -\,16{,}690 \text{ t},$$

$$M_{b\bar{\varphi}} = -\,0{,}1401 \text{ tm}, \quad M_{st\bar{\varphi}} = -\,114{,}813 \text{ tm},$$

sowie die Summen-Schnittgrößen:

$$N_b = -\,159{,}504 - 40{,}835 = -\,200{,}339 \text{ t},$$

$$N_e = +\,43{,}789 - 12{,}326 = +\,31{,}463\text{t},$$

$$N_{st} = +\,56{,}416 + 69{,}848 = +\,126{,}264 \text{ t},$$

$$N_{sp} = +\,59{,}295 - 16{,}690 = +\,42{,}605 \text{ t},$$

$$M_b = +\,0{,}2537 - 0{,}1401 = +\,0{,}1136 \text{ tm},$$

$$M_{st} = +\,173{,}765 - 114{,}813 = +\,58{,}952 \text{ tm}$$

und die Randspannungen:

$$\sigma_b^o = +\,19{,}77 \text{ kg/cm}^2, \quad \sigma_b^u = +\,20{,}30 \text{ kg/cm}^2,$$

$$\sigma_{st}^o = -\,154{,}82 \text{ kg/cm}^2, \quad \sigma_{st}^u = -\,71{,}57 \text{ kg/cm}^2,$$

$$\sigma_e = -\,157{,}32 \text{ kg/cm}^2, \quad \sigma_{sp} = -\,157{,}32 \text{ kg/cm}^2.$$

β) Querschnitt an der Stelle $0{,}5\,l_2$ des Mittelfeldes

Mit den Hilfswerten der Tab. 12 erhält man aus den Beziehungen Gln. (D.95) bis (D.100):

$$N_{b\varphi'} = 0{,}0002 \cdot 17{,}108 \cdot 10^5 \left[\frac{17{,}108}{41{,}4262} + \frac{17{,}108 \cdot 1{,}05038^2}{55{,}1827} - 1\right]$$

$$= -\,83{,}818 \text{ t (Zug)},$$

$$N_{e\varphi'} = +\,31{,}710 \text{ t}, \quad N_{st\varphi'} = +\,52{,}110 \text{ t},$$

$$M_{b\varphi'} = +\,0{,}6278 \text{ tm}, \quad M_{st\varphi'} = +\,101{,}427 \text{ tm}.$$

Mit den Hilfswerten der Tab. 13 und

$$(M) = (X_\Phi) = -\,330{,}422 \text{ tm}$$

ergeben sich

$$N_{b\bar{\varphi}} = -\,\frac{330{,}422}{53{,}7842}\cdot 1{,}08236 \cdot 15{,}884 = -\,105{,}621 \text{ t},$$

$$N_{e\bar{\varphi}} = -\,13{,}964 \text{ t}, \quad N_{st\bar{\varphi}} = +\,119{,}608 \text{ t},$$

$$M_{b\bar{\varphi}} = -\,0{,}5498 \text{ tm}, \quad M_{st\bar{\varphi}} = -\,95{,}674 \text{ tm}$$

als Summen-Schnittgrößen:

$$N_b = -\,83{,}818 - 105{,}621 = -\,189{,}439 \text{ t},$$

$$N_e = +\,31{,}710 - 13{,}964 = +\,17{,}746 \text{ t},$$

$$N_{st} = 52{,}110 + 119{,}608 = +\,171{,}718 \text{ t},$$

$$M_b = +\,0{,}6278 - 0{,}5498 = +\,0{,}0780 \text{ tm},$$

$$M_{st} = +\,101{,}427 - 95{,}674 = +\,5{,}753 \text{ tm}$$

und als Randspannungen:

$$\sigma_b^o = + 18{,}76 \ \text{kg/cm}^2, \quad \sigma_b^u = + 19{,}12 \ \text{kg/cm}^2,$$

$$\sigma_{st}^o = - 176{,}49 \ \text{kg/cm}^2, \quad \sigma_{st}^u = - 157{,}64 \ \text{kg/cm}^2,$$

$$\sigma_e = - 177{,}46 \ \text{kg/cm}^2.$$

γ) Querschnitt an der Stelle $0{,}4\,l_1$ der Endfelder

Mit den Hilfswerten der Tab. 12 erhält man wieder aus den allgemeinen Beziehungen Gln. (D.95) bis (D.100)

$$N_{b\varphi'} = 0{,}0002 \cdot 17{,}125 \cdot 10^5 \left[\frac{17{,}125}{35{,}8155} + \frac{17{,}125 \cdot 0{,}77053^2}{35{,}5995} - 1 \right]$$

$$= - 80{,}911 \ \text{t (Zug)},$$

$$N_{e\varphi'} = + 32{,}079 \ \text{t}, \quad N_{st\varphi'} = + 48{,}836 \ \text{t},$$

$$M_{b\varphi'} = + 0{,}7154 \ \text{tm}, \quad M_{st\varphi'} = + 80{,}520 \ \text{tm}.$$

Mit den Hilfswerten der Tab. 13 und

$$(M) = (0{,}4 \, X_\Phi) = - 0{,}4 \cdot 330{,}422 = - 132{,}169 \ \text{tm}$$

ergeben sich:

$$N_{b\bar\varphi} = - \frac{132{,}169}{34{,}8709} \cdot 0{,}79668 \cdot 15{,}950 = - 48{,}161 \ \text{t},$$

$$N_{e\bar\varphi} = - 6{,}341 \ \text{t}, \quad N_{st\bar\varphi} = + 54{,}502 \ \text{t},$$

$$M_{b\bar\varphi} = - 0{,}3404 \ \text{tm}, \quad M_{st\bar\varphi} = - 41{,}166 \ \text{tm},$$

sowie die Summen-Schnittgrößen:

$$N_b = - 80{,}911 - 48{,}161 = - 129{,}072 \ \text{t},$$

$$N_e = + 32{,}079 - 6{,}341 = + 25{,}738 \ \text{t},$$

$$N_{st} = + 48{,}836 + 54{,}502 = + 103{,}338 \ \text{t},$$

$$M_b = + 0{,}7154 - 0{,}3404 = + 0{,}3750 \ \text{tm},$$

$$M_{st} = + 80{,}520 - 41{,}166 = + 39{,}353 \ \text{tm}$$

und die Randspannungen:

$$\sigma_b^o = + 12{,}04 \ \text{kg/cm}^2, \quad \sigma_b^u = + 13{,}77 \ \text{kg/cm}^2,$$

$$\sigma_{st}^o = - 247{,}48 \ \text{kg/cm}^2, \quad \sigma_{st}^u = - 80{,}85 \ \text{kg/cm}^2,$$

$$\sigma_e = - 257{,}38 \ \text{kg/cm}^2.$$

12. Auswirkung des Beton-Kriechens auf die durch Spannglieder erzeugte Vorspannung (Zeitpunkt $t = \infty$)

a) Ermittlung des durch das Beton-Kriechen geweckten Stützenmomentes X_Φ

Es gilt die Beziehung Gl. (D.149), d. h.

$$X_\Phi = - \frac{(\gamma_{1\varphi} + \gamma_{2\varphi}) + X_0(\beta_{1\varphi} + \beta_{2\varphi})}{(\beta_{1\bar\varphi} + \beta_{2\bar\varphi})}.$$

Aus dem Abschn. E. III. 6. b) kann

$$X_0 = -309,301 \text{ tm}$$

übernommen werden.

Nach S. 101 und 105 ist ferner

$$S_v^c(\beta_{1\varphi} + \beta_{2\varphi}) = (l_1\mu_{1\varphi} + l_2\mu_{2\varphi}) = 14,79167$$

und

$$S_v^c(\beta_{1\bar{\varphi}} + \beta_{2\bar{\varphi}}) = (l_1\mu_{1\bar{\varphi}} + l_2\mu_{2\bar{\varphi}}) = 13,31855$$

bekannt. Es sind also nur noch die Endendrehwinkel $\gamma_{1\varphi}$ und $\gamma_{2\varphi}$ zu ermitteln.

Bei Benützung der auf S. 94 errechneten konstanten Ersatzkräfte V_k^* sowie der Hilfswerte $e_{k,\varphi} = a_{\text{sp},\varphi} = a_{b,\varphi}$ und $n_{k,\varphi}$ der Tab. 11 erhält man aus den Beziehungen Gln. (D.152) und (D 153)

$$S_v^c \gamma_{1\varphi} = \frac{60}{200}\left[14 \cdot 523,553\,\frac{0,71014}{2,4258} + 16 \cdot 1092,076\,\frac{0,72823}{3,16140} + \right.$$

$$\left. + 18 \cdot 1697,892\,\frac{1,05501}{6,58371} + 9,75 \cdot 1691,187\,\frac{1,80476}{17,12537}\right]$$

$$= 0,3\,[2145,742 + 4024,963 + 4897,440 + 1737,701] = 3841,753,$$

sowie

$$S_v^c \gamma_{2\varphi} = \frac{90}{20}\left[1691,187\,\frac{1,80476}{17,12537} + 2 \cdot 1087,714\,\frac{1,15514}{6,98618}\right.$$

$$\left. + 2 \cdot 523,384\,\frac{0,88826}{3,49158}\right] =$$

$$= 4,5\,[178,226 + 359,698 + 266,300] = 3619,000$$

und damit

$$X_\Phi = -\frac{(3841,753 + 3619,000) - 309,301 \cdot 14,79167}{13,31855} = -216,666 \text{ tm}.$$

b) Einzel-Schnittgrößen N und M

Die Summen-Schnittgrößen sind nach den Ansätzen Gln (D.44) bis (D.49) zusammenzustellen. Sie ergeben sich aus den Anteilen der Teil-Belastungspläne $(0_\varphi) + X_0\,(i_\varphi)$ und $X_\Phi \cdot (i_{\bar{\varphi}})$ (vgl. Abb. 27).

α) Querschnitt über den Mittelstützen

Mit den Hilfswerten der Tab. 11 und

$$(M) = (\mathfrak{M}) + (X_0) = V_{10}^* e_{10.\varphi} + X_0 = +1691,187 \cdot 1,80476 - 309,301$$

$$= +3052,187 - 309,301 = +2742,886 \text{ tm},$$

$$(N) = (\mathfrak{N}) = V_{10}^* = 1691,187 \text{ t}$$

erhält man zunächst aus den Ansätzen Gln. (D.154) bis (D.165):

$$N_{b\varphi} = +\frac{2742,886}{171,2537} \cdot 1,80476 \cdot 9,325 + \frac{1691,187}{46,302} \cdot 9,325$$

$$= +16,01653 \cdot 16,82939 + 36,5252 \cdot 9,325$$

$$= +269,548 + 340,598 = +610,146 \text{ t (Druck)},$$

$$N_{e\varphi} = +\,16{,}01653 \cdot 1{,}80476 \cdot 4{,}2 + 36{,}5252 \cdot 4{,}2$$
$$= +\,121{,}405 + 153{,}406 = +\,274{,}811 \text{ t},$$

$$N_{\mathrm{st}\,\varphi} = -\,16{,}01653 \cdot 1{,}27997 \cdot 27{,}09 + 36{,}5252 \cdot 27{,}09$$
$$= -\,555{,}363 + 989{,}467 = +\,434{,}104 \text{ t},$$

$$N_{\mathrm{sp}\varphi} = -\,1691{,}187 + 16{,}01653 \cdot 1{,}80476 \cdot 5{,}6871 + 36{,}5252 \cdot 5{,}6871$$
$$= -\,1319{,}073 \text{ t (Zug)},$$

$$M_{b\varphi} = +\,16{,}01653 \cdot 0{,}0525 = +\,0{,}8409 \text{ tm},$$

$$M_{\mathrm{st}\,\varphi} = +\,16{,}01653 \cdot 64{,}2412 = +\,1028{,}921 \text{ tm}.$$

Mit den Hilfswerten der Tab. 13 und

$$(M) = (X_\varphi) = -\,216{,}666 \text{ tm}$$

ergeben sich

$$N_{b\bar\varphi} = -\,\frac{216{,}666}{184{,}8797} \cdot 1{,}64205 \cdot 13{,}915 = -\,1{,}17193 \cdot 22{,}8485 = -\,26{,}777 \text{ t},$$

$$N_{e\bar\varphi} = -\,1{,}17193 \cdot 1{,}64205 \cdot 4{,}2 = -\,8{,}082 \text{ t},$$

$$N_{\mathrm{st}\,\bar\varphi} = +\,1{,}17193 \cdot 1{,}44268 \cdot 27{,}09 = +\,45{,}802 \text{ t},$$

$$N_{\mathrm{sp}\bar\varphi} = -\,1{,}17193 \cdot 1{,}64205 \cdot 5{,}6871 = -\,10{,}944 \text{ t},$$

$$M_{b\bar\varphi} = -\,1{,}17193 \cdot 0{,}0784 = -\,0{,}0919 \text{ tm},$$

$$M_{\mathrm{st}\,\bar\varphi} = -\,1{,}17193 \cdot 64{,}2412 = -\,75{,}286 \text{ tm}$$

und als endgültige Einzel-Schnittgrößen:

$$N_b = +\,610{,}146 - 26{,}777 = +\,583{,}369 \text{ t},$$

$$N_e = +\,274{,}811 - 8{,}082 = +\,266{,}729 \text{ t},$$

$$N_{\mathrm{st}} = +\,434{,}104 + 45{,}802 = +\,479{,}906 \text{ t},$$

$$N_{\mathrm{sp}} = -\,1319{,}073 - 10{,}944 = -\,1330{,}017 \text{ t (Zug)},$$

$$M_b = +\,0{,}8409 - 0{,}0919 = +\,0{,}7490 \text{ tm},$$

$$M_{\mathrm{st}} = +\,1028{,}921 - 75{,}286 = +\,953{,}635 \text{ tm}.$$

Damit erhält man als Randspannungen:

$$\sigma_b^o = -\,\frac{583369}{10000} - \frac{74900}{43333} = -\,58{,}34 - 1{,}73 = -\,60{,}07 \text{ kg/cm}^2,$$

$$\sigma_b^u = -\,58{,}34 + 1{,}73 = -\,56{,}61 \text{ kg/cm}^2,$$

$$\sigma_{\mathrm{st}}^o = -\,\frac{479906}{1290} - \frac{95363500}{103533} = -\,372{,}02 - 921{,}09 = -\,1293{,}11 \text{ kg/cm}^2,$$

$$\sigma_{\mathrm{st}}^u = -\,372{,}02 + \frac{95363500}{224066} = -\,372{,}02 + 425{,}60 = +\,53{,}58 \text{ kg/cm}^2,$$

$$\sigma_e = -\,\frac{266729}{200} = -\,1333{,}64 \text{ kg/cm}^2,$$

$$\sigma_{\mathrm{sp}} = +\,\frac{1330017}{270{,}81} = +\,4911{,}27 \text{ kg/cm}^2.$$

β) Querschnitt an der Stelle 0,5 l_2 des Mittelfeldes

Mit den Hilfswerten der Tab. 11 und

$$(M) = (X_0) = -309{,}301 \text{ tm}, \quad (N) = 0$$

erhält man zunächst:

$$N_{b\varphi} = -\frac{309{,}301}{46{,}6292} \cdot 1{,}24611 \cdot 10{,}601 = -6{,}633232 \cdot 13{,}2100 = -87{,}625 \text{ t},$$

$$N_{e\varphi} = -6{,}633232 \cdot 1{,}24611 \cdot 2{,}1 = -17{,}358 \text{ t},$$

$$N_{\text{st}\varphi} = +6{,}633232 \cdot 0{,}71234 \cdot 22{,}218 = +104{,}983 \text{ t},$$

$$M_{b\varphi} = -6{,}633232 \cdot 0{,}0597 = -0{,}3960 \text{ tm},$$

$$M_{\text{st}\varphi} = -6{,}633232 \cdot 15{,}5732 = -103{,}301 \text{ tm}.$$

Mit den Hilfswerten der Tab. 13 und

$$(M) = (X_\varPhi) = -216{,}666 \text{ tm}$$

ergeben sich:

$$N_{b\bar{\varphi}} = -\frac{216{,}666}{53{,}7842} \, 1{,}08236 \cdot 15{,}884 = -4{,}028447 \cdot 17{,}1923 = -69{,}258 \text{ t},$$

$$N_{e\bar{\varphi}} = -4{,}028447 \cdot 1{,}08236 \cdot 2{,}1 = -9{,}156 \text{ t},$$

$$N_{\text{st}\bar{\varphi}} = +4{,}028447 \cdot 0{,}87609 \cdot 22{,}218 = +78{,}413 \text{ t},$$

$$M_{b\bar{\varphi}} = -4{,}028447 \cdot 0{,}0895 = -0{,}3605 \text{ tm},$$

$$M_{\text{st}\bar{\varphi}} = -4{,}028447 \cdot 15{,}5732 = -62{,}736 \text{ tm}$$

und als endgültige Einzel-Schnittgrößen:

$$N_b = -87{,}625 - 69{,}258 = -156{,}883 \text{ t},$$

$$N_e = -17{,}358 - 9{,}156 = -26{,}514 \text{ t},$$

$$N_{\text{st}} = +104{,}983 + 78{,}413 = +183{,}396 \text{ t},$$

$$M_b = -0{,}3960 - 0{,}3605 = -0{,}7565 \text{ tm},$$

$$M_{\text{st}} = -103{,}301 - 62{,}736 = -166{,}037 \text{ tm}.$$

Damit erhält man als Randspannungen:

$$\sigma_b^o = +\frac{156883}{10000} + \frac{75650}{43333} = +15{,}69 + 1{,}74 = +17{,}43 \text{ kg/cm}^2,$$

$$\sigma_b^u = +15{,}69 - 1{,}74 = +13{,}95 \text{ kg/cm}^2,$$

$$\sigma_{st}^{o} = -\frac{183396}{1058} + \frac{16603700}{40558} = -173,34 + 409,38 = +236,04 \text{ kg/cm}^2,$$

$$\sigma_{st}^{u} = -173,34 - \frac{16603700}{123278} = -173,34 - 134,68 = -308,02 \text{ kg/cm}^2,$$

$$\sigma_{e} = +\frac{26514}{100} = +265,14 \text{ kg/cm}^2.$$

$\gamma)$ *Querschnitt an der Stelle* $0,4\,l_1$ *der Endfelder*

Mit den Hilfswerten der Tab. 11 und

$$(M) = (0,4\,X_0) = -0,4 \cdot 309,301 = -123,720 \text{ tm}, \quad (N) = 0$$

erhält man zunächst:

$$N_{b\varphi} = -\frac{123,720}{30,8632} \cdot 0,94084 \cdot 10,6424 = -4,008683 \cdot 10,0128 = -40,138 \text{ t},$$

$$N_{e\varphi} = -4,008683 \cdot 0,94084 \cdot 2,1 = -7,920 \text{ t},$$

$$N_{st\,\varphi} = +4,008683 \cdot 0,72261 \cdot 16,59 = +48,057 \text{ t},$$

$$M_{b\varphi} = -4,008683 \cdot 0,06 = -0,2405 \text{ tm},$$

$$M_{st\,\varphi} = -4,008683 \cdot 10,8612 = -43,539 \text{ tm}.$$

Mit den Hilfswerten der Tab. 13 und

$$(M) = (0,4\,X_{\varphi}) = -0,4 \cdot 216,666 = -86,666 \text{ tm}$$

ergeben sich:

$$N_{b\bar{\varphi}} = -\frac{86,6664}{34,8709} \cdot 0,79668 \cdot 15,95 = -2,48535 \cdot 12,7066 = -31,580 \text{ t},$$

$$N_{e\bar{\varphi}} = -2,48535 \cdot 0,79668 \cdot 2,1 = -4,158 \text{ t},$$

$$N_{st\,\bar{\varphi}} = +2,48535 \cdot 0,86677 \cdot 16,59 = +35,738 \text{ t},$$

$$M_{b\bar{\varphi}} = -2,48535 \cdot 0,0898 = -0,2232 \text{ tm},$$

$$M_{st\,\bar{\varphi}} = -2,48535 \cdot 10,8612 = -26,994 \text{ tm}$$

und als endgültige Einzel-Schnittgrößen:

$$N_b = -40,138 - 31,580 = -71,718 \text{ t}, \quad N_e = -7,920 - 4,158 = -12,078 \text{ t},$$

$$N_{st} = +48,057 + 35,738 = +83,795 \text{ t},$$

$$M_b = -0,2405 - 0,2232 = -0,4637 \text{ tm},$$

$$M_{st} = -43,539 - 26,994 = -70,533 \text{ tm}.$$

Damit erhält man als Randspannungen:

$$\sigma_b^o = + \frac{71\,718}{10\,000} + \frac{46\,370}{43\,333} = + 7{,}17 + 1{,}07 = + 8{,}24 \text{ kg/cm}^2,$$

$$\sigma_b^u = + 7{,}17 - 1{,}07 = + 6{,}10 \text{ kg/cm}^2,$$

$$\sigma_{st}^o = - \frac{83\,795}{790} + \frac{7\,053\,300}{33\,728} = - 106{,}07 + 209{,}12 = + 103{,}05 \text{ kg/cm}^2,$$

$$\sigma_{st}^u = - 106{,}07 - \frac{7\,053\,300}{78\,776} = - 106{,}07 - 89{,}54 = - 195{,}61 \text{ kg/cm}^2,$$

$$\sigma_e = + \frac{12\,078}{100} = + 120{,}78 \text{ kg/cm}^2.$$

13. Zusammenstellung der Randspannungen für den Zeitpunkt $t = \infty$

a) Querschnitt über den Mittelstützen

Tabelle 18. Querschnitt über der Mittelstütze im Zeitpunkt $t = \infty$

Randspannungen in kg/cm²	σ_b^o	σ_b^u	σ_{st}^o	σ_{st}^u	σ_{sp}
1. Stahlträger-Anheben $\Delta_{st} = 0{,}84$ m	—	—	$+ 324{,}67$	$- 150{,}02$	—
2. Verbundträger-Absenken $\Delta_v = 0{,}55$ m	$- 5{,}62$	$- 4{,}90$	$- 130{,}38$	$+ 194{,}65$	$- 140{,}16$
3. Vorspannen	$- 60{,}07$	$- 56{,}61$	$- 1293{,}11$	$+ 53{,}58$	$+ 4911{,}27$
4. Ständige Lasten $g = 3{,}30$ t/m	$+ 24{,}21$	$+ 20{,}95$	$+ 467{,}83$	$- 741{,}20$	$+ 504{,}20$
5. Schwind-Kriechen $\varepsilon_s = 0{,}00020$ ($\varphi = 2{,}0$)	$+ 19{,}77$	$+ 20{,}30$	$- 154{,}82$	$- 71{,}57$	$- 157{,}32$
6. Verkehrs-belastungen $p = 2{,}50$ t/m	$+ 38{,}52$	$+ 30{,}76$	$+ 184{,}58$	$- 588{,}86$	$+ 207{,}86$
7. Temperatur-unterschied $\Delta t^\circ = \pm 10^\circ$	$\pm 5{,}82$	$\pm 4{,}65$	$\pm 27{,}91$	$\mp 89{,}04$	$\pm 31{,}43$
ständig bestehende Lastfälle 1)+2)+3)+4)+5) $= a$	$- 21{,}71$	$- 20{,}26$	$- 785{,}81$	$- 714{,}56$	$+ 5117{,}99$
$_{max}$Druck	$- 27{,}53$ $a + 7)$	$- 24{,}91$ $a + 7)$	$- 813{,}72$ $a + 7)$	$- 1392{,}46$ $a + 6) + 7)$	$(+ 5086{,}56)$ $a + 7)$
$_{max}$Zug	$+ 22{,}63$ $a + 6) + 7)$	$+ 15{,}06$ $a + 6) + 7)$	$(- 573{,}32)$ $a + 6) + 7)$	$(- 625{,}52)$ $a + 7)$	$+ 5357{,}28$ $a + 6) + 7)$

b) Querschnitt an der Stelle $0,5\,l_2$ des Mittelfeldes

Tabelle 19. Querschnitt an der Stelle $0,5\,l_2$ des Mittelfeldes im Zeitpunkt $t = \infty$

Randspannungen in kg/cm²	σ_b^o	σ_b^u	σ_{st}^o	σ_{st}^u
1. Stahlträger-Anheben $\varDelta_{st} = 0,84$ m	—	—	$+\,828,80$	$-\,272,67$
2. Verbundträger-Absenken $\varDelta_v = 0,55$ m	$-\,17,57$	$-\,14,47$	$-\,330,66$	$+\,356,22$
3. Vorspannen	$+\,17,43$	$+\,13,95$	$+\,236,04$	$-\,308,02$
4. Ständige Lasten $g = 3,30$ t/m	$-\,32,81$	$-\,26,65$	$-\,536,73$	$+\,625,22$
5. Schwind-Kriechen $\varepsilon_s = 0,00020\ (=\varphi\ 2,0)$	$+\,18,76$	$+\,19,12$	$-\,176,49$	$-\,157,64$
6. Verkehrsbelastungen $p = 2,50$ t/m	$-\,60,36$	$-\,42,20$	$-\,253,16$	$+\,766,09$
7. Temperaturunterschied $\varDelta t° = \pm 10°$	$\pm\,12,74$	$\pm\,8,91$	$\pm\,53,43$	$\mp\,161,68$
ständig bestehende Lastfälle $1) + 2) + 3) + 4) + 5) = a$	$-\,14,19$	$-\,8,05$	$+\,20,96$	$+\,243,11$
$_{max}$Druck	$-\,87,29$ $a + 6) + 7)$	$-\,59,16$ $a + 6) + 7)$	$-\,285,63$ $a + 6) + 7)$	$(+\ 81,43)$ $a + 7)$
$_{max}$Zug	$(-\ 1,45)$ $a + 7)$	$+\,0,86$ $a + 7)$	$+\,74,39$ $a + 7)$	$+\,1170,88$ $a + 6) + 7)$

c) Querschnitt an der Stelle $0,4\,l_1$ der Endfelder

Tabelle 20. Querschnitt an der Stelle $0,4\,l_1$ der Endfelder im Zeitpunkt $t = \infty$

Randspannungen in kg/cm²	σ_b^o	σ_b^u	σ_{st}^o	σ_{st}^u
1. Stahlträger-Anheben $\varDelta_{st} = 0,84$ m	—	—	$+\,398,65$	$-\,170,68$
2. Verbundträger-Absenken $\varDelta_v = 0,55$ m	$-\,8,29$	$-\,6,42$	$-\,145,80$	$+\,225,75$
3. Vorspannen	$+\,8,24$	$+\,6,10$	$+\,103,05$	$-\,195,61$
4. Ständige Lasten $g = 3,30$ t/m	$-\,18,78$	$-\,14,25$	$-\,284,92$	$+\,480,19$
5. Schwind-Kriechen $\varepsilon_s = 0,00020\ (\varphi = 2,0)$	$+\,12,04$	$+\,13,77$	$-\,247,48$	$-\,80,85$
6. Verkehrsbelastungen $p = 2,50$ t/m	$-\,45,51$	$-\,27,15$	$-\,162,85$	$+\,765,89$
7. Temperaturunterschied $\varDelta t° = \pm 10°$	$\pm\,6,12$	$\pm\,3,64$	$\pm\,21,89$	$\mp\,102,95$
ständig bestehende Lastfälle $1) + 2) + 3) + 4) + 5) = a$	$-\,6,79$	$-\,0,80$	$-\,176,50$	$+\,258,80$
$_{max}$Druck	$-\,58,42$ $a + 6) + 7)$	$-\,31,59$ $a + 6) + 7)$	$-\,361,24$ $a + 6) + 7)$	$(+\ 155,85)$ $a + 7)$
$_{max}$Zug	$(-\ 0,67)$ $a + 7)$	$+\,2,84$ $a + 7)$	$(-\,154,61)$ $a + 7)$	$+\,1127,64$ $a + 6) + 7)$

14. Sonderbetrachtungen zu den Vorspannungsmaßnahmen für den Zeitpunkt $t = \infty$

Tabelle 21. Stahlträgermomente infolge Verbundträger-Absenkens und Spannglieder-Vorspannung

Zeitpunkt $t = \infty$

Stelle k	I Verbundträger-Absenken			II Spannglieder-Vorspannung			I + II Zusammen
	$M_{st\,\varphi}$ infolge $(X_o) = +833{,}22$ tm	$M_{st\,\overline{\varphi}}$ infolge $(X_\Phi) = -237{,}12$ tm	$M_{st}^{I} = M_{st\,\varphi} + M_{st\,\overline{\varphi}}$ tm	$M_{st\,\varphi}$ infolge (M) und (N) nach Gl. (D.159) bzw. (D.165)	$M_{st\,\overline{\varphi}}$ infolge $(X_\Phi) = -216{,}67$ tm	$M_{\varrho t}^{II} = M_{st\,\varphi} + M_{st\,\overline{\varphi}}$ tm	$M_{st} = M_{st}^{I} + M_{st}^{II}$ tm
1	+ 34,81	− 9,09	+ 25,72	− 12,92	− 8,31	− 21,23	+ 4,49
2	+ 64,19	− 16,48	+ 47,71	− 23,83	− 15,06	− 38,89	+ 8,82
3	+ 87,97	− 22,16	+ 65,81	− 32,66	− 20,25	− 52,91	+ 12,90
4	+ 117,29	− 29,54	+ 87,75	− 43,54	− 26,99	− 70,53	+ 17,22
5	+ 146,61	− 36,93	+ 109,68	− 54,42	− 33,74	− 88,16	+ 21,52
6	+ 192,58	− 49,45	+ 143,13	− 71,49	− 45,19	− 116,68	+ 26,45
7	+ 220,40	− 56,53	+ 163,87	+ 57,72	− 51,65	+ 6,07	+ 169,94
8	+ 225,18	− 59,80	+ 165,38	+ 185,07	− 54,64	+ 130,43	+ 295,81
9	+ 252,69	− 67,11	+ 195,58	+ 509,80	− 61,32	+ 448,48	+ 644,06
10 = 0	+ 312,56	− 82,39	+ 230,17	+ 1028,92	− 75,29	+ 953,64	+ 1183,81
1	+ 293,82	− 77,32	+ 216,50	+ 334,00	− 70,65	+ 263,35	+ 479,85
2	+ 308,91	− 79,95	+ 228,96	+ 57,69	− 73,05	− 15,36	+ 213,60
3	+ 300,09	− 75,46	+ 224,63	− 111,40	− 68,95	− 180,35	+ 44,28
4	+ 278,28	− 68,66	+ 209,62	− 103,30	− 62,74	− 166,04	+ 43,58
5	+ 278,28	− 68,66	+ 209,62	− 103,30	− 62,74	− 166,04	+ 43,58

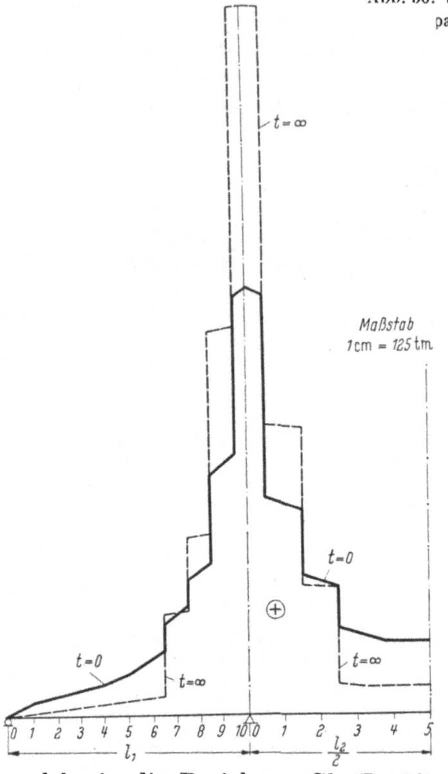

Abb. 50. Stahlträgermomente M_{st} infolge Verbundträger-Absenkung pannglieder-Vorspannung im Zeitpunkt $t = 0$ und $t = \infty$

15. Nachweise der Sicherheit v gegen kritische Verformungen

a) Zeitpunkt $t = 0$

α) Querschnitt an der Stelle $0{,}4\,l_1$ des Endfeldes

Für die Randspannungen an der Stahlträger-Unterkante, die in der Tab. 16 zusammengestellt sind, erhält man die Einzelwerte:

$$\sigma^u_{\Delta st} = -\,170{,}68 \text{ kg/cm}^2,$$

$$\sigma^u_{\Delta v} = +\,295{,}48 \text{ kg/cm}^2,$$

$$\sigma^u_V = -\,109{,}68 \text{ kg/cm}^2,$$

$$\sigma^u_g = +\,470{,}03 \text{ kg/cm}^2,$$

$$\sigma^u_p = +\,765{,}89 \text{ kg/cm}^2,$$

$$\sigma^u_{\Delta t^\circ} = \underset{(-)}{+}\,102{,}95 \text{ kg/cm}^2,$$

$$\sigma_{st,\,\text{Fließ}} = +\,2400 \text{ kg/cm}^2,$$

welche in die Beziehung Gl. (D.178) eingesetzt

$$v^u_{st} = \frac{2400 - (-170{,}68 + 295{,}48 - 109{,}68 + 102{,}95)}{+470{,}03 + 765{,}89} = \frac{2400 - 118{,}07}{1235{,}92} = 1{,}846 > 1{,}60$$

ergeben.

Für die Beton-Druckspannung an der Plattenoberkante erhält man aus dem Ansatz Gl. (D.179) mit den Einzelwerten

$$\sigma^o_{\Delta v} = -\,17{,}56 \text{ kg/cm}^2, \qquad \sigma^o_V = +\,6{,}52 \text{ kg/cm}^2, \qquad \sigma^o_{\Delta t^\circ} = \underset{(+)}{-}\,6{,}12 \text{ kg/cm}^2,$$

$$\sigma^o_g = -\,27{,}93 \text{ kg/cm}^2, \qquad \sigma^o_p = -\,45{,}51 \text{ kg/cm}^2,$$

$$-0{,}6\,W_{28} = -0{,}6 \cdot 450 = -270 \text{ kg/cm}^2,$$

$$v^o_b = \frac{-270 - (-17{,}56 + 6{,}52 - 6{,}12)}{-27{,}93 - 45{,}51} = \frac{-270 + 17{,}16}{-73{,}44} = 3{,}429 > 1{,}60.$$

β) Querschnitt an der Stelle $0{,}5\,l_2$ des Mittelfeldes

Für die Stahlträger-Zugspannung an der Trägerunterkante erhält man mit den in der Tab. 15 zusammengestellten Randspannungen:

$$\sigma^u_{\Delta st} = -\,272{,}67 \text{ kg/cm}^2, \qquad \sigma^u_{\Delta v} = +\,464{,}02 \text{ kg/cm}^2, \qquad \sigma^u_V = -\,172{,}25 \text{ kg/cm}^2,$$

$$\sigma^u_{\Delta t^\circ} = \underset{(-)}{+}\,161{,}68 \text{ kg/cm}^2, \qquad \sigma^u_g = +\,614{,}09 \text{ kg/cm}^2, \qquad \sigma^u_p = +\,766{,}09 \text{ kg/cm}^2$$

aus dem Ansatz Gl. (D.178)

$$v^u_{st} = \frac{2400 - (-272{,}67 + 464{,}02 - 172{,}25 + 161{,}68)}{+614{,}09 + 766{,}09} = \frac{2400 - 180{,}78}{1380{,}18} = 1{,}607 > 1{,}60.$$

Für die Beton-Druckspannung an der Plattenoberkante ergibt sich mit den Einzel-Randspannungen:

$$\sigma^o_{\Delta v} = -\,36,56\ \text{kg/cm}^2, \qquad \sigma^o_V = +\,13,57\ \text{kg/cm}^2, \qquad \sigma^o_{\Delta t^o} = (\mp)\,12,74\ \text{kg/cm}^2,$$

$$\sigma^o_g = -\,48,39\ \text{kg/cm}^2, \qquad \sigma^o_p = -\,60,36\ \text{kg/cm}^2,$$

$$-\,0,6\,W_{28} = -\,270\ \text{kg/cm}^2$$

aus der Beziehung Gl. (D.179):

$$v^o_b = \frac{-270 - (-36,56 + 13,57 - 12,74)}{-48,39 - 60,36} = \frac{-270 + 35,73}{-108,75} = 2,154 > 1,60.$$

γ) Querschnitt über den Mittelstützen

Bei einer 1,6fachen Erhöhung der Randspannungen ($\sigma_g + \sigma_p$) aus der Tab. 14 erhält man:

$$\sigma^o_b = 1,6(+\,44,92 + 38,52) - 16,71 - 115,40 + 5,82 = +\,7,21\ \text{kg/cm}^2,$$

$$\sigma^u_b = 1,6(+\,35,87 + 30,76) - 13,35 - 108,78 + 4,65 = -\,10,87\ \text{kg/cm}^2.$$

Die Betonplatte hält also ohne zu reißen einer 1,6fachen Erhöhung von $\sigma_g + \sigma_p$ stand, d. h. es ist

$$v^o_b > 1,60.$$

Es ist jetzt aber über den Ansatz Gl. (D.180) noch nachzuweisen, daß auch die Randspannung an der Stahlträger-Unterkante die kritische Dehngrenze nicht überschreitet.

Man erhält dafür:

$$1,6(-\,686,60 - 588,86) + (-\,150,02 + 255,55 + 13,94 - 89,04) = -\,2010,31$$

$$< -\,2400.$$

Für den Spannstahl St 80/105 erhält man aus der Beziehung Gl. (D.181) sinngemäß:

$$1,6(+\,242,36 + 207,36) + (-\,90,21 + 5572,40 + 31,43) = +\,6233,17$$

$$< 8000\ \text{kg/cm}^2.$$

Daher ist sowohl $v^u_{\text{st}} > 1,60$ als auch $v_{\text{sp}} > 1,60$.

b) Zeitpunkt $t = \infty$

α) Querschnitt an der Stelle $0,4\,l_1$ des Endfeldes

Für die Stahlträger-Zugspannungen an der Trägerunterkante entnimmt man aus der Tab. 20 die Einzel-Randspannungen:

$$\sigma^u_{\Delta\text{st}} = -\,170,68\ \text{kg/cm}^2, \qquad \sigma^u_{\Delta v} = +\,225,75\ \text{kg/cm}^2, \qquad \sigma^u_V = -\,195,61\ \text{kg/cm}^2,$$

$$\sigma^u_{\Delta t^o} = (\mp)\,102,95\ \text{kg/cm}^2, \qquad \sigma^u_g = +\,480,19\ \text{kg/cm}^2, \qquad \sigma^u_p = +\,765,89\ \text{kg/cm}^2$$

$$\sigma^u_s = -\,80,85\ \text{kg/cm}^2$$

und aus der Tab. 16 (für den Zeitpunkt $t = 0$)

$$\sigma^u_{g\,0} = +\,470,03\ \text{kg/cm}^2.$$

Damit erhält man aus der allgemeinen Beziehung Gl. (D.194) dann

$$v_{\text{st}}^u = \frac{2400 - [+480,19 - 470,03 - 170,68 + 225,75 - 195,61 - 80,85 + 102,95]}{+470,03 + 765,89}$$

$$= \frac{2400 + 108,28}{1235,92} = 2,029 > 1,60.$$

Für die Beton-Druckspannung an der Plattenoberkante erhält man mit den Einzel-Randspannungen:

$$\sigma_{\varDelta v}^o = -8,29 \text{ kg/cm}^2, \qquad \sigma_V^o = +8,24 \text{ kg/cm}^2, \qquad \sigma_s^o = +12,04 \text{ kg/cm}^2,$$

$$\sigma_{\varDelta t^\circ}^o = -6,12 \text{ kg/cm}^2, \qquad \sigma_g^o = -18,78 \text{ kg/cm}^2, \qquad \sigma_p^o = -45,51 \text{ kg/cm}^2$$

und

$$\sigma_{g0}^o = -27,93 \text{ kg/cm}^2 \qquad (t = 0),$$

$$v_b^o = \frac{-270 - [-18,78 + 27,93 - 8,29 + 8,24 + 12,04 - 6,12]}{-27,93 - 45,51} = \frac{-270 - 15,02}{-73,44} = 3,881$$

$$> 1,60.$$

β) Querschnitt an der Stelle $0,5\,l_2$ des Mittelfeldes

Für die Stahlträger-Zugspannungen an der Trägerunterkante entnimmt man aus der Tab. 19 die Einzel-Randspannungen:

$$\sigma_{\varDelta \text{st}}^u = -272,67 \text{ kg/cm}^2, \qquad \sigma_{\varDelta v}^u = +356,22 \text{ kg/cm}^2, \qquad \sigma_V^u = -308,02 \text{ kg/cm}^2,$$

$$\sigma_{\varDelta t^\circ}^u = +161,68 \text{ kg/cm}^2, \qquad \sigma_g^u = +625,22 \text{ kg/cm}^2, \qquad \sigma_p^u = +766,09 \text{ kg/cm}^2,$$

$$\sigma_s^u = -157,64 \text{ kg/cm}^2$$

und aus der Tab. 15:

$$\sigma_{g0}^u = +614,09 \text{ kg/cm}^2 \qquad (t = 0).$$

Damit erhält man aus der Beziehung Gl. (D.194)

$$v_{\text{st}}^u = \frac{2400 - [+625,22 - 614,09 - 272,67 + 356,22 - 308,02 - 157,64 + 161,68]}{+614,09 + 766,09}$$

$$= \frac{2400 + 209,30}{1380,18} = 1,890 > 1,60.$$

Für die Beton-Druckspannungen an der Plattenoberkante erhält man mit den Einzel-Randspannungen:

$$\sigma_{\varDelta v}^o = -17,57 \text{ kg/cm}^2, \qquad \sigma_V^o = +17,43 \text{ kg/cm}^2, \qquad \sigma_S^o = +18,76 \text{ kg/cm}^2,$$

$$\sigma_{\varDelta t^\circ}^o = -12,74 \text{ kg/cm}^2, \qquad \sigma_g^o = -32,81 \text{ kg/cm}^2, \qquad \sigma_p^o = -60,36 \text{ kg/cm}^2$$

und

$$\sigma_{g0}^o = -48,39 \text{ kg/cm}^2 \qquad (t = 0),$$

$$v_b^o = \frac{-270 - [-32,81 + 48,39 - 17,57 + 17,43 + 18,76 - 12,74]}{-48,39 - 60,36} = \frac{-270 - 21,46}{-108,75}$$

$$= 2,680 > 1,60.$$

γ) Querschnitt über den Mittelstützen

Die zunächst erforderliche Überprüfung der Zugspannungen in der Betonplatte hat im Sinne der Forderung Gl. (D.194) zu erfolgen, aus der sich der Ansatz

$$\sigma_{\text{Beton}} = \nu(\sigma_{g0} + \sigma_p) + [\sigma_g - \sigma_{g0} + \sigma_{\Delta v} + \sigma_V + \sigma_S + \sigma_{\Delta t^\circ}]$$

ableiten läßt.

Mit den für die Betonplatten-Oberkante im Zeitpunkt $t = \infty$ aus der Tab. 18 zu entnehmenden Randspannungen:

$$\sigma_g = + 24,21 \text{ kg/cm}^2, \qquad \sigma_p = + 38,52 \text{ kg/cm}^2, \qquad \sigma_{\Delta v} = - 5,62 \text{ kg/cm}^2,$$

$$\sigma_V = - 60,07 \text{ kg/cm}^2, \qquad \sigma_S = + 19,97 \text{ kg/cm}^2, \qquad \sigma_{\Delta t^\circ} = + 5,82 \text{ kg/cm}^2$$

und der für den Zeitpunkt $t = 0$ aus der Tab. 14 ablesbaren Beton-Randspannung $\sigma_{g0} = + 44,92 \text{ kg/cm}^2$ erhält man mit $_{\text{erf}}\nu = 1,60$.

$$\sigma^o_{\text{Beton}} = 1,6(44,92 + 38,52) + 24,21 - 44,92 - 5,62 - 60,07 + 19,77 + 5,82$$

$$= + 72,69 \text{ kg/cm}^2$$

und für die Betonplatten-Unterkante bei sinngemäßem Vorgehen:

$$\sigma^u_{\text{Beton}} = 1,6(35,87 + 30,76) + 20,95 - 35,87 - 4,90 - 56,61 + 20,30 + 4,65$$

$$= + 55,13 \text{ kg/cm}^2.$$

Diese Zahlenwerte lassen erkennen, daß mit einer gerissenen Betonplatte gerechnet werden muß.

Es darf aber angenommen werden, daß sich die über der Mittelstütze auftretenden Risse in der Betonplatte nur über einen verhältnismäßig kurzen Bereich erstrecken, und die Steifigkeitsverhältnisse des Verbund-Durchlaufträgers somit nicht wesentlich verändert werden.

Alle für die verschiedenen Belastungs- und Eigenspannungszustände errechneten Stützenmomente X können daher ohne Neuermittlung übernommen werden.

Mit den aus der statischen Untersuchung zu entnehmenden Zahlenwerten:

$$V^*_{10} = + 1691,187 \text{ t}, \qquad (X_\Phi)_g = - 47,231 \text{ tm},$$

$$(X_0 + X_\Phi)_{\Delta v} = + 833,219 - 237,116 = + 596,103 \text{ tm},$$

$$(X_0 + X_\Phi)_V = - 309,301 - 216,666 = - 525,967 \text{ tm},$$

$$(X_\Phi)_S = - 330,422 \text{ tm}, \qquad (X_0)_{\Delta t^\circ} = (\mp)\, 290,316 \text{ tm},$$

$$(X_0)_g = - 2238,558 \text{ tm} \quad (t = 0), \quad (X_0)_p = - 1919,840 \text{ tm}$$

und den Querschnittswerten: (vgl. Tabelle 8)

$$F_{\text{St}} = 1760,81 \text{ cm}^2, \qquad F_{\text{sp}} = 270,81 \text{ cm}^2, \qquad e_{\text{sp}} = 225,994 \text{ cm},$$

$$W_{\text{sp}} = 280594 \text{ cm}^3 \quad \text{sowie} \quad \sigma_{\text{sp, Dehngr.}} = + 8000 \text{ kg/cm}^2$$

erhält man aus dem Ansatz Gl. (D.198):

$$v_{sp} = \frac{0{,}280594 \left(80000 + \dfrac{1691{,}187}{0{,}176081} - \dfrac{1691{,}187}{0{,}027081}\right) +}{}$$

$$\frac{+ \; [-47{,}231 + 596{,}103 + 1691{,}187 \cdot 2{,}25994 - 525{,}967 - 330{,}422 - 290{,}316]}{-[-2238{,}558 - 1919{,}840]}$$

$$= \frac{0{,}280594 \,(80000 + 9604{,}67 - 62449{,}31) + [+4418{,}084 - 1193{,}936]}{+4158{,}398}$$

$$= \frac{+7619{,}631 + 3224{,}148}{+4158{,}398} = 2{,}608 > 1{,}60.$$

Mit den ebenfalls aus der statischen Untersuchung bekannten Zahlenwerten:

$$(X_0)_{\varDelta st} = -336{,}146 \text{ tm}$$

und den Querschnittswerten:

$$W_{st}^{u} = 224066 \text{ cm}^3 \quad \text{(Stahlträger allein)},$$

$$W_{St}^{u} = 289547 \text{ cm}^3 \quad \text{(Stahlträger + Bewehrung + Spannstahl)}$$

erhält man aus dem Ansatz Gl. (D.197) für die Stahlträger-Unterkante:

$$v_{st}^{u} = \frac{0{,}289547 \,(-24000 + 9604{,}67)}{}$$

$$\frac{- \left[-47{,}231 - 336{,}146 \dfrac{0{,}289547}{0{,}224066} + 596{,}103 + 3821{,}981 - 525{,}967 - 330{,}422 - 290{,}316\right]}{-4158{,}398}$$

$$= \frac{-0{,}289547 \cdot 14395{,}33 - [-1628{,}317 + 4418{,}084]}{-4158{,}398} = 1{,}673 > 1{,}60.$$

Tabelle 22. *Gegenüberstellung der Sicherheiten v gegen kritische Verformungen im Zeitpunkt*
t = 0 und t = ∞

Stelle	Zeitpunkt $t = 0$		Zeitpunkt $t = \infty$	
	v_b^{o}	v_{st}^{u}	v_b^{o}	v_{st}^{u}
Endfeld: $0{,}4\,l_1$	3,429	1,846	3,881	2,029
Mittelfeld: $0{,}5\,l_2$	2,154	1,607	2,680	1,890
Über den Mittelstützen	v_b^{o} v_{sp}	v_{st}^{u}	v_{sp}	v_{st}^{u}
	$> 1{,}60$ $> 1{,}60$	$> 1{,}60$	2,680	1,673

c) Allgemeine Feststellungen und Hinweise

Von den in den Tab. 14, 15, 16 (für $t = 0$) und Tab. 18, 19, 20 (für $t = \infty$) zusammengestellten Randspannungen sind die Beanspruchungen

$$\sigma_{\varDelta st} \text{ aus einem Stahlträger-Anheben } \varDelta_{st},$$

$$\sigma_{\varDelta v} \text{ aus einem Verbundträger-Absenken } \varDelta_v$$

und

$$\sigma_V \text{ aus einer Spannglieder-Vorspannung}$$

in gewissen Grenzen frei wählbar, während alle anderen Randspannungen bei gegebenen Querschnittsgrößen durch die jeweiligen Belastungsannahmen festgelegt sind.

Die bei den Sicherheitsnachweisen benützten Ansätze Gln. (D.178) bis (D.198) lassen nun erkennen, daß durch ein nachträgliches und geeignetes Verändern der Vorspannung σ_V und insbesondere der Randspannungen $\sigma_{\Delta st}$ und $\sigma_{\Delta v}$ die Sicherheit ν gegen kritische Verformungen recht spürbar vergrößert oder vermindert werden kann.

Ergeben sich beispielsweise für alle maßgebenden Feldquerschnitte zunächst zu geringe Sicherheiten ν_{st}^u gegen kritische Verformungen an der Stahlträger-Unterkante, so kann man, um ν_{st}^u zu vergrößern, folgende Maßnahmen vorsehen:

1. Eine Erhöhung der Druckspannungen $\sigma_{\Delta st}^u$ durch die Wahl eines größeren Anhebemaßes Δ_{st} des Stahl-Durchlaufträgers

2. Eine Verminderung der Zugspannungen $\sigma_{\Delta v}^u$ durch die Wahl eines geringeren Absenkmaßes Δ_v des Verbund-Durchlaufträgers

Besonders wirkungsvoll und den jeweiligen Verhältnissen anpaßbar ist meistens eine Kombination dieser beiden Maßnahmen. Derartige nachträglich und planmäßig angeordnete Veränderungen der Stahlträger-Randspannungen sind insbesondere deshalb zu empfehlen, weil sich dadurch die Sicherheiten ν_{st}^u in den Feldern oft schon *ohne* Verstärkungszulagen für die maßgebenden Feldquerschnitte ausreichend erhöhen lassen. Alle Korrekturmaßnahmen dieser Art sind stets so aufeinander abzustimmen, daß sie auch für die Querschnitte über den Mittelstützen — wo sie sich in der Regel umgekehrt auswirken — noch eine ausreichende Sicherheit ν_{st}^u ergeben.

Sind die Sicherheiten ν_{st}^u für die Querschnitte über den Mittelsützten zunächst etwas zu gering, für die maßgebenden Feldquerschnitte aber etwas größer als erforderlich, so ist der umgekehrte Weg einzuschlagen, d. h. es ist Δ_{st} zu vermindern und Δ_v zu erhöhen.

16. Wahl und Verteilung der Stahldübel

a) Ermittlung der ungünstigsten Schubkräfte ΣT für den Gebrauchszustand im Zeitpunkt $t = 0$

Die zwischen zwei Teilungsstellen $k - 1$ und k auf ein Trägerstück von 1 m Länge entfallende mittlere Schubkraft T ergibt sich nach der Beziehung Gl. (D.200) aus

$$T = -\frac{10}{l}(N_{st,\,k} - N_{st,\,k-1}),$$

worin eine positive Längskraft $N_{st,\,k}$ als Druckkraft aufzufassen ist.

Wenn im Zeitpunkt $t = 0$ sowohl ein Moment $(M)_{k\,0}$ als auch eine äußere Längskraft $(N)_{k\,0}$ auf den Verbund-Gesamtquerschnitt einwirken, erhält man die an einer Teilungsstelle k auftretende Stahlträger-Normalkraft $N_{st,\,k}$ nach dem Ansatz Gl. (D.201) aus

$$N_{st,\,k} = (M)_{k\,0}\,\frac{a_{st\,0}\,K_{st}}{S_{v0}} + (N)_{k\,0}\,\frac{K_{st}}{K_{v0}}.$$

Die dabei erforderlichen Hilfswerte $a_{st\,0}$, S_{v0}, K_{v0} und K_{st} können aus der Tab. 9 entnommen werden.

Die Schubkräfte T sind zunächst für die einzelnen Belastungsarten getrennt zu ermitteln.

Die Bezifferung der einzelnen Belastungsfälle entspricht der Reihenfolge, die bei der Zusammenstellung der Randspannungen in den Tab. 14, 15 und 16 gewählt wurde.

Belastungsfall 1: *Stahlträger-Anheben*. Es treten noch keine auf die Stahlträger-dübel einwirkende Schubkräfte auf.

Belastungsfall 2: *Verbundträger-Absenken*. Für ein *nach* der Herstellung des Spannstahl-Verbundes vorgenommenes Verbundträger-Absenken um $\varDelta_v = 0{,}55$ m wurde ein Stützenmoment

$$(X_0)_{\varDelta v} = +\,833{,}219\ \text{tm}$$

errechnet.

Innerhalb des durch die Teilungsstellen 7 und 8 des Endfeldes abgegrenzten Trägerbereiches von der Länge $\dfrac{l_1}{10}$ erhält man dann über die Stahlträger-Normalkräfte

$$\frac{10}{l_1}\cdot N_{st,\,7} = \frac{10}{60}\cdot 0{,}7\cdot 833{,}219\,\frac{(-1{,}1162)\cdot 13{,}062}{30{,}941} = -\,45{,}81\ \text{t/m (Zug)},$$

$$\frac{10}{l_1}\cdot N_{st,\,8} = \frac{10}{60}\cdot 0{,}8\cdot 833{,}219\,\frac{(-1{,}2029)\cdot 14{,}641}{39{,}377} = -\,49{,}69\ \text{t/m (Zug)}$$

die mittlere Schubkraft

$$T_{\varDelta v} = -\,(-\,49{,}69 + 45{,}81) = +\,3{,}88\ \text{t/m}.$$

Die Endergebnisse der Zahlenrechnungen für die einzelnen Teilungsstellen und Bereiche sind in der Tab. 23 zusammengestellt.

Belastungsfall 6: *Temperaturunterschied* $\varDelta t^\circ = \pm\,10^\circ$ *zwischen Unterkante und Oberkante des Verbund-Durchlaufträgers.*

Es ergaben sich die Stützenmomente:

$$X_{1,2} = X_{2,1} = (X_0)_{\varDelta t^\circ} = \mp\,290{,}316\ \text{tm}.$$

Die Schubkräfte $T_{\varDelta t^\circ}$ ergeben sich durch Multiplikation der Werte für $T_{\varDelta v}$ mit dem Faktor

$$\mp\,\frac{290{,}316}{833{,}219} = \mp\,0{,}348426.$$

Die Ergebnisse sind ebenfalls in die Tab. 23 aufgenommen.

Belastungsfall 3: *Zustand unmittelbar nach beendetem Vorspannen aller Spann-gliedgruppen.*

Es ergaben sich auf S. 95 die Stützenmomente

$$X_{1,2} = X_{2,1} = (X_0)_V = -\,309{,}301\ \text{tm}$$

und für die Teilungsstelle 8 des Endfeldes beispielsweise

$$(N)_8 = (\mathfrak{N})_8 = V_8^* = 1092{,}076\ \text{t}\quad\text{(Druck)},$$

Tabelle 23

Stelle k	$\dfrac{10}{l}\,N_{\mathrm{st},k}$ in t/m	$T_{\Delta v}$ in t/m	$T_{\Delta t^{\circ}}$ in t/m
	Feld 1		
0	0		
1	$-\ 7{,}01$	$+\ 7{,}01$	$\mp 2{,}44$
2	$-13{,}04$	$+\ 6{,}03$	$\mp 2{,}10$
3	$-18{,}57$	$+\ 5{,}53$	$\mp 1{,}93$
4	$-24{,}76$	$+\ 6{,}19$	$\mp 2{,}17$
5	$-30{,}95$	$+\ 6{,}19$	$\mp 2{,}17$
6	$-39{,}11$	$+\ 8{,}16$	$\mp 2{,}84$
7	$-45{,}81$	$+\ 6{,}70$	$\mp 2{,}33$
8	$-49{,}69$	$+\ 3{,}88$	$\mp 1{,}35$
9	$-42{,}80$	$-\ 6{,}89$	$\pm 2{,}40$
10	$-32{,}14$	$-10{,}66$	$\pm 3{,}71$
	Feld 2		
0	$-21{,}42$		
1	$-30{,}32$	$+\ 8{,}90$	$\mp 3{,}10$
2	$-38{,}24$	$+\ 7{,}92$	$\mp 3{,}76$
3	$-37{,}92$	$-\ 0{,}32$	$\pm 0{,}11$
4	$-36{,}58$	$-\ 1{,}34$	$\pm 0{,}47$
5	$-36{,}58$	0	0

sowie

$$(\mathfrak{M})_8 = V_8^* \cdot e_8 = 1092{,}076 \cdot 0{,}40966 = +\ 447{,}380\ \text{tm}$$

und

$$(M)_8 = (\mathfrak{M})_8 + 0{,}8(X_0)_V = +\ 447{,}380 - 0{,}8 \cdot 309{,}301 = +\ 199{,}939\ \text{tm}.$$

Damit erhält man dann nach dem Ansatz Gl. (D.201):

$$\frac{10}{l_1} \cdot N_{\mathrm{st},8} = \frac{10}{60}\left[199{,}939\,\frac{(-1{,}2029)\cdot 14{,}641}{39{,}377} + 1092{,}076\,\frac{14{,}641}{57{,}632}\right] =$$
$$= -\ 14{,}90 + 46{,}24 = +\ 31{,}34\ \text{t/m}.$$

Die sich für die einzelnen Teilungsstellen und Bereiche ergebenden Stahlträger-Normalkräfte und Schubkräfte sind in der Tab. 24 zusammengestellt.

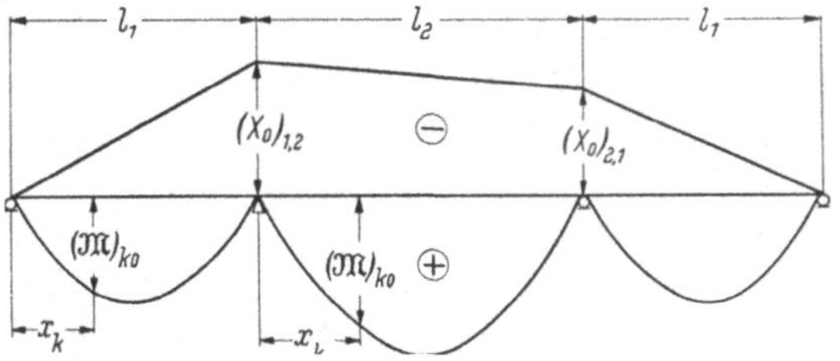

Belastungsfall 4: *Ständige Lasten* $g = 3{,}30$ t/m.

Abb. 51

Es gilt allgemein für das Feld 1:

$$(M)_{k0} = (\mathfrak{M})_{k0} + (X_0)_{1,2}\,\frac{x_k}{l_1}$$

und für das Feld 2:

$$(M)_{k0} = (\mathfrak{M})_{k0} + (X_0)_{1,2}\,\frac{l_2 - x_k}{l_2} + (X_0)_{2,1}\,\frac{x_k}{l_2}.$$

Tabelle 24

Stelle k	$(M)_k$ tm	$(N)_k$ t	$\frac{10}{l}N_{st,k}$ aus $(M)_k$	$\frac{10}{l}N_{st,k}$ aus $(N)_k$	insgesamt $\frac{10}{l}N_{st,k}$ t/m	T_v t/m
				Feld 1		
0	0	0	0	0	0	
1	$-$ 30,93	0	$+$ 2,60	0	$+$ 2,60	$-$2,60
2	$-$ 61,86	0	$+$ 4,84	0	$+$ 4,84	$-$2,24
3	$-$ 92,79	0	$+$ 6,89	0	$+$ 6,89	$-$2,05
4	$-$ 123,72	0	$+$ 9,19	0	$+$ 9,19	$-$2,30
5	$-$ 154,65	0	$+$11,49	0	$+$11,49	$-$2,30
6	$-$ 185,58	0	$+$14,52	0	$+$14,52	$-$3,03
7	$-$ 20,74	$+$ 523,55	$+$ 1,63	$+$ 21,89	$+$23,52	$-$9,00
8	$+$ 199,94	$+$1092,07	$-$14,90	$+$ 46,24	$+$31,34	$-$7,82
9	$+$ 797,21	$+$1697,89	$-$45,50	$+$ 84,04	$+$38,54	$-$7,20
10	$+$1654,17	$+$1691,18	$-$63,45	$+$106,51	$+$43,06	$-$4,52
				Feld 2		
0	$+$1654,17	$+$1691,18	$-$42,30	$+$ 71,00	$+$28,70	
1	$+$ 437,08	$+$1087,71	$-$15,91	$+$ 37,51	$+$21,60	$+$7,10
2	$-$ 56,18	$+$ 523,38	$+$ 2,58	$+$ 16,31	$+$18,89	$+$2,71
3	$-$ 309,30	0	$+$14,08	0	$+$14,08	$+$4,81
4	$-$ 309,30	0	$+$13,58	0	$+$13,58	$+$0,50
5	$-$ 309,30	0	$+$13,58	0	$+$13,58	0

Tabelle 25

Stelle k	$\frac{10}{l}N_{st,k}$ t/m	T_g t/m
	Feld 1	
0	0	
1	$-$26,12	$+$26,12
2	$-$39,33	$+$13,21
3	$-$42,78	$+$ 3,45
4	$-$39,39	$-$ 3,39
5	$-$27,17	$-$12,22
6	$-$ 6,45	$-$20,72
7	$+$25,10	$-$31,55
8	$+$62,65	$-$37,55
9	$+$84,48	$-$21,83
10	$+$86,34	$-$ 2,06
	Feld 2	
0	$+$57,56	
1	$+$37,69	$+$19,87
2	$+$ 4,60	$+$33,09
3	$-$25,86	$+$30,46
4	$-$42,55	$+$16,69
5	$-$48,41	$+$ 5,86

Auf S. 89 wurden die Stützenmomente

$$(X_0)_{1,2} = (X_0)_{2,1} = (X_0)_g = -2238,558 \text{ tm}$$

errechnet.

Die sich für die einzelnen Teilungsstellen und Bereiche ergebenden Stahlträger-Normalkräfte $N_{st,k}$ und Schubkräfte T_g sind in der Tab. 25 zusammengestellt.

Belastungsfälle 5:　Verkehrsbelastungen $p = 2,50$ t/m.

5a.: linkes Endfeld belastet.

$$(X_{1,2})_p = -1919,840 - (-1155,615)$$
$$= -764,225 \text{ tm},$$

$$(X_{2,1})_p = -540,264 - (-764,225)$$
$$= +223,961 \text{ tm}.$$

5b: Mittelfeld belastet.

$$(X_{1,2})_p = (X_{2,1})_p = -1155,615 \text{ tm}.$$

5c: rechtes Endfeld belastet.

$$(X_{1,2})_p = +223,961 \text{ tm}, \qquad (X_{2,1})_p = -764,225 \text{ tm}.$$

Die sich für die einzelnen Lastfälle, Teilungsstellen und Bereiche ergebenden Stahlträger-Normalkräfte $N_{\mathrm{st},k}$ und Schubkräfte T_p sind in der Tab. 26 zusammengestellt.

Tabelle 26

Stelle k	$\dfrac{10}{l} N_{\mathrm{st},k}$	T_p t/m	$\dfrac{10}{l} N_{\mathrm{st},k}$	T_p t/m	$\dfrac{10}{l} N_{\mathrm{st},k}$	T_p t/m
		(5a)		(5b)		(5c)
		Feld 1				
0	0		0		0	
1	− 27,64	+ 27,64	+ 9,75	− 9,75	− 1,89	+ 1,89
2	− 44,37	+ 16,73	+ 18,08	− 8,33	− 3,50	+ 1,61
3	− 53,17	+ 8,80	+ 25,76	− 7,68	− 4,99	+ 1,49
4	− 57,45	+ 4,28	+ 34,34	− 8,58	− 6,66	+ 1,67
5	− 55,19	− 2,26	+ 42,92	− 8,58	− 8,32	+ 1,66
6	− 48,62	− 6,57	+ 54,25	− 11,33	− 10,51	+ 2,19
7	− 32,20	− 16,42	+ 63,53	− 9,28	− 12,31	+ 1,80
8	− 8,10	− 24,10	+ 68,91	− 5,38	− 13,35	+ 1,04
9	+ 16,14	− 24,24	+ 59,36	+ 9,55	− 11,50	− 1,85
10	+ 29,48	− 13,34	+ 44,57	+ 14,79	− 8,64	− 3,06
		Feld 2				
0	+ 19,65		+ 29,71		− 5,76	
1	+ 24,22	− 4,57	+ 8,89	+ 20,82	− 4,55	− 1,21
2	+ 26,00	− 1,78	− 21,31	+ 30,20	− 1,21	− 3,34
3	+ 21,29	+ 4,71	− 44,18	+ 22,87	+ 3,30	− 4,51
4	+ 16,20	+ 5,09	− 55,95	+ 11,77	+ 7,52	− 4,22
5	+ 11,86	+ 4,44	− 60,40	+ 4,45	+ 11,86	− 4,34

In der Tab. 27 sind die für den Zeitpunkt $t = 0$ ungünstigsten Schubkräfte T zusammengestellt.

b) Ermittlung der ungünstigsten Schubkräfte ΣT für den Gebrauchszustand im Zeitpunkt $t = \infty$

Belastungsfall 2: Verbundträger-Absenken: Die Stahlträger-Normalkräfte $N^{\mathrm{I}}_{\mathrm{st},k}$, die durch das ständig und gleichbleibend einwirkende Stützenmoment

$$(X_0)_{Av} = + 833,219 \ \text{tm}$$

hervorgerufen werden, sind mit den Hilfswerten aus der Tab. 11 zu ermitteln. Man erhält dann beispielsweise für die Teilungsstelle 8 des Endfeldes:

$$\frac{10}{l_1} N^{\mathrm{I}}_{\mathrm{st},8} = 0,8 \cdot 833,219 \frac{(-0,88434) \cdot 14,641 \cdot 10}{31,614 \cdot 60} = - 45,50 \ \text{t/m}.$$

Für die Normalkräfte $N^{\mathrm{I}}_{\mathrm{st},k}$ infolge des durch das Beton-Kriechen geweckten Stützenmomentes

$$(X_\varphi)_{Av} = - 237,116 \ \text{tm}$$

E. Anwendungsbeispiele

Tabelle 27

| | Schubkräfte T in t/m infolge der | | | | |
| | *Feld 1* | | | | |
Stelle k	0–1	1–2	2–3	3–4	4–5
1. Stahlträger-Anheben	*entfällt*				
2. Verbundträger-Absenken	+ 7,01	+ 6,03	+ 5,53	+ 6,19	+ 6,19
3. Vorspannen	− 2,60	− 2,24	− 2,05	− 2,30	− 2,30
4. ständige Lasten	+ 26,12	+ 13,21	+ 3,45	− 3,39	− 12,22
5a ⎫	+ 27,64	+ 16,73	+ 8,80	+ 4,28	− 2,26
5b ⎬ Verkehrsbelastungen	− 9,75	− 8,33	− 7,68	− 8,58	− 8,58
5c ⎭	+ 1,89	+ 1,61	+ 1,49	+ 1,67	+ 1,66
6. Temperaturunterschied	∓ 2,44	∓ 2,10	∓ 1,93	∓ 2,17	∓ 2,17
ständig bestehende Lastfälle 1) + 2) + 3) + 4) = a	+ 30,53	+ 17,00	+ 6,13	+ 0,50	− 8,33
ΣT aus a) + 6) + $\cdots$	+ 62,50 5a/c	+ 37,44 5a/c	+ 18,35 5a/c	+ 8,62 5a/c	− 4,50 5c
ΣT aus a) + 6) + $\cdots$	+ 17,34 5b	+ 6,57 5b	− 2,48 5b	− 10,25 5b	− 21,14 5a/b

Tabelle 27

Belastungsfälle 1 bis 6 für $t = 0$

5–6	6–7	7–8	8–9	9–10	0–1	1–2	2–3	3–4	4–5
					Feld 2				
entfällt					*entfällt*				
+ 8,16	+ 6,70	+ 3,88	− 6,89	− 10,66	+ 8,90	+ 7,92	− 0,32	− 1,34	0
− 3,03	− 9,00	− 7,82	− 7,20	− 4,52	+ 7,10	+ 2,71	+ 4,81	+ 0,50	0
− 20,72	− 31,55	− 37,55	− 21,83	− 2,06	+ 19,87	+ 33,09	+ 30,46	+ 16,69	+ 5,86
− 6,57	− 16,42	− 24,10	− 24,24	− 13,34	− 4,57	− 1,78	+ 4,71	+ 5,09	+ 4,44
− 11,33	− 9,28	− 5,38	+ 9,55	+ 14,79	+ 20,82	+ 30,20	+ 22,87	+ 11,77	+ 4,45
+ 2,19	+ 1,80	+ 1,04	− 1,85	− 3,06	− 1,21	− 3,34	− 4,51	− 4,22	− 4,34
∓ 2,84	∓ 2,33	∓ 1,35	± 2,40	± 3,71	∓ 3,10	∓ 2,76	± 0,11	± 0,47	0
− 15,59	− 33,85	− 41,49	− 35,92	− 17,24	+ 35,87	+ 43,72	+ 34,95	+ 15,85	+ 5,86
− 10,56 5c	− 29,72 5c	− 39,10 5c	− 23,97 5b	+ 1,26 5b	+ 59,79 5b	+ 76,68 5b	+ 62,64 5a/b	+ 33,18 5a/b	+ 14,75 5a/b
− 36,33 5a/b	− 61,88 5a/b	− 72,32 5a/b	− 52,41 5a/c	− 37,34 5a/c	+ 25,99 5a/c	+ 35,84 5a/c	+ 30,33 5c	+ 11,16 5c	+ 1,52 5c

sind jedoch die Hilfswerte aus der Tab. 13 maßgebend. Es ergibt sich dann für die Stelle 8 des Endfeldes

$$\frac{10}{l_1}\, N_{\text{st},\,8}^{\text{II}} = -\,0,8 \cdot 237,116\,\frac{(-0,97902)\cdot 14,641 \cdot 10}{33,8767 \cdot 60} = +\,13,38\ \text{t/m}.$$

Tabelle 28

Stelle k	$\frac{10}{l} N^{I}_{st,k}$ aus $(X_0)_{\Delta v}$ t/m	$\frac{10}{l} N^{II}_{st,k}$ aus $(X_\Phi)_{1v}$ t/m	Insgesamt $\frac{10}{l} N_{st,k}$ t/m	$T_{\Delta v}$ t/m
		Feld 1		
0	0	0	0	
				$-4,31$
1	$-6,17$	$1,86$	$-4,31$	
				$-3,66$
2	$-11,41$	$3,44$	$-7,97$	
				$-3,32$
3	$-16,18$	$4,89$	$-11,29$	
				$-3,77$
4	$-21,58$	$6,52$	$-15,06$	
				$-3,76$
5	$-26,97$	$8,15$	$-18,82$	
				$-5,08$
6	$-34,23$	$10,33$	$-23,90$	
				$-4,75$
7	$-40,83$	$12,18$	$-28,65$	
				$3,47$
8	$-45,50$	$13,38$	$-32,12$	
				$-4,75$
9	$-38,80$	$11,43$	$-27,37$	
				$-7,60$
10	$-28,12$	$8,35$	$-19,77$	
		Feld 2		
0	$-18,75$	$5,57$	$-13,18$	
				$-5,87$
1	$-27,07$	$8,02$	$-19,05$	
				$-4,56$
2	$-33,70$	$10,09$	$-23,61$	
				$-0,77$
3	$-32,78$	$9,94$	$-22,84$	
				$-0,95$
4	$-31,42$	$9,53$	$-21,89$	
				0
5	$-31,42$	$9,53$	$-21,89$	

Die sich für die einzelnen Teilungsstellen und Bereiche ergebenden Stahlträger-Normalkräfte $N_{st,k}$ und Schubkräfte $T_{\Delta v}$ sind in der Tab. 28 zusammengestellt.

Belastungsfall 3: *Spannglieder-Vorspannung.* Nach S. 95 und 111 entnimmt man die Werte

$$X_0 = (X_0)_1 = -309,301 \text{ tm},$$

sowie

$$X_\Phi = (X_\Phi)_1 = -216,666 \text{ tm}.$$

Die Stahlträger-Normalkräfte setzen sich wieder aus zwei getrennt zu errechnenden Beiträgen I und II zusammen.

Mit den Hilfswerten aus der Tab. 11 erhält man beispielsweise für ein Endfeld über

$$(M)_{k\varphi} = \left[V_k^* e_{k\varphi} + (X_0)_1 \cdot \frac{x_k}{l_1} \right] \quad \text{und} \quad (N)_{k\varphi} = V_k^*$$

die Normalkräfte $N^{I}_{st,k}$ aus der Gl. (D.155).

Die dazugehörigen V_k^*-Kräfte können auf S. 94 entnommen werden.

Mit den Hilfswerten aus der Tab. 13 erhält man für ein Endfeld und

$$(M)_{k\bar{\varphi}} = \frac{x_k}{l_1} (X_\Phi)_V$$

die durch das Beton-Kriechen bedingten zusätzlichen Stahlträger-Normalkräfte $N^{II}_{st,k}$ aus der Gl. (D.167).

Für das Mittelfeld gelten sinngemäß die Ansätze Gln. (D.161) und (D.173).

Zahlenbeispiel für die Teilungsstelle 8 des Endfeldes:

Beitrag I aus $(M)_{k\varphi}$ und $(N)_{k\varphi}$:

$$\frac{10}{l_1}N^{I}_{st,8} = (1092{,}07 \cdot 0{,}72823 - 309{,}301 \cdot 0{,}8)\frac{(-0{,}88434)\cdot 14{,}641 \cdot 10}{31{,}614 \cdot 60}$$

$$+ 1092{,}07\frac{14{,}641 \cdot 10}{32{,}421 \cdot 60} = -547{,}844 \cdot 0{,}0682589 + 1092{,}07 \cdot 0{,}075265$$

$$= -37{,}39 + 82{,}20 = +44{,}81 \ \text{t/m}.$$

Beitrag II aus $(\overline{M})_{k\bar{q}}$:

$$\frac{10}{l_1}N^{II}_{st,8} = -0{,}8 \cdot 216{,}666\frac{(-0{,}97902)\cdot 14{,}641 \cdot 10}{33{,}8767 \cdot 60} = +12{,}22 \ \text{t/m},$$

$$\frac{10}{l_1}N_{st,8} = (N^{I}_{st,8} + N^{II}_{st,8}) \cdot \frac{10}{l_1} = +57{,}03 \ \text{t/m}.$$

Die sich für die einzelnen Teilungsstellen und Bereiche ergebenden Stahlträger-Normalkräfte $N_{st,k}$ und Schubkräfte T_V sind in der Tab. 29 zusammengestellt.

Tabelle 29

Stelle k	$\frac{10}{l}N^{I}_{st,k}$ nach Gl. (D.155) u. (D.161) aus $(M)_{kq}$	$(N)_{kq}$	$\frac{10}{l}N^{II}_{st,k}$ nach Gl. (D.167) u. (D.173) aus $(\overline{M})_{k\bar{q}}$	Insgesamt $N_{st,k}$ t/m	T_V t/m
Feld 1					
0	0	0	0	0	
1	+ 2,29	0	+ 1,70	+ 3,99	− 3,99
2	+ 4,24	0	+ 3,14	+ 7,38	− 3,39
3	+ 6,01	0	+ 4,47	+ 10,48	− 3,10
4	+ 8,01	0	+ 5,96	+ 13,97	− 3,49
5	+ 10,01	0	+ 7,45	+ 17,46	− 3,49
6	+ 12,71	0	+ 9,44	+ 22,15	− 4,69
7	− 10,88	+ 41,58	+ 11,13	+ 41,83	− 19,68
8	− 37,39	+ 82,20	+ 12,22	+ 57,03	− 15,20
9	− 78,28	+ 139,97	+ 10,42	+ 72,11	− 15,08
10	− 92,56	+ 164,91	+ 7,63	+ 79,98	− 7,87
Feld 2					
0	− 61,71	+ 109,94	+ 5,09	+ 53,33	+ 13,63
1	− 30,77	+ 63,14	+ 7,33	+ 39,70	+ 12,46
2	− 11,94	+ 29,96	+ 9,22	+ 27,24	+ 5,99
3	+ 12,17	0	+ 9,08	+ 21,25	+ 0,88
4	+ 11,66	0	+ 8,71	+ 20,37	0
5	+ 11,66	0	+ 8,71	+ 20,37	

Belastungsfall 4: Ständige Lasten $g = 3{,}30$ t/m. Nach S. 89 und 105 entnimmt man die Werte

$$(X_0)_g = -2238{,}558 \ \text{tm} \quad \text{und} \quad (X_\Phi)_g = -47{,}231 \ \text{tm}.$$

Mit den Hilfswerten aus der Tab. 11 erhält man beispielsweise für ein Endfeld und

$$(M)_{kq} = (M)_{k0} = (\mathfrak{M})_{k0} + (X_0)_g\frac{x_k}{l_1},$$

sowie

$$(N)_{kq} = 0$$

die Stahlträger-Normalkräfte $N_{st,k}^{I}$ aus dem Ansatz Gl. (D.201) in der Form

$$N_{st,k}^{I} = (M)_{k\,0} \cdot \frac{a_{st\,\varphi}\,K_{st}}{S_{v\,\varphi}}.$$

Mit den Hilfswerten der Tab. 13 und

$$(M)_{k\,\overline{\varphi}} = \frac{x_k}{l_1}\,(X_\Phi)_g$$

ergeben sich dann die durch das Beton-Kriechen bedingten zusätzlichen Normalkräfte $N_{st,k}^{II}$ sinngemäß aus der Beziehung

$$N_{st,k}^{II} = (\overline{M})_{k\,\overline{\varphi}}\,\frac{a_{st\,\overline{\varphi}}\,K_{st}}{S_{v\,\overline{\varphi}}}.$$

Für die Stelle 8 des Endfeldes erhält man beispielsweise mit

$$(M)_8 = +\,950,40 - 0,8 \cdot 2238,56 = -\,840,446 \text{ tm},$$

$$\frac{10}{l_1} \cdot N_{st,8}^{I} = -\,840,446\,\frac{(-0,88434) \cdot 14,641 \cdot 10}{31,641 \cdot 60} = 840,446 \cdot 0,0682589 = +\,57,37 \text{ t/m}$$

und

$$\frac{10}{l_1} \cdot N_{st,8}^{II} = -\,0,8 \cdot 47,231\,\frac{(-0,97902) \cdot 14,641 \cdot 10}{33,8767 \cdot 60} = 37,785 \cdot 0,0705196 = +\,2,66\,\text{t/m}.$$

Die sich für die einzelnen Teilungsstellen und Bereiche ergebenden Stahlträger-Normalkräfte $N_{st,k}$ und Schubkräfte T_g sind in der Tab. 30 zusammengestellt.
Belastungsfall 5: Beton-Schwinden mit Kriecheinfluß. Nach S. 108 wird

$$X_\Phi = (X_\Phi)_S = -\,330,422 \text{ tm}$$

entnommen.

Tabelle 30

Stelle k	$\dfrac{10}{l}\,N_{st,k}^{I}$ aus $(M)_{k\,0}$	$\dfrac{10}{l}\,N_{st,k}^{II}$ aus $(\overline{M})_{k\,\overline{\varphi}}$	Insgesamt $N_{st,k}$ t/m	T_g t/m
		Feld 1		
0	0	0	0	
1	$-23,03$	$+0,37$	$-22,66$	$+22,66$
2	$-34,42$	$-0,69$	$-33,73$	$+11,07$
3	$-37,28$	$+0,97$	$-36,31$	$+2,58$
4	$-34,32$	$-1,30$	$-33,02$	$-3,29$
5	$-23,68$	$-1,62$	$-22,06$	$-10,96$
6	$-5,65$	$-2,06$	$-3,59$	$-18,47$
7	$+22,37$	$-2,43$	$-24,80$	$-27,39$
8	$+57,37$	$+2,66$	$+60,03$	$-35,23$
9	$+76,59$	$+2,27$	$+78,86$	$-18,83$
10	$+75,54$	$+1,66$	$+77,20$	$+1,66$
		Feld 2		
0	$+50,36$	$+1,11$	$+51,47$	
1	$+33,65$	$-1,60$	$+35,25$	$+16,22$
2	$+4,05$	$+2,01$	$+6,06$	$+29,19$
3	$-22,35$	$-1,98$	$-20,37$	$+26,43$
4	$-36,55$	$-1,90$	$-34,65$	$+14,28$
5	$-41,58$	$+1,90$	$-39,68$	$+5,03$

Dann errechnet man mit den Hilfswerten der Tab. 12 aus dem Ansatz Gl. (D.96)
die Stahlträger-Normalkräfte

$$N^{I}_{st,k} = \varepsilon_s \cdot K_{bq'} \left[\frac{K_{st}}{K_{vq'}} + \frac{a_{bq'} \cdot a_{stq'} \cdot K_{st}}{S_{vq'}} \right]$$

und mit den Hilfswerten der Tab. 13 beispielsweise für ein Endfeld über

$$(\overline{M})_{k\bar{q}} = \frac{x_k}{l_1} (X_\Phi)_S$$

die Stahlträger-Normalkräfte

$$N^{II}_{st,k} = (\overline{M})_{kq} \frac{a_{stq} K_{st}}{S_{vq}} .$$

Die sich für die einzelnen Teilungsstellen und Bereiche ergebenden Stahlträger-
Normalkräfte $N_{st,k}$ und Schubkräfte T_S sind in der Tab. 31 zusammengestellt.

Tabelle 31

Stelle k	$\frac{10}{l} N^{I}_{st,k}$	$\frac{10}{l} N^{II}_{st,k}$	Insgesamt $N_{st,k}$ t m	T_S t/m
		Feld 1		
0	0	0	0	
1	7,75	− 2,59	10,34	− 10,34
2	7,98	4,79	12,77	− 2,43
3	8,14	6,81	14,95	− 2,18
4	− 8,14	9,09	17,23	− 2,28
5	8,14	11,36	19,50	− 2,27
6	7,98	14,39	− 22,37	− 2,87
7	7,34	16,97	24,31	− 1,94
8	6,46	18,64	25,10	− 0,79
9	7,11	15,90	23,01	2,09
10	9,40	11,64	21,04	1,97
		Feld 2		
0	6,26	7,76	14,02	
1	5,20	11,18	16,38	2,36
2	5,27	14,06	19,33	2,95
3	5,69	13,85	19,54	0,21
4	5,79	13,29	19,08	0,46
5	5,79	13,29	19,08	0

Belastungsfälle 6a, 6b, 6c: Verkehrsbelastungen $p = 2,50$ t/m. Diese Belastungsfälle entsprechen den schon für den Zeitpunkt $t = 0$ besprochenen Einzelfeld-
Belastungen 5a bis 5c. Es gelten daher wieder die in der Tab. 26 zusammengestellten Schubkräfte T_p.

Belastungsfall 7: Temperaturunterschied $\Delta t^\circ = \pm 10^\circ$. Es gelten die in der
Tab. 23 schon zusammengestellten Schubkräfte $T_{\Delta t^\circ}$.

In der Tab. 32 sind die im Zeitpunkt $t = \infty$ ungünstigsten Schubkräfte T
zusammengestellt.

Tabelle 32

Schubkräfte T in t/m infolge der

Stelle k	Feld 1				
	0—1	1—2	2—3	3—4	4—5
1. Stahlträger-Anheben	*entfällt*				
2. Verbundträger-Absenken	+ 4,31	+ 3,66	+ 3,32	+ 3,77	— 3,76
3. Vorspannung	— 3,99	— 3,39	— 3,10	— 3,49	— 3,49
4. ständige Lasten	+ 22,66	+ 11,07	+ 2,58	— 3,29	— 10,96
5. Schwinden	— 10,34	— 2,43	— 2,18	— 2,28	— 2,27
6a Verkehrsbelastungen	+ 27,64	+ 16,73	+ 8,80	+ 4,28	— 2,26
6b	— 9,75	— 8,33	— 7,68	— 8,58	— 8,58
6c	+ 1,89	+ 1,61	+ 1,49	+ 1,67	+ 1,66
7. Temperaturunterschied	± 2,44	± 2,10	± 1,93	± 2,17	± 2,17
ständig bestehende Lastfälle 1) + 2) + 3) + 4) + 5) = a	+ 12,64	+ 8,91	+ 0,63	— 5,29	— 12,96
ΣT aus a) + 7) + ···	+ 44,61 6a/c	+ 29,35 6a/c	+ 12,85 6a/c	+ 2,83 6a/c	— 9,13 6c
ΣT aus a) + 7) + ···	— 0,45 6b	— 1,52 6b	— 8,98 6b	— 16,04 6b	— 25,97 6a/b

Tabelle 32

Belastungsfälle 1 bis 7 für $t = \infty$

					Feld 2				
5—6	6—7	7—8	8—9	9—10	0—1	1—2	2—3	3—4	4—5
entfällt					*entfällt*				
± 5,08	+ 4,75	+ 3,47	— 4,75	— 7,60	+ 5,87	+ 4,56	— 0,77	— 0,95	0
— 4,69	— 19,68	— 15,20	— 15,08	— 7,87	+ 13,63	+ 12,46	+ 5,99	+ 0,88	0
— 18,47	— 27,39	— 35,23	— 18,83	+ 1,66	+ 16,22	+ 29,19	+ 26,43	+ 14,28	+ 5,03
— 2,87	— 1,94	— 0,79	+ 2,09	+ 1,97	— 2,36	— 2,95	— 0,21	+ 0,46	0
— 6,57	— 16,42	— 24,10	— 24,24	— 13,34	— 4,57	— 1,78	+ 4,71	+ 5,09	+ 4,44
— 11,33	— 9,28	— 5,38	+ 9,55	+ 14,79	+ 20,82	+ 30,20	+ 22,87	+ 11,77	+ 4,45
+ 2,19	+ 1,80	+ 1,04	— 1,85	— 3,06	— 1,21	— 3,34	— 4,51	— 4,22	— 4,34
± 2,84	∓ 2,33	∓ 1,35	± 2,40	± 3,71	∓ 3,10	∓ 2,76	± 0,11	± 0,47	0
— 20,95	— 44,26	— 47,75	— 36,57	— 11,84	+ 33,36	+ 43,26	+ 31,44	+ 14,67	+ 5,03
— 15,92 6c	— 40,13 6c	— 45,36 6c	— 24,62 6b	+ 6,66 6b	+ 57,28 6b	+ 76,22 6b	+ 59,13 6a/b	+ 32,00 6a/b	+ 13,92 6a/b
— 41,69 6a/b	— 72,29 6a/b	— 78,58 6a/b	— 65,06 6a/c	— 31,95 6a/c	+ 24,48 6a/c	+ 35,38 6a/c	+ 26,82 6c	+ 9,98 6c	+ 0,69 6c

Da die Obergurtplatte des Stahlträgers durchgehend 400 mm breit ist, können Blockdübel 350/25/25 angeordnet werden.

Bei Berücksichtigung der gewählten Betongüte B 450 erhält man nach dem Ansatz Gl. (D.203) für den Gebrauchszustand als größtzulässige Tragkraft $_{zul}T_D$ eines Stahldübels

$$_{zul}T_D = \frac{35 \cdot 2,5 \cdot 0,5 \cdot 450}{1000} = 19,69 \text{ t.}$$

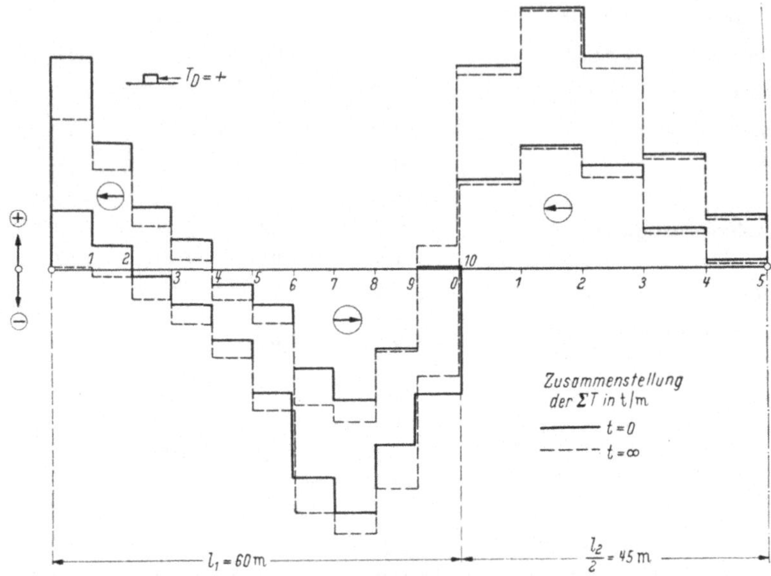

Abb. 52

Tabelle 33

Bereich	Zeitpunkt	maßgeb. ΣT in t/m	erforderliche e_D m	n_D (Gesamtanzahl)
		Feld 1		
0—1		62,50	0,315	19,0
1—2	$t = 0$	37,44	0,526	11,4
2—3		18,35	1,073	5,5
3—4		16,04	1,227	4,9
4—5		25,97	0,758	7,9
5—6		41,69	0,473	12,7
6—7	$t = \infty$	72,29	0,273	22,0
7—8		78,58	0,251	24,0
8—9		65,06	0,303	19,8
9—10	$t = 0$	37,34	0,523	11,3
		Feld 2		
0—1		59,79	0,329	27,3
1—2		76,68	0,257	35,0
2—3	$t = 0$	62,64	0,315	28,6
3—4		33,18	0,593	15,2
4—5		14,75	1,335	6,7

Der jeweils erforderliche Dübelabstand $_{erf}e_D$ in m ergibt sich für die maßgebende Summierung $\Sigma\, T = {}_{max}T$ dann aus:

$$_{erf}e_D = \frac{_{zul}T_D}{\text{maßgeb. } \Sigma\, T} \qquad (D.205)$$

und die in einem Bereich von der Länge $l/10$ erforderliche Dübel-Gesamtanzahl $_{erf}n_D$ aus

$$_{erf}n_D = \frac{l \text{ maßgeb. } \Sigma\, T}{_{zul}T_D}.$$

Die für die einzelnen Schubkraftbereiche errechneten Werte von $_{erf}e_D$ und $_{erf}n_D$ sind in der Tab. 33 zusammengestellt.

Als kleinstmöglicher Dübelabstand $_{min}e_D$ ergibt sich aus dem Ansatz Gl. (D.213)

$$_{min}e_D = \frac{8 \cdot 35 \cdot 2,5}{35 + 2 \cdot 2,5} = \frac{70}{40} = 17,50 \text{ cm}.$$

c) Ermittlung der ungünstigsten Schubkräfte $\Sigma\, T_{(\nu)}$ beim Nachweis der Sicherheit $\nu \geqq 1,6$ gegen kritische Verformungen

Es ist nach dem Ansatz Gl. (D.206) zunächst die kritische Dübelkraft $_{krit}T_D$ zu bestimmen, die sich mit

$$_{krit}T_D = \frac{35 \cdot 2,5 \cdot 0,8 \cdot 450}{1000} = 31,50 \text{ t}$$

ergibt.

Der jeweils erforderliche Dübelabstand $_{erf}e_D$ und die in einem Bereich von der Länge $l/10$ erforderliche Dübel-Gesamtanzahl $_{erf}n_D$ lassen sich dann aus den Beziehungen

$$_{erf}e_D = \frac{_{krit}T_D}{\Sigma\, T_{(\nu)}} \quad \text{und} \quad _{erf}n_D = \frac{l \,\Sigma\, T_{(\nu)}}{10 \, _{krit}T_D}$$

ermitteln.

$$\varkappa)\ \textit{Zeitpunkt } t = 0$$

Für den Bereich $0-1$ des Endfeldes erhält man beispielsweise über die T-Werte der Tab. 27 aus

$$\Sigma\, T_{(\nu)} = 1,6\,[T_g + \Sigma\, T_p] + T_{\text{lr}} + T_{\text{r}} + T_{\text{u}°}$$

$$\Sigma\, T_{(\nu)} = 1,6\,[+\,26,12 + (27,64 + 1,89)] + 7,01 - 2,60 + 2,44 = 95,89 \text{ t/m}$$

und damit

$$_{erf}e_D = \frac{31,50}{95,89} = 0,328 > 0,315 \text{ (nach Tab. 33).}$$

Für den Bereich $1-2$ des Mittelfeldes ergibt sich

$$\Sigma\, T_{(\nu)} = 1,6\,[+\,33,09 + 30,20] + 7,92 + 2,71 + 2,76 = +\,114,65 \text{ t/m}$$

und damit

$$_{erf}e_D = \frac{31,50}{114,65} = 0,275 > 0,257 \text{ (nach Tab. 33).}$$

$$\beta)\ \textit{Zeitpunkt}\ t = \infty$$

Es gilt jetzt den Erläuterungen im Abschn. D. VI. 2. entsprechend

$$\Sigma\, T_{(v)} = 0{,}6\, T_{g,0} + 1{,}6 \cdot \Sigma\, T_p + T_g + T_{.lv} + T_r + T_s + T_{.lt} .$$

Für den Bereich $7 - 8$ des Endfeldes erhält man beispielsweise mit $T_{g,0} = -37{,}55$ t/m aus der Tab. 27 und den restlichen T-Werten aus der Tab. 32:

$$\Sigma\, T_{(v)} = -0{,}6 \cdot 37{,}55 + 1{,}6\,(-24{,}10 - 5{,}38) - 35{,}23 + 3{,}47 - 15{,}20 - 0{,}79 - 1{,}35$$
$$\doteq -118{,}79 \text{ t/m}$$

und

$$\text{erf}^{e}{}_{D} = \frac{31{,}50}{118{,}79} = 0{,}265 > 0{,}251 \quad (\text{nach Tab. 33}).$$

Wie eigentlich schon die verwendeten Ansätze erkennen lassen, ist der Nachweis einer Sicherheit $v = 1{,}6$ gegen das Auftreten kritischer Verformungen für die Bestimmung der erforderlichen Dübel-Gesamtanzahl und somit auch für die anzuordnenden jeweiligen Dübelabstände *nicht* maßgebend.

d) Anschluß der beim Nachweis einer Sicherheit v gegen kritische Verformungen auftretenden Spannglieder-Zugkräfte Z_{sp}

Es ist zunächst nach der Beziehung Gl. (D.215) die Spannstahlspannung $\sigma^{sp}_{(v)}$ zu ermitteln.

Man erhält für den maßgebenden Zeitpunkt $t = \infty$

$$\sigma^{sp}_{(v)} = \frac{1}{0{,}28059}\{- 1{,}6\,[- 2238{,}56 - 1919{,}84] - [- 47{,}23 + 596{,}10 + 3821{,}98$$
$$- 525{,}97 - 330{,}42 - 290{,}32]\} - \frac{1691{,}19}{0{,}17608} + \frac{1691{,}19}{0{,}027081} = + 65\,066 \text{ t/m}^2 .$$

Da $F^{I}_{sp} = F^{II}_{sp} = F^{III}_{sp} = 90{,}27$ cm^2 ist, ergibt sich aus den Ansätzen (D.216)

$$Z^{I}_{sp} = Z^{II}_{sp} = Z^{III}_{sp} = Z_{sp} = 0{,}009027 \cdot 65\,066 = 587{,}35 \text{ t.}$$

Die maximale Anschlußlänge $s^{I}_{l} = 6{,}00$ m der Zugkraft Z^{I}_{sp} liegt im linken Endfeld hälftig im Endfeldbereich $6 - 7$ und $7 - 8$. Es stehen nach der Tab. 33 daher $n_D = \dfrac{22 + 24}{2} = 23$ Dübel zur Verfügung.

Nach dem Ansatz Gl. (D.217) errechnet sich die für den Anschluß von $Z^{I}_{sp} = 587{,}35$ t erforderliche Dübel-Gesamtanzahl n_z aus

$$n_z = \frac{Z^{I}_{sp}}{{}_{\text{krit}}T_D} = \frac{587{,}35}{31{,}50} = 18{,}64 < 23.$$

Für die Anschlußlänge $s^{I}_{r} = 9{,}00$ m im Mittelfeld erhält man aus den Bereichen $1 - 2$ und $2 - 3$ nach der Tab. 33 als Dübelanzahl

$$n_D = \frac{35{,}0 + 28{,}6}{2} = 31{,}8 > 18{,}64.$$

Ähnlich günstig liegen die Verhältnisse auch für die beiderseitigen Anschlüsse der Spanngliedgruppe II.

Um die Zugkräfte Z_{sp} über eine möglichst kurze Eintragungslänge anzuschließen, ist es stets zweckmäßig als Abstand für die erforderlichen Anschlußdübel

$$\min^{e}{}_{D} = 0{,}175 \text{ m}$$

vorzusehen.

Bei den kurzen Spanngliedern der Gruppe III ist dies sogar unerläßlich, weil dort die innerhalb der Anschlußlänge $s_r^{III} = 4{,}5$ m, d. h. im halben Bereich $0 - 1$ des Mittelfeldes nach der Tab. 33 vorhandene Dübelanzahl

$$n_D = \frac{27{,}3}{2} = 13{,}65 < 18{,}64$$

mit dem zunächst vorgesehenen Dübelabstand $e_D = 0{,}329$ m noch *nicht* ausreicht und der Zugkraftanschluß möglichst außerhalb des Rissebereiches der Betonplatte sichergestellt sein sollte.

F. Anhang
Zusammenstellung von allgemeinen Gebrauchsformeln für die Berechnung von Durchlaufträgern mit beliebig veränderlichen Querschnitts-Trägheitsmomenten

I. Endendrehwinkel und Biegelinienordinaten für freiaufliegende Träger

1. Unsymmetrische Verhältnisse

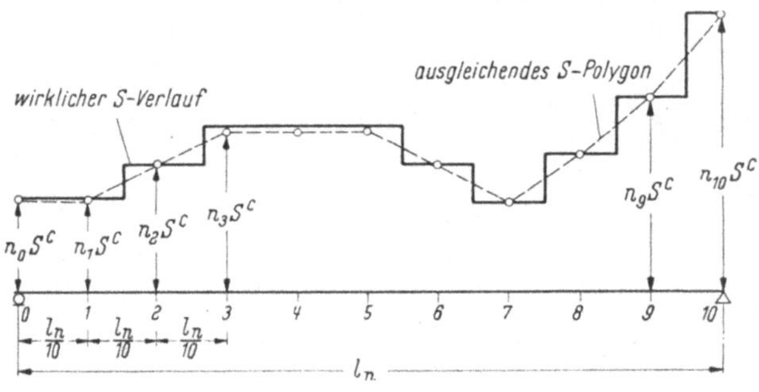

Abb. 53

Vereinbarungen:

$$E J = S = n S^c \quad \text{(F.1)} \qquad\qquad n = \frac{S}{S^c} \quad \text{(F.2)}$$

S^c ist ein frei wählbarer Vergleichswert.

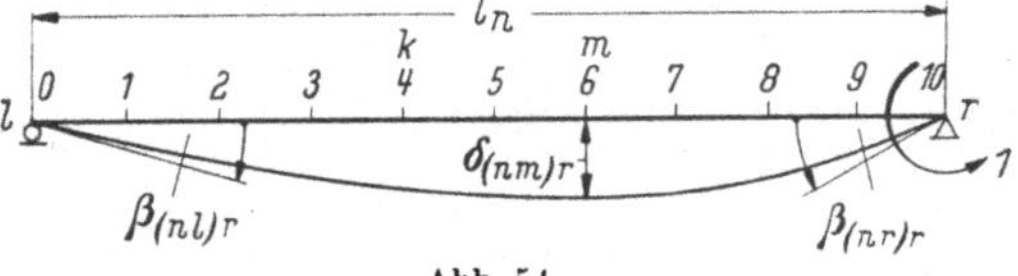

Abb. 54

   a) Lastfall 1

Endendrehwinkel:

$$S^c \beta_{(nl)r} = l_n \mu_{(nl)r} \quad \text{(F.3)} \qquad\qquad S^c \beta_{(nr)r} = l_n \mu_{(nr)r}. \quad \text{(F.4)}$$

Biegelinienordinate an einer Teilungsstelle m:

$$S^c \delta_{(nm)r} = \frac{l_n^2}{1000} \left[m \left(100 \mu_{(nl)r} - \frac{1}{6 n_m} \right) - \sum_{k=1}^{k=m-1} \frac{k(m-k)}{n_k} \right], \quad \text{(F.5)}$$

$$\mu_{(nl)r} = \frac{1}{1000} \left[\frac{9}{n_1} + \frac{16}{n_2} + \frac{21}{n_3} + \frac{24}{n_4} + \frac{25}{n_5} + \frac{24}{n_6} + \frac{21}{n_7} + \frac{16}{n_8} + \frac{9}{n_9} + \frac{5}{3 n_{10}} \right], \quad \text{(F.6)}$$

$$\mu_{(nr)r} = \frac{1}{1000} \left[\frac{1}{n_1} + \frac{4}{n_2} + \frac{9}{n_3} + \frac{16}{n_4} + \frac{25}{n_5} + \frac{36}{n_6} + \frac{49}{n_7} + \frac{64}{n_8} + \frac{81}{n_9} + \frac{145}{3 n_{10}} \right]. \quad \text{(F.7)}$$

b) Lastfall 2

Endendrehwinkel:

$$S^c \beta_{(nl)l} = l_n \mu_{(nl)l} \qquad (F.8) \qquad\qquad S^c \beta_{(nr)l} = l_n \mu_{(nr)l} \qquad (F.9)$$

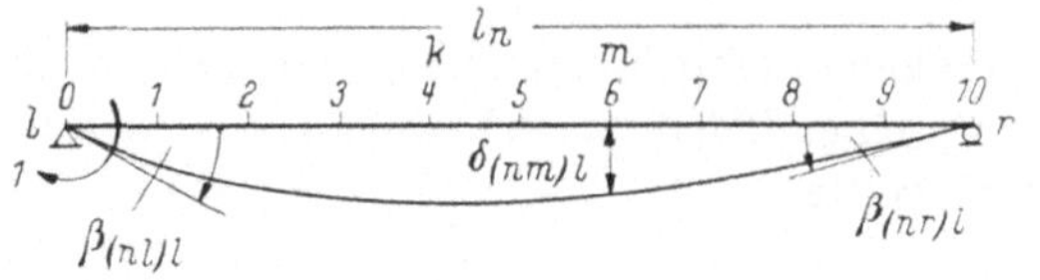

Abb. 55

Biegelinienordinate an einer Teilungsstelle m:

$$S^c \delta_{(nm)l} = \frac{l_n^2}{1000}\left[100\, m\, \mu_{(nl)l} - \frac{10(3m-1)}{6\,n_0} - \frac{(10-m)}{6\,n_m} - \sum_{k=1}^{k=m-1} \frac{(10-k)(m-k)}{n_k}\right],$$

$$(F.10)$$

$$\mu_{(nl)l} = \frac{1}{1000}\left[\frac{145}{3\,n_0} + \frac{81}{n_1} + \frac{64}{n_2} + \frac{49}{n_3} + \frac{36}{n_4} + \frac{25}{n_5} + \frac{16}{n_6} + \frac{9}{n_7} + \frac{4}{n_8} + \frac{1}{n_9}\right], \qquad (F.11)$$

$$\mu_{(nr)l} = \frac{1}{1000}\left[\frac{5}{3\,n_0} + \frac{9}{n_1} + \frac{16}{n_2} + \frac{21}{n_3} + \frac{24}{n_4} + \frac{25}{n_5} + \frac{24}{n_6} + \frac{21}{n_7} + \frac{16}{n_8} + \frac{9}{n_9}\right], \qquad (F.12)$$

c) Lastfall 3

Endendrehwinkel:

$$S^c \beta_{(nl)} = l_n \mu_{(nl)} \qquad (F.13) \qquad\qquad S^c \beta_{(nr)} = l_n \mu_{(nr)}. \qquad (F.14)$$

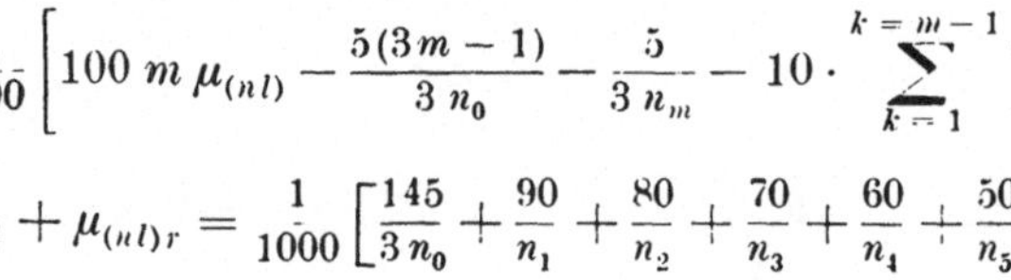

Abb. 56

Biegelinienordinate an einer Teilungsstelle m:

$$S^c \cdot \delta_{(nm)} = \frac{l_n^2}{1000}\left[100\, m\, \mu_{(nl)} - \frac{5(3m-1)}{3\,n_0} - \frac{5}{3\,n_m} - 10\cdot\sum_{k=1}^{k=m-1} \frac{m-k}{n_k}\right], \qquad (F.15)$$

$$\mu_{(nl)} = \mu_{(nl)l} + \mu_{(nl)r} = \frac{1}{1000}\left[\frac{145}{3\,n_0} + \frac{90}{n_1} + \frac{80}{n_2} + \frac{70}{n_3} + \frac{60}{n_4} + \frac{50}{n_5} + \frac{40}{n_6} + \frac{30}{n_7} + \right.$$

$$\left. + \frac{20}{n_8} + \frac{10}{n_9} + \frac{5}{3\,n_{10}}\right], \qquad (F.16)$$

$$\mu_{(nr)} = \mu_{(nr)l} + \mu_{(nr)r} = \frac{1}{1000}\left[\frac{5}{3\,n_0} + \frac{10}{n_1} + \frac{20}{n_2} + \frac{30}{n_3} + \frac{40}{n_4} + \frac{50}{n_5} + \frac{60}{n_6} + \frac{70}{n_7} + \right.$$

$$\left. + \frac{80}{n_8} + \frac{90}{n_9} + \frac{145}{3\,n_{10}}\right]. \qquad (F.17)$$

d) Lastfall 4

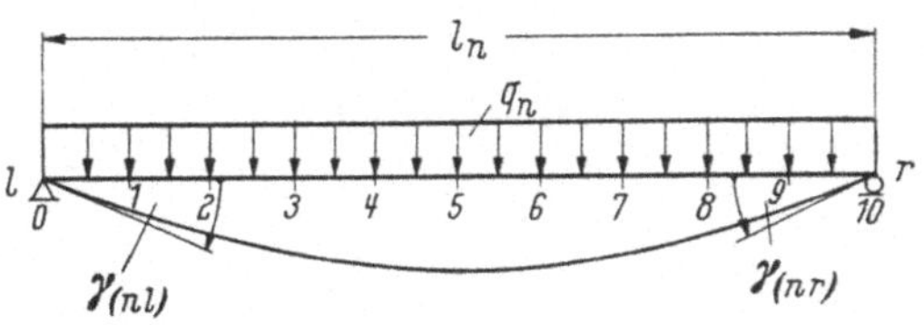

Abb. 57

Endendrehwinkel:

$$S^c\,\gamma_{(nl)} = q_n \cdot l_n^3 \cdot v_{(nl)} \qquad \text{(F.18)} \qquad\qquad S^c\,\gamma_{(nr)} = q_n \cdot l_n^3 \cdot v_{(nr)}, \qquad \text{(F.19)}$$

$$v_{(nl)} = \frac{1}{24\cdot 10^4}\left[\frac{983}{n_1} + \frac{1547}{n_2} + \frac{1775}{n_3} + \frac{1739}{n_4} + \frac{1512}{n_5} + \frac{1163}{n_6} + \frac{767}{n_7} + \frac{395}{n_8} + \frac{119}{n_9}\right],$$

$$\text{(F.20)}$$

$$v_{(nr)} = \frac{1}{24\cdot 10^4}\left[\frac{119}{n_1} + \frac{395}{n_2} + \frac{767}{n_3} + \frac{1163}{n_4} + \frac{1512}{n_5} + \frac{1739}{n_6} + \frac{1775}{n_7} + \frac{1547}{n_8} + \frac{983}{n_9}\right].$$

$$\text{(F.21)}$$

e) Temperaturunterschied $\Delta t°$ zwischen Trägerunterkante und Trägeroberkante

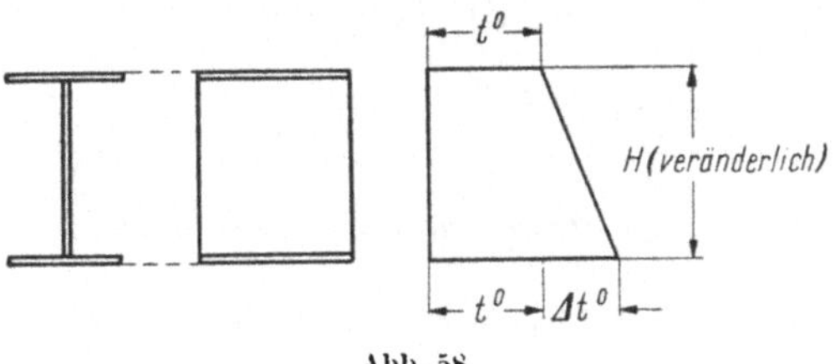

Abb. 58

Endendrehwinkel:

$$S^c \cdot \gamma_{(nl)\,\Delta t} = S^c \cdot l_n\,\alpha_T \cdot \Delta t° \cdot v_{(nl)\,\Delta t}, \qquad\qquad \text{(F.22)}$$

$$S^c \cdot \gamma_{(nr)\,\Delta t} = S^c \cdot l_n\,\alpha_T \cdot \Delta t° \cdot v_{(nr)\,\Delta t}, \qquad\qquad \text{(F.23)}$$

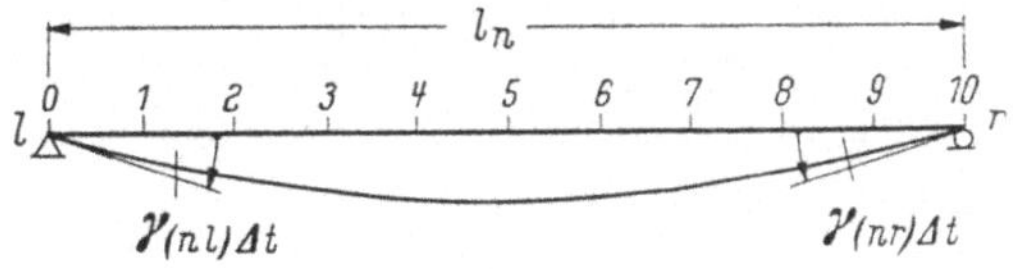

Abb. 59

$$v_{(nl)\,\Delta t} = \frac{1}{600}\left[\frac{29}{H_0} + \frac{54}{H_1} + \frac{48}{H_2} + \frac{42}{H_3} + \frac{36}{H_4} + \frac{30}{H_5} + \frac{24}{H_6} + \frac{18}{H_7} + \frac{12}{H_8} + \frac{6}{H_9} + \frac{1}{H_{10}}\right],$$

$$\text{(F.24)}$$

$$v_{(nr)\,\Delta t} = \frac{1}{600}\left[\frac{1}{H_0} + \frac{6}{H_1} + \frac{12}{H_2} + \frac{18}{H_3} + \frac{24}{H_4} + \frac{30}{H_5} + \frac{36}{H_6} + \frac{42}{H_7} + \frac{48}{H_8} + \frac{54}{H_9} + \frac{29}{H_{10}}\right].$$

$$\text{(F.25)}$$

10*

f) **Sonderfall** $n_1 = n_2 = n_3 = \ldots = n_{10} = 1$ und $H_1 = H_2 = H_3 = \ldots = H_{10} = H_n$

α) Zu Lastfall 1:

$$\mu_{(nl)r} = \frac{1}{6} \qquad \text{(F.26)} \qquad\qquad \mu_{(nr)r} = \frac{1}{3}, \qquad\qquad \text{(F.27)}$$

$$S^c \cdot \delta_{(nm)r} = \frac{l_n^2}{1000}\left[\frac{33}{2}\,m - \sum_{k=1}^{k=m-1} k\,(m-k)\right]. \qquad\qquad \text{(F.28)}$$

β) Zu Lastfall 2:

$$\mu_{(nl)l} = \frac{1}{3} \qquad \text{(F.29)} \qquad\qquad \mu_{(nr)l} = \frac{1}{6}, \qquad\qquad \text{(F.30)}$$

$$S^c \cdot \delta_{(nm)l} = \frac{l_n^2}{1000}\left[\frac{171}{6}\,m - \sum_{k=1}^{k=m-1} (10-k)\,(m-k)\right]. \qquad\qquad \text{(F.31)}$$

γ) Zu Lastfall 3:

$$\mu_{(nl)} = \frac{1}{2} \qquad \text{(F.32)} \qquad\qquad \mu_{(nr)} = \frac{1}{2}, \qquad\qquad \text{(F.33)}$$

$$S^c \cdot \delta_{(nm)} = \frac{l_n^2}{1000}\left[45\,m - 10\sum_{k=1}^{k=m-1} (m-k)\right]. \qquad\qquad \text{(F.34)}$$

δ) Zu Lastfall 4:

$$\nu_{(nl)} = \frac{1}{24} \qquad \text{(F.35)} \qquad\qquad \nu_{(nr)} = \frac{1}{24}. \qquad\qquad \text{(F.36)}$$

ε) Zu Temperaturunterschied $\Delta t°$

$$\nu_{(nl).u} = \nu_{(nr).u} = \frac{1}{2\,H_n}. \qquad\qquad \text{(F.37)}$$

2. Symmetrische Verhältnisse

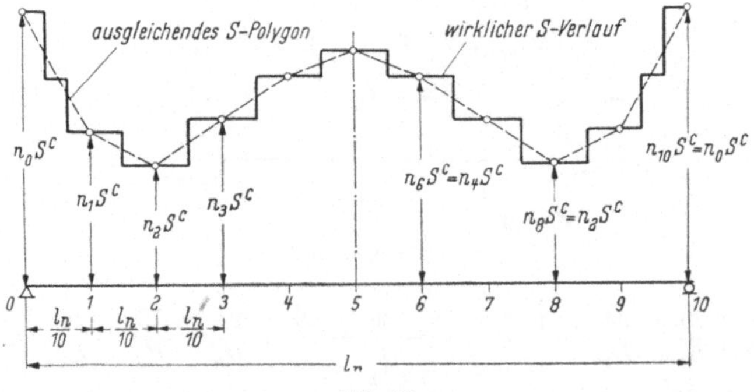

Abb. 60

$$n_0 = n_{10}, \quad n_1 = n_9, \quad n_2 = n_8, \quad n_3 = n_7, \quad n_4 = n_6,$$
$$H_0 = H_{10}, \quad H_1 = H_9, \quad H_2 = H_8, \quad H_3 = H_7, \quad H_4 = H_6.$$

a) Lastfall 1 und 2

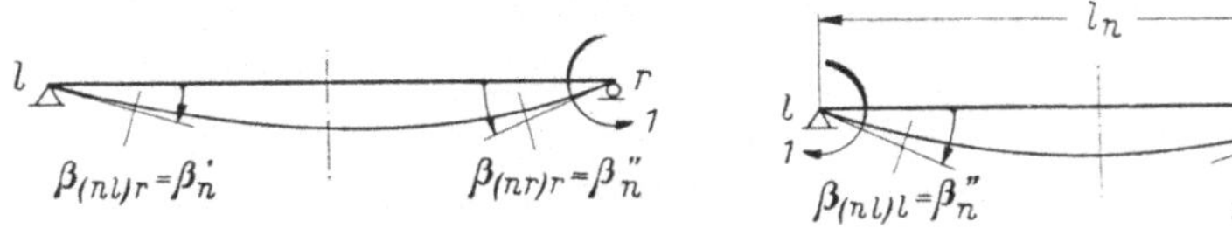

Abb. 61

Endendrehwinkel:

$$S^c \beta_{(nl)r} = S^c \beta_{(nr)l} = S^c \beta_n' = l_n \mu_n'. \tag{F.38}$$

$$S^c \beta_{(nr)r} = S^c \beta_{(nl)l} = S^c \beta_n'' = l_n \mu_n'', \tag{F.39}$$

$$\mu_n' = \frac{1}{1000}\left[\frac{5}{3\,n_0} + \frac{18}{n_1} + \frac{32}{n_2} + \frac{42}{n_3} + \frac{48}{n_4} + \frac{25}{n_5}\right]. \tag{F.40}$$

$$\mu_n'' = \frac{1}{1000}\left[\frac{145}{3\,n_0} + \frac{82}{n_1} + \frac{68}{n_2} + \frac{58}{n_3} + \frac{52}{n_4} + \frac{25}{n_5}\right]. \tag{F.41}$$

b) Lastfall 3

$$S^c \beta_{(nl)} = S^c \beta_{(nr)} = S^c \beta_n = l_n \mu_n. \tag{F.42}$$

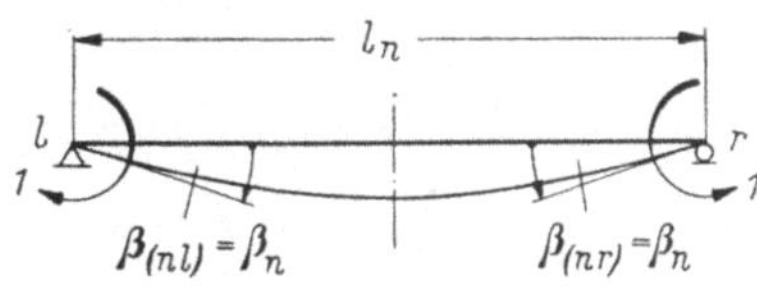

Abb. 62

$$\mu_n = \mu_n' + \mu_n'' = \frac{1}{20}\left[\frac{1}{n_0} + 2\left(\frac{1}{n_1} + \frac{1}{n_2} + \frac{1}{n_3} + \frac{1}{n_4}\right) + \frac{1}{n_5}\right]. \tag{F.43}$$

c) Lastfall 4

Endendrehwinkel:

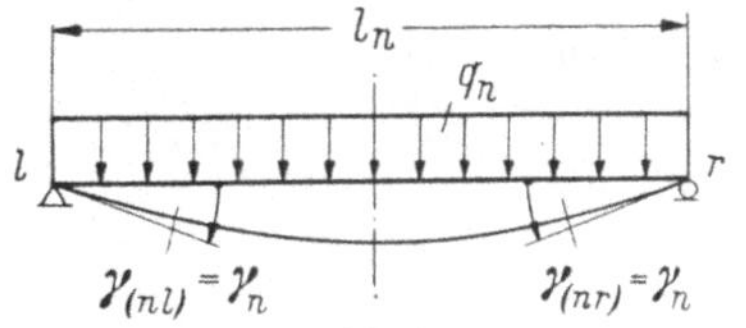

$$S^c \gamma_{(nl)} = S^c \gamma_{(nr)} = S^c \gamma_n = q_n \cdot l_n^3 \cdot v_n. \tag{F.44}$$

$$v_n = \frac{1}{24 \cdot 10^4}\left[\frac{1102}{n_1} + \frac{1942}{n_2} + \frac{2542}{n_3} + \frac{2902}{n_4} + \frac{1512}{n_5}\right]. \tag{F.45}$$

Abb. 63

d) Lastfall 5 (Antimetrie)

Endendrehwinkel:

$$S^c \beta_{(nl)a} = S^c \beta_{na} = l_n \mu_{na}, \tag{F.46}$$

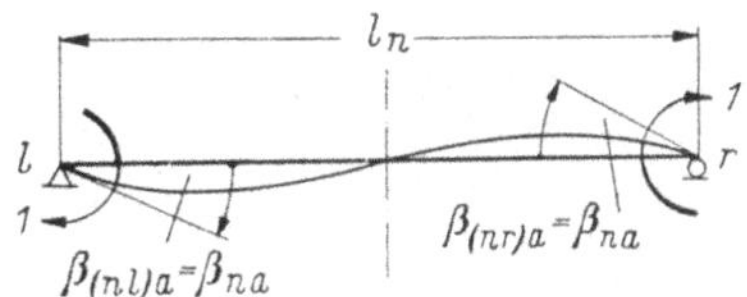

Abb. 64

$$S^c \beta_{(nr)a} = -S^c \beta_{na} = -l_n \mu_{na}. \tag{F.47}$$

$$\mu_{na} = \mu_n'' - \mu_n' = \frac{1}{1000}\left[\frac{140}{3\,n_0} + \frac{64}{n_1} + \frac{36}{n_2} + \frac{16}{n_3} + \frac{4}{n_4}\right]. \tag{F.48}$$

e) Temperaturunterschied $\Delta t°$ zwischen Trägerunterkante und Trägeroberkante

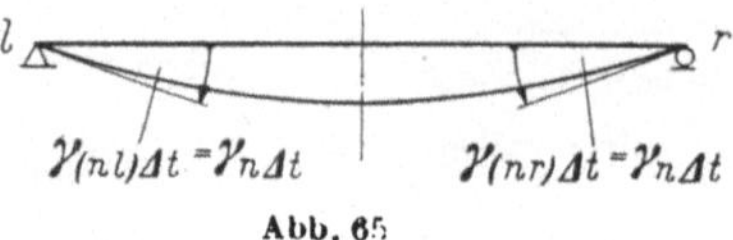

Abb. 65

Endendrehwinkel:

$$S^c \gamma_{n\,\Delta t} = S^c\, l_n\, \alpha_T \cdot \Delta t° \cdot v_{n\,\Delta t}. \tag{F.49}$$

$$v_{n\,\Delta t} = \frac{1}{20}\left[\frac{1}{H_0} + 2\left(\frac{1}{H_1} + \frac{1}{H_2} + \frac{1}{H_3} + \frac{1}{H_4}\right) + \frac{1}{H_5}\right]. \tag{F.50}$$

II. Aufstellung von Einflußliniengleichungen für die Stützenmomente eines unsymmetrischen Durchlaufträgers

Elastizitätsgleichungen:

$$0 = (\gamma_{(1r)m} + \gamma_{(2l)m}) + X_{1,2}(\beta_{(1r)r} + \beta_{(2l)l}) + X_{2,3}\,\beta_{(2l)r}.$$
$$0 = (\gamma_{(2r)m} + \gamma_{(3l)m}) + X_{1,2}\,\beta_{(2r)l} + X_{2,3}(\beta_{(2r)r} + \beta_{(3l)l}). \tag{F.51}$$

$$X_{1,2} = -\frac{\beta_{(2r)r} + \beta_{(3l)l}}{N}(\gamma_{(1r)m} + \gamma_{(2l)m}) + \frac{\beta_{(2l)r}}{N}(\gamma_{(2r)m} + \gamma_{(3l)m}), \tag{F.52}$$

$$X_{2,3} = -\frac{\beta_{(1r)r} + \beta_{(2l)l}}{N}(\gamma_{(2r)m} + \gamma_{(3l)m}) + \frac{\beta_{(2r)l}}{N}(\gamma_{(1r)m} + \gamma_{(2l)m}), \tag{F.53}$$

$$N = (\beta_{(1r)r} + \beta_{(2l)l})(\beta_{(2r)r} + \beta_{(3l)l}) - \beta_{(2r)l} \cdot \beta_{(2l)r}. \tag{F.54}$$

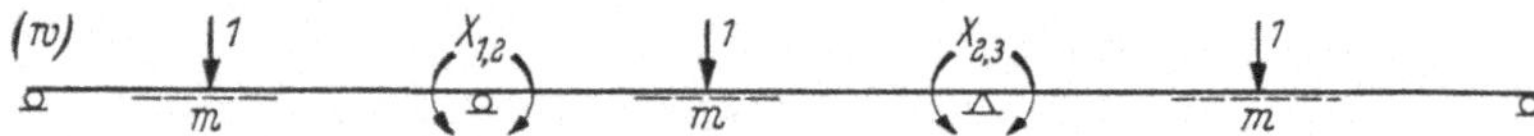

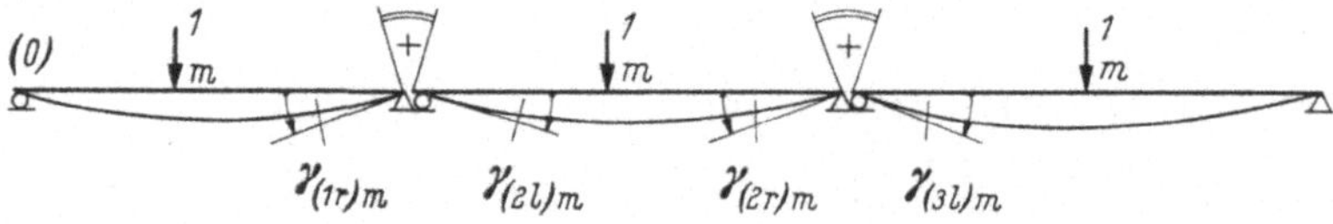

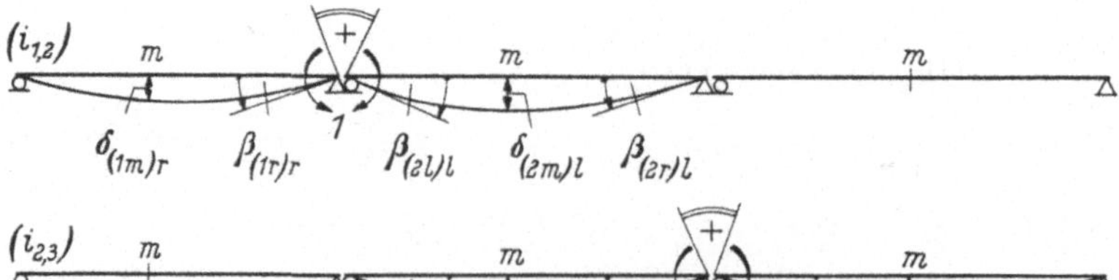

Abb. 66

Die Beziehungen

$$\gamma_{(1\,r)\,m} = \delta_{(1\,m)\,r} \quad \text{(F.55)} \qquad\qquad \gamma_{(2\,l)\,m} = \delta_{(2\,m)\,l}, \quad \text{(F.56)}$$

$$\gamma_{(2\,r)\,m} = \delta_{(2\,m)\,r} \quad \text{(F.57)} \qquad\qquad \gamma_{(3\,l)\,m} = \delta_{(3\,m)\,l} \quad \text{(F.58)}$$

gelten auch bei unsymmetrischen Verhältnissen

1. Einflußliniengleichungen für das Stützenmoment $X_{1,2}$

Feld 1:

$$X_{1,2} = -\frac{\beta_{(2\,r)\,r} + \beta_{(3\,l)\,l}}{N} \cdot \delta_{(1\,m)\,r}. \qquad \text{(F.59)}$$

Feld 2:

$$X_{1,2} = -\frac{\beta_{(2\,r)\,r} + \beta_{(3\,l)\,l}}{N} \cdot \delta_{(2\,m)\,l} + \frac{\beta_{(2\,l)\,r}}{N} \cdot \delta_{(2\,m)\,r}. \qquad \text{(F.60)}$$

Feld 3:

$$X_{1,2} = +\frac{\beta_{(2\,l)\,r}}{N} \cdot \delta_{(3\,m)\,l}. \qquad \text{(F.61)}$$

2. Einflußliniengleichungen für das Stützenmoment $X_{2,3}$

Feld 1:

$$X_{2,3} = +\frac{\beta_{(2\,r)\,l}}{N} \cdot \delta_{(1\,m)\,r}. \qquad \text{(F.62)}$$

Feld 2:

$$X_{2,3} = -\frac{\beta_{(1\,r)\,r} + \beta_{(2\,l)\,l}}{N}\,\delta_{(2\,m)\,r} + \frac{\beta_{(2\,r)\,l}}{N} \cdot \delta_{(2\,m)\,l}. \qquad \text{(F.63)}$$

Feld 3:

$$X_{2,3} = -\frac{\beta_{(1\,r)\,r} + \beta_{(2\,l)\,l}}{N} \cdot \delta_{(3\,m)\,l}. \qquad \text{(F.64)}$$

3. Hinweise auf die für die Ermittlung der Größen β, δ und μ zu benützenden Gleichungen

Tabelle 34

Mit den Verhältniszahlen $n_0\,n_1\ldots n_{10}$ des Feldes 1 sind zu ermitteln:		Mit den Verhältniszahlen $n_0\,n_1\ldots n_{10}$ des Feldes 2 sind zu ermitteln:		Mit den Verhältniszahlen $n_0\,n_1\ldots n_{10}$ des Feldes 3 sind zu ermitteln:	
Größe	nach Gl. F ( )	Größe	nach Gl. F ( )	Größe	nach Gl. F ( )
$\beta_{(1\,r)\,r}$	4	$\beta_{(2\,l)\,r}$	3	$\beta_{(3\,l)\,l}$	8
$\delta_{(1\,m)\,r}$	5	$\beta_{(2\,r)\,r}$	4	$\delta_{(3\,m)\,l}$	10
$\mu_{(1\,l)\,r}$	6	$\delta_{(2\,m)\,r}$	5	$\mu_{(3\,l)\,l}$	11
$\mu_{(1\,r)\,r}$	7	$\mu_{(2\,l)\,r}$	6		
		$\mu_{(2\,r)\,r}$	7		
		$\beta_{(2\,l)\,l}$	8		
		$\beta_{(2\,r)\,l}$	9		
		$\delta_{(2\,m)\,l}$	10		
		$\mu_{(2\,l)\,l}$	11		

III. Stützenmomente für einen unsymmetrischen Durchlaufträger auf 4 Stützen mit gleichmäßig verteilten Belastungen $q_1\ q_2\ q_3$

1. Vollbelastung

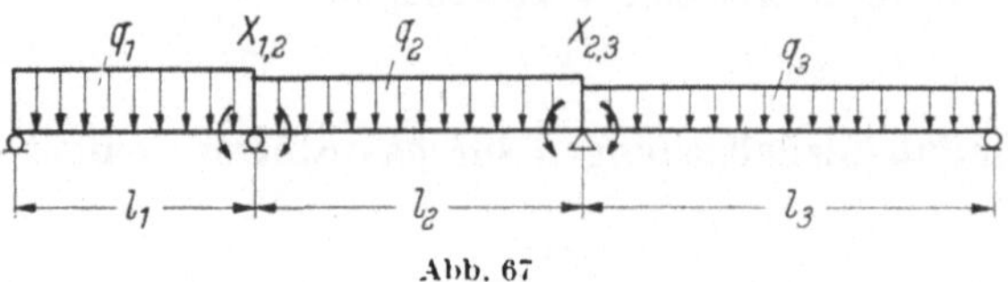

Abb. 67

$$N = (l_1\,\mu_{(1r)r} + l_2\,\mu_{(2l)l})(l_2\,\mu_{(2r)r} + l_3\,\mu_{(3l)l}) - l_2^2\,\mu_{(2r)l}\,\mu_{(2l)r}, \tag{F.65}$$

$$X_{1,2} = -\frac{(l_2\,\mu_{(2r)r} + l_3\,\mu_{(3l)l})(q_1\,l_1^3\,v_{1r} + q_2\,l_2^3\,v_{2l}) - l_2\,\mu_{(2l)r}(q_2\,l_2^3\,v_{2r} + q_3\,l_3^3\,v_{3l})}{N}, \tag{F.66}$$

$$X_{2,3} = -\frac{(l_1\,\mu_{(1r)r} + l_2\,\mu_{(2l)l})(q_2\,l_2^3\,v_{2r} + q_3\,l_3^3\,v_{3l}) - l_2\,\mu_{(2r)l}(q_1\,l_1^3\,v_{1r} + q_2\,l_2^3\,v_{2l})}{N}. \tag{F.67}$$

Die Größen v_{1r} und v_{3r} sind mit den $n_0, n_1, n_2, \ldots, n_{10}$-Werten des Feldes 1 bzw. des Feldes 2 nach der Gl. (F.21) zu ermitteln.

Die Größen v_{2l} und v_{3l} sind mit den $n_0, n_1, n_2, \ldots, n_{10}$-Werten des Feldes 2 bzw. des Feldes 3 nach der Gl. (F.20) zu bestimmen.

2. Sonderfall $q_2 = q_3 = 0$

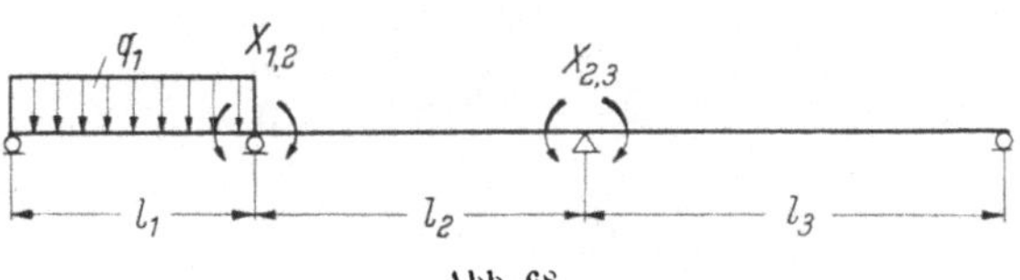

Abb. 68

$$X_{1,2} = -\frac{(l_2\,\mu_{(2r)r} + l_3\,\mu_{(3l)l})\,q_1\,l_1^3\,v_{1r}}{N}, \tag{F.68}$$

$$X_{2,3} = +\frac{l_2\,\mu_{(2r)l}\cdot q_1\,l_1^3\cdot v_{1r}}{N}. \tag{F.69}$$

3. Sonderfall $q_1 = 0,\ q_3 = 0$

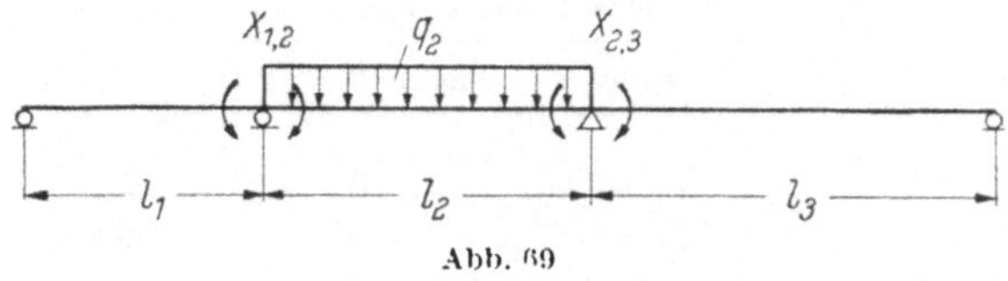

Abb. 69

$$X_{1,2} = -\frac{(l_2\,\mu_{(2r)r} + l_3\,\mu_{(3l)l})\,q_2\,l_2^3\,v_{2l} - l_2\,\mu_{(2l)r}\cdot q_2\,l_2^3\,v_{2r}}{N}, \tag{F.70}$$

$$X_{2,3} = -\frac{(l_1\,\mu_{(1r)r} + l_2\,\mu_{(2l)l})\,q_2\,l_2^3\,v_{2r} - l_2\,\mu_{(2r)l}\cdot q_2\,l_2^3\cdot v_{2l}}{N}. \tag{F.71}$$

4. Sonderfall $q_1 = 0,\ q_2 = 0$

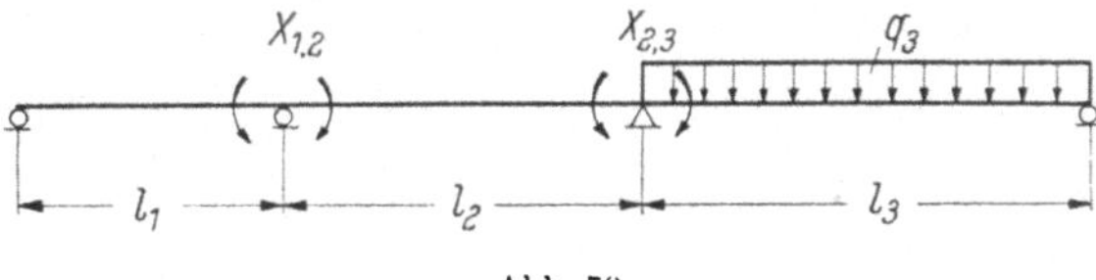

Abb. 70

$$X_{1,2} = \div \frac{l_2\,\mu_{(2l)r} \cdot q_3\,l_3^3 \cdot v_{3l}}{N}, \qquad \text{(F.72)}$$

$$X_{2,3} = -\frac{(l_1\,\mu_{(1r)r} - l_2\,\mu_{(2l)l}) \cdot q_3\,l_3^3\,v_{3l}}{N}. \qquad \text{(F.73)}$$

5. Sonderfall $q_3 = 0$

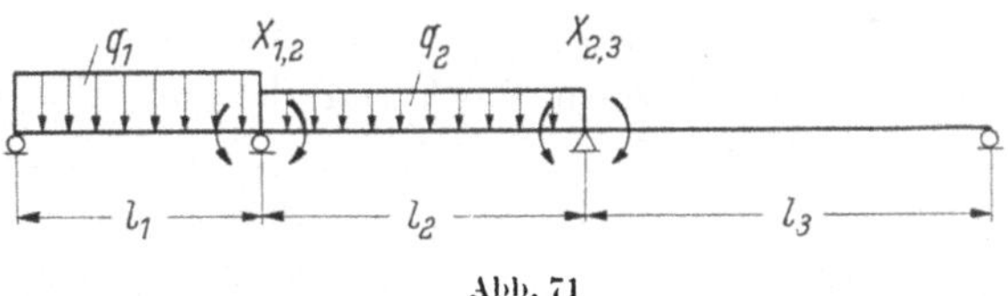

Abb. 71

$$X_{1,2} = -\frac{(l_2\,\mu_{(2r)r} + l_3\,\mu_{(3l)l})(q_1\,l_1^3 \cdot v_{1r} + q_2\,l_2^3\,v_{2l}) - l_2\,\mu_{(2l)r} \cdot q_2\,l_2^3\,v_{2r}}{N}, \qquad \text{(F.74)}$$

$$X_{2,3} = -\frac{(l_1\,\mu_{(1r)r} + l_2\,\mu_{(2l)l})\,q_2\,l_2^3 \cdot v_{2r} - l_2\,\mu_{(2r)l}(q_1\,l_1^3\,v_{1r} + q^2\,l_2^3\,v_{2l})}{N}. \qquad \text{(F.75)}$$

6. Sonderfall $q_1 = 0$

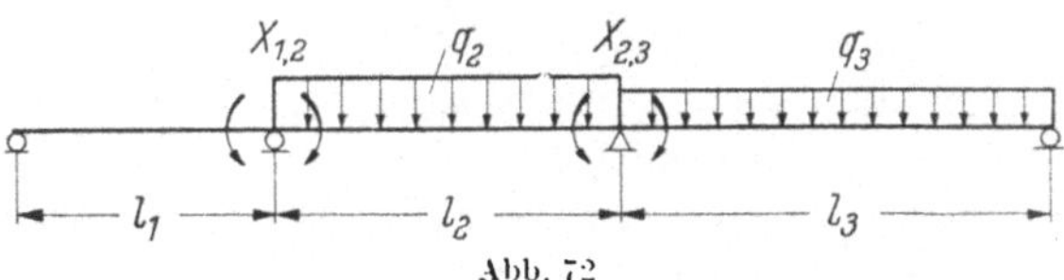

Abb. 72

$$X_{1,2} = -\frac{(l_2\,\mu_{(2r)r} + l_3\,\mu_{(3l)l})\,q_2\,l_2^3\,v_{2l} - l_2\,\mu_{(2l)r}(q_2\,l_2^3\,v_{2r} + q_3\,l_3^3\,v_{3l})}{N}, \qquad \text{(F.76)}$$

$$X_{2,3} = -\frac{(l_1\,\mu_{(1r)r} + l_2\,\mu_{(2l)l})(q_2\,l_2^3\,v_{2r} + q_3\,l_3^3\,v_{3l}) - l_2\,\mu_{(2r)l} \cdot q_2\,l_2^3\,v_{2l}}{N}. \qquad \text{(F.77)}$$

IV. Durch Stützensenkungen $\varDelta_{1,2}$ und $\varDelta_{2,3}$ verursachte Stützenmomente eines unsymmetrischen Durchlaufträgers auf 4 Stützen

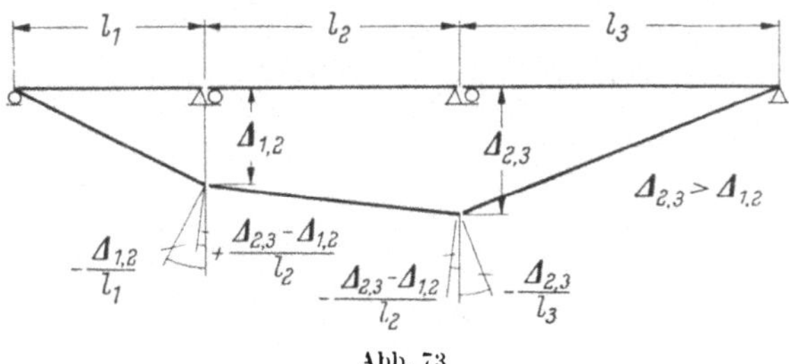

Abb. 73

$$X_{1,2} = + \frac{(l_2\,\mu_{(2r)r} + l_3\,\mu_{(3l)l})\left[\dfrac{\varDelta_{1,2}}{l_1} - \dfrac{\varDelta_{2,3} - \varDelta_{1,2}}{l_2}\right] - l_2\,\mu_{(2l)r}\left[\dfrac{\varDelta_{2,3} - \varDelta_{1,2}}{l_2} - \dfrac{\varDelta_{2,3}}{l_3}\right]}{N} \cdot S^c .$$

$$\text{(F.78)}$$

$$X_{2,3} = + \frac{(l_1\,\mu_{(1r)r} + l_2\,\mu_{(2l)l})\left[\dfrac{\varDelta_{2,3} - \varDelta_{1,2}}{l_2} + \dfrac{\varDelta_{2,3}}{l_3}\right] + l_2\,\mu_{(2r)l}\left[\dfrac{\varDelta_{2,3} - \varDelta_{1,2}}{l_2} - \dfrac{\varDelta_{1,2}}{l_1}\right]}{N} \cdot S^c .$$

$$\text{(F.79)}$$

V. Durch einen Temperaturunterschied $\varDelta t°$ zwischen Unterkante und Oberkante eines unsymmetrischen Durchlaufträgers verursachte Stützenmomente

$$X_{1,2} = - S^c\,\alpha_T\,\varDelta t° \cdot$$

$$\cdot \frac{(l_2\,\mu_{(2r)r} + l_3\,\mu_{(3l)l})(l_1\,\nu_{(1r)\varDelta t} + l_2\,\nu_{(2l)\varDelta t}) - l_2\,\mu_{(2l)r}(l_2\,\nu_{(2r)\varDelta t} + l_3\,\nu_{(3l)\varDelta t})}{N} , \qquad \text{(F.80)}$$

$$X_{2,3} = - S^c\,\alpha_T\,\varDelta t° \cdot$$

$$\cdot \frac{(l_1\,\mu_{(1r)r} + l_2\,\mu_{(2l)l})(l_2\,\nu_{(2r)\varDelta t} + l_3\,\nu_{(3l)\varDelta t}) - l_2\,\mu_{(2r)l}(l_1\,\nu_{(1r)\varDelta t} + l_2 \cdot \nu_{(2l)\varDelta t})}{N} . \qquad \text{(F.81)}$$

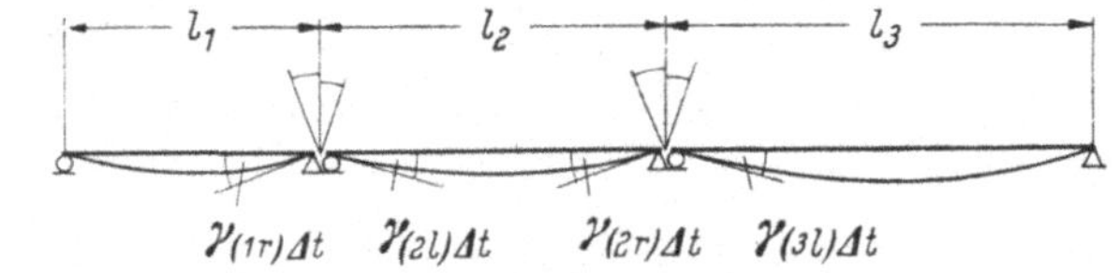

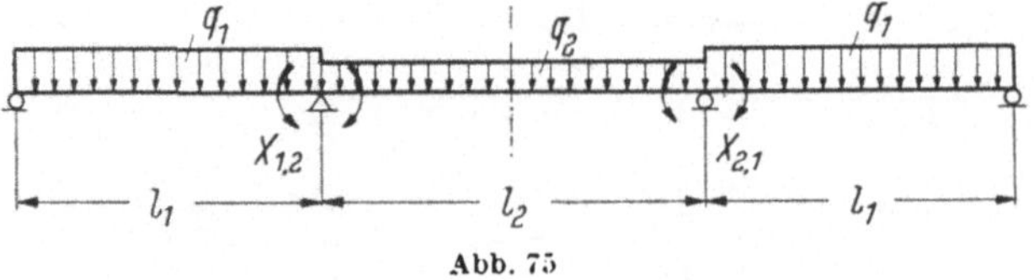

Abb. 74

Die Größen $\nu_{(1r)\varDelta t}$ und $\nu_{(2r)\varDelta t}$ sind mit den $n_0,\,n_1,\,n_2,\,\ldots\ldots n_{10}$-Werten des Feldes 1 bzw. 2 nach der Gl. (F.25) zu ermitteln.

Die Größen $\nu_{(2l)\varDelta t}$ und $\nu_{(3l)\varDelta t}$ sind mit den $n_0,\,n_1,\,n_2,\,\ldots,\,n_{10}$-Werten des Feldes 2 bzw. 3 nach der Gl. (F.24) zu bestimmen.

VI. Stützenmomente für einen symmetrischen Durchlaufträger auf 4 Stützen

Die veränderlichen Trägheitsmomente sind zur Durchlaufträgermitte symmetrisch angeordnet. Außerdem ist $l_3 = l_1$. Die Trägheitsmomente der beiden Endfelder können zu deren Feldmitten aber unsymmetrisch verteilt sein.

1. Gleichmäßig verteilte Vollbelastungen $q_1,\ q_2,\ q_3 = q_1$

Abb. 75

$$X_{1,2} = X_{2,1} = X_0 = - \frac{q_1\,l_1^3\,\nu_{1r} + q_2\,l_2^3\,\nu_2}{l_1\,\mu_{(1r)r} + l_2\,\mu_2} . \qquad \text{(F.82)}$$

2. Sonderfall der Belastung nur eines Endfeldes

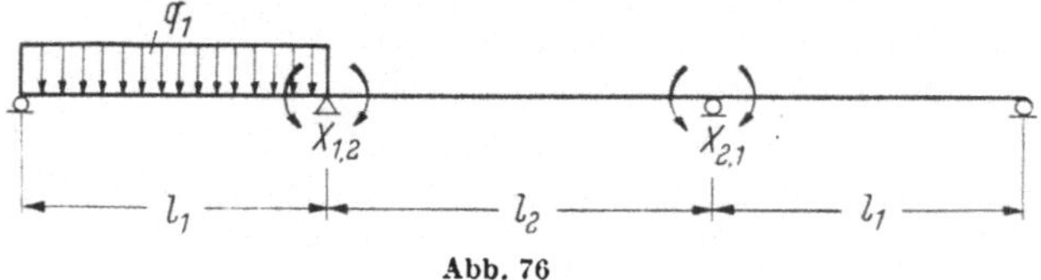

Abb. 76

$$N = (l_1\,\mu_{(1\,r)\,r} + l_2\,\mu_2'')^2 - l_2\,\mu_2'^2, \qquad\qquad (F.83)$$

$$X_{1,2} = -\,\frac{q_1\,l_1^3\,\nu_{1\,r}\,(l_1\,\mu_{(1\,r)\,r} - l_2\,\mu_2'')}{N}, \qquad\qquad (F.84)$$

$$X_{2,1} = +\,\frac{q_1\,l_1^3\,\nu_{1\,r}\cdot l_2\,\mu_2'}{N}. \qquad\qquad (F.85)$$

3. Sonderfall $q_1 = 0$

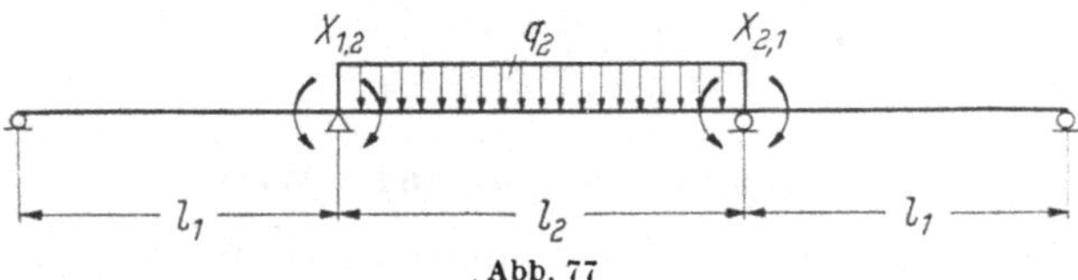

Abb. 77

$$X_{1,2} = X_{2,1} = X_0 = -\,\frac{q_2\,l_2^3\,\nu_2}{l_1\,\mu_{(1\,r)\,r} + l_2\,\mu_2}. \qquad\qquad (F.86)$$

4. Belastung des Mittelfeldes und eines Endfeldes

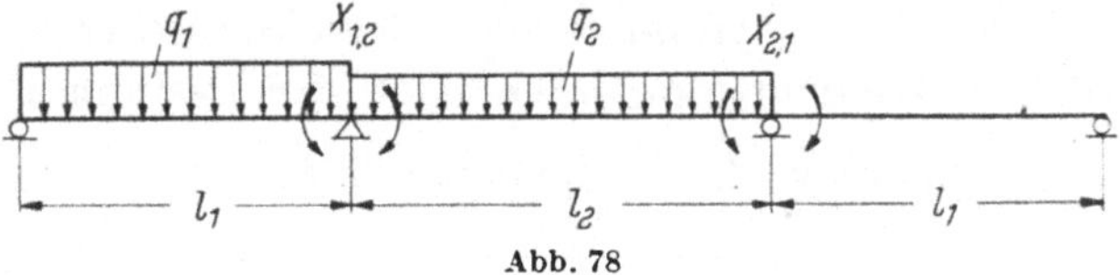

Abb. 78

$$X_{1,2} = -\,\frac{(l_1\,\mu_{(1\,r)\,r} + l_2\,\mu_2'')(q_1\,l_1^3\,\nu_{1\,r} + q_2\,l_2^3\,\nu_2) - \mu_2'\,q_2\,l_2^4\,\nu_2}{N}, \qquad (F.87)$$

$$X_{2,1} = -\,\frac{(l_1\,\mu_{(1\,r)r} + l_2\,\mu_2'')\,q_2\,l_2^3\,\nu_2 - l_2\,\mu_2'\,(q_1\,l_1^3\,\nu_{1\,r} + q_2\,l_2^3\,\nu_2)}{N}. \qquad (F.88)$$

Darin ist N nach der Gl. (F.83) einzusetzen.

5. Sonderfall $q_2 = 0$

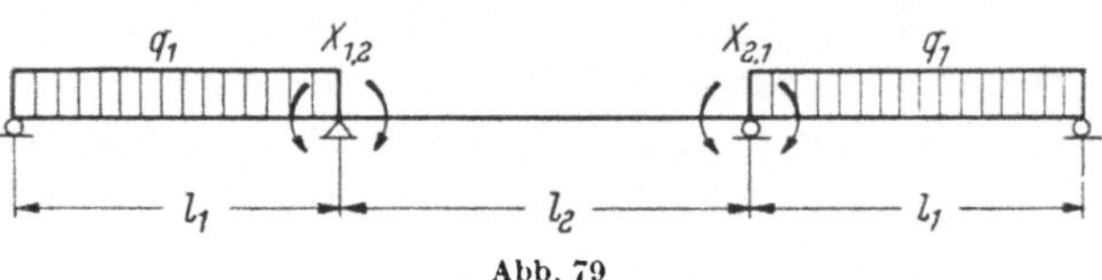

Abb. 79

$$X_{1,2} = X_{2,1} = X_0 = -\,\frac{q_1\,l_1^3\,\nu_{1\,r}}{l_1\,\mu_{(1\,r)\,r} + l_2\,\mu_2}. \qquad\qquad (F.89)$$

6. Stützensenkungen $\Delta_{1,2} = \Delta_{2,1} = \Delta$

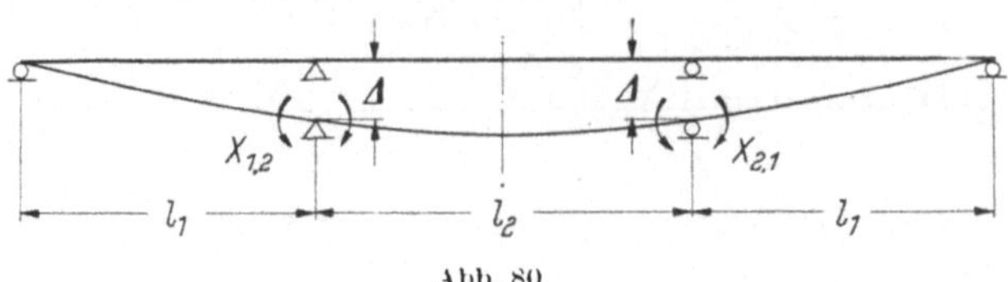

Abb. 80

$$X_{1,2} = X_{2,1} = X_0 = \div \frac{\Delta \cdot S^c}{l_1(l_1\,\mu_{(1\,r)\,r} - l_2\,\mu_2)} . \qquad (F.90)$$

7. Temperaturunterschied $\Delta t°$ zwischen Unterkante und Oberkante des Durchlaufträgers

$$X_{1,2} = X_{2,1} = X_0 = -\frac{l_1\,\nu_{(1\,r)\,\Delta t} - l_2\,\nu_{2\,\Delta t}}{l_1\,\mu_{(1\,r)\,r} - l_2\,\mu_2} \cdot S^c\, x_T \cdot \Delta t° . \qquad (F.91)$$

8. Ermittlung der μ- und ν-Werte

Die in den Gln. (F.82) bis (F.91) vorkommenden Größen $\mu_{(1\,r)\,r}$, $\nu_{1\,r}$ und $\nu_{(1\,r)\,\Delta t}$ werden mit den n_0, n_1, n_2, ..., n_{10}-Verhältnissen des Feldes 1 aus den Gln. (F.7), (F.21) und (F.25) ermittelt.

Die Größen μ_2', μ_2'', μ_2, ν_2 und $\nu_{2\,\Delta t}$ werden mit den n_0, n_1, ..., n_{10}-Werten des Feldes 2 aus den Gln. (F.40), (F.41), (F.43), (F.45) und (F.50) bestimmt.

VII. Untersuchung von unsymmetrischen Durchlaufträgern mit beliebig veränderlichen Trägheitsmomenten nach der Festpunktmethode

1. Ermittlung der Festpunktabstände a und b

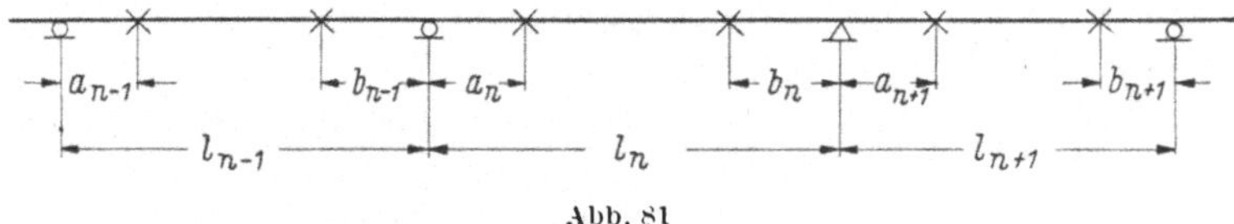

Abb. 81

$$a_n = \frac{l_n\,\mu_{[n\,l]\,r}}{\mu_{[n\,l]} - \frac{l_{n-1}}{l_n}\left\{\mu_{[(n-1)\,r]\,r} - \mu_{[(n-1)\,r]\,l} \cdot \frac{a_{n-1}}{l_{n-1} - a_{n-1}}\right\}} . \qquad (F.92)$$

Die Größen $\mu_{[n\,l]\,r}$ und $\mu_{[n\,l]}$ werden mit den Verhältniszahlen n_0, n_1, n_2, ..., n_{10} des Feldes n aus den Beziehungen (F.6) und (F.16) errechnet.

Die Größen $\mu_{[(n-1)\,r]\,r}$ und $\mu_{[(n-1)\,r]\,l}$ werden mit den Verhältniszahlen n_0, n_1, n_2, ..., n_{10} des Feldes $n-1$ aus den Gln. (F.7) und (F.12) ermittelt.

$$b_n = \frac{l_n\,\mu_{[n\,r]\,l}}{\mu_{[n\,r]} - \frac{l_{n-1}}{l_n}\left\{\mu_{[(n+1)\,l]\,l} - \mu_{[(n+1)\,l]\,r} \cdot \frac{b_{n-1}}{l_{n+1} - b_{n+1}}\right\}} . \qquad (F.93)$$

Die Größen $\mu_{[n\,r]\,l}$ und $\mu_{[n\,r]}$ werden mit den Verhältniszahlen $n_0.\;n_1.\;n_2\ldots\ldots n_{10}$ des Feldes n aus den Gln. (F.12) und (F.17) bestimmt.

Die Größen $\mu_{[(n+1)\,l]\,r}$ und $\mu_{[(n-1)\,l]\,l}$ werden mit den Verhältniszahlen $n_0,\;n_1.\;n_2,\ldots,n_{10}$ des Feldes $n+1$ aus den Beziehungen (F.6) und (F.11) errechnet.

2. Bestimmung der Stützenmomente $M_{n\,(n-1)}$ und $M_{n\,(n+1)}$ des allein belasteten Feldes n

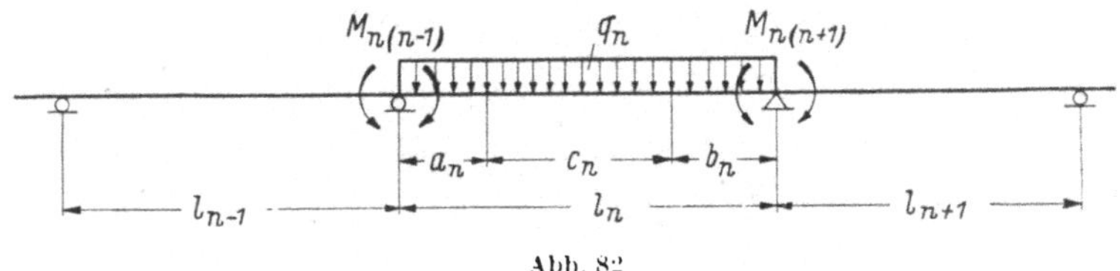

Abb. 82

$$M_{n\,(n-1)} = -\frac{a_n\,(l_n - b_n)}{c_n}\left[\frac{v_{n\,l}}{\mu_{[n\,l]\,r}} - \frac{v_{n\,r}\,b_n}{\mu_{[n\,r]\,l}\,(l_n - b_n)}\right]q_n\,l_n. \qquad (F.94)$$

$$M_{n\,(n-1)} = -\frac{b_n\,(l_n - a_n)}{c_n}\left[\frac{v_{n\,r}}{\mu_{[n\,r]\,l}} - \frac{v_{n\,l}\,a_n}{\mu_{[n\,l]\,r}\,(l_n - a_n)}\right]q_n\,l_n. \qquad (F.95)$$